职业教育改革与创新系列教材

Autodesk Inventor 2012 机械设计教程

主 编　庄乾飞　陈道斌

参 编　殷海丽　刘葆华

机械工业出版社

Autodesk Inventor Professional 2012 中文版是美国 Autodesk 公司最新推出的三维设计软件，能够实现从二维设计到三维设计的转变，因使用方便、功能强大，它在机械、汽车、建筑等设计方面得到了广泛的应用。

本书共分两篇：第一篇为基础篇，从软件通用的角度进行了详细介绍，主要包括 5 个模块，涉及零件设计、装配设计、表达视图设计、工程图设计以及动画与渲染；第二篇为拓展篇，从专业的角度对软件进行了简单介绍，主要包括 7 个模块，涉及消费类产品的多实体零件设计、塑料零件设计、钣金零件设计、结构件设计、焊接装配设计、应力分析以及运动仿真。

本书内容简单明了，循序渐进，实例具有较强的专业性和实用性。另外每个实例后面都配有典型的练习题，可操作性比较强，特别适合作为中、高职学校的教材和参考书，还可作为从事机械设计的工程技术人员的参考书。

图书在版编目（CIP）数据

Autodesk Inventor 2012 机械设计教程/庄乾飞，陈道斌主编 . —北京：机械工业出版社，2013.6（2021.9 重印）

职业教育改革与创新系列教材

ISBN 978-7-111-40705-8

Ⅰ.①A… Ⅱ.①庄…②陈… Ⅲ.①机械设计–计算机辅助设计–应用软件–高等职业教育–教材 Ⅳ.①TH122

中国版本图书馆 CIP 数据核字（2013）第 120189 号

机械工业出版社（北京市百万庄大街 22 号 邮政编码 100037）

策划编辑：高 倩 责任编辑：高 倩
版式设计：霍永明 责任校对：张 媛
封面设计：马精明 责任印制：常天培

北京机工印刷厂印刷

2021 年 9 月第 1 版第 4 次印刷

184mm×260mm·22 印张·540 千字

标准书号：ISBN 978-7-111-40705-8

定价：54.00 元

电话服务　　　　　　　　网络服务

客服电话：010-88361066　　机 工 官 网：www.cmpbook.com

　　　　　010-88379833　　机 工 官 博：weibo.com/cmp1952

　　　　　010-68326294　　金 书 网：www.golden-book.com

封底无防伪标均为盗版　　机工教育服务网：www.cmpedu.com

前　　言

Autodesk Inventor 是美国 Autodesk 公司于 1999 年底推出的中端三维参数化实体建模软件。早期的 Autodesk Inventor 版本，主要用于工业机械和汽车零部件的设计。随着产品的逐步成熟，Autodesk Inventor 逐渐强化了其他工业产品的设计功能，Autodesk Inventor 2012 是最新版本，通过这几年的发展其功能越来越强大，并且包含了部分专业模块来加速产品设计。

本书以设计实例为主线，图文并茂地介绍了 Autodesk Inventor 2012 软件的应用。本书共分两篇：第一篇为基础篇，从软件通用的角度进行了详细介绍，主要包括 5 个模块，涉及零件设计、装配设计、表达视图设计、工程图设计以及动画与渲染；第二篇为拓展篇，从专业的角度对软件进行了简单介绍，主要包括 7 个模块，涉及消费类产品的多实体零件设计、塑料零件设计、钣金零件设计、结构件设计、焊接装配设计、应力分析以及运动仿真。

本书以培养学生 Inventor 2012 的基本应用能力为核心，以工作任务为导向，从实用角度出发，通过几十个各具特色的实例全面讲解了软件的基本操作。每个实例均有详细的操作过程，并且录制了操作过程视频。本书有利于拓展思路，培养综合思维能力和知识应用能力；有利于从模仿到创新，循序渐进地提高能力。因此本书特别适用于初中级用户的快速入门。希望读者通过本书实例的引导，能够快速掌握各类零件的设计方法。

本书由庄乾飞、陈道斌任主编，殷海丽、刘葆华参加了编写。其中，庄乾飞编写了模块一、模块二，陈道斌编写了模块三至模块六，殷海丽编写了模块七、模块八、模块十，刘葆华编写了模块九、模块十一、模块十二。

建议本书全部为上机课时，参考课时安排见下表。

模块	课时	模块	课时
模块一	22 ~ 26	模块七	4 ~ 6
模块二	6 ~ 8	模块八	4 ~ 6
模块三	4 ~ 6	模块九	4 ~ 6
模块四	12 ~ 16	模块十	4 ~ 6
模块五	4 ~ 6	模块十一	3 ~ 4
模块六	4 ~ 6	模块十二	3 ~ 4
合计	74 ~ 100 课时		

由于时间仓促，加上编者水平有限，书中难免有不足之处，在感谢您选择本书的同时，也希望您能把对本书的意见和建议告诉我们。

编　者

目　　录

前言

基　础　篇

模块一　零件设计 ……………………………………………………………………………… 3
　　任务一　认识 Autodesk Inventor 2012 …………………………………………………… 3
　　任务二　草图技术 ………………………………………………………………………… 9
　　任务三　垫圈模型的绘制 ……………………………………………………………… 23
　　任务四　螺钉模型的绘制 ……………………………………………………………… 29
　　任务五　螺母块模型的绘制 …………………………………………………………… 37
　　任务六　钳口板模型的绘制 …………………………………………………………… 44
　　任务七　活动钳身模型的绘制 ………………………………………………………… 56
　　任务八　固定钳座模型的绘制 ………………………………………………………… 62
　　任务九　法兰模型的绘制 ……………………………………………………………… 71
　　任务十　风罩模型的绘制 ……………………………………………………………… 79
　　模块小结 ………………………………………………………………………………… 90
　　综合练习 ………………………………………………………………………………… 91
模块二　装配设计 ……………………………………………………………………………… 96
　　任务一　凸轮传动装置的装配设计 …………………………………………………… 96
　　任务二　机用虎钳模型的装配设计 ………………………………………………… 113
　　任务三　弹簧运动模型的绘制 ……………………………………………………… 127
　　模块小结 ……………………………………………………………………………… 133
　　综合练习 ……………………………………………………………………………… 133
模块三　表达视图设计 ……………………………………………………………………… 135
　　任务一　凸轮传动机构的表达视图设计 …………………………………………… 135
　　任务二　机用虎钳的表达视图设计 ………………………………………………… 142
　　模块小结 ……………………………………………………………………………… 148
　　综合练习 ……………………………………………………………………………… 149
模块四　工程图设计 ………………………………………………………………………… 150
　　任务一　环的工程图设计 …………………………………………………………… 150
　　任务二　活动钳身的工程图设计 …………………………………………………… 164
　　任务三　轴的工程图设计 …………………………………………………………… 174
　　任务四　机用虎钳的爆炸图设计 …………………………………………………… 183
　　模块小结 ……………………………………………………………………………… 194
　　综合练习 ……………………………………………………………………………… 195
模块五　动画与渲染 ………………………………………………………………………… 196
　　任务一　齿轮泵的静态渲染 ………………………………………………………… 196

任务二　机用虎钳的运动动画渲染 ……………………………………………… 207
模块小结 …………………………………………………………………………… 217
综合练习 …………………………………………………………………………… 218

拓　展　篇

模块六　多实体零件设计 ……………………………………………………… 221
任务　MP3 的设计 …………………………………………………………… 221
模块小结 …………………………………………………………………………… 250

模块七　塑料零件设计 ………………………………………………………… 251
任务　音箱外壳的设计 …………………………………………………………… 251
模块小结 …………………………………………………………………………… 268

模块八　钣金零件设计 ………………………………………………………… 269
任务　计算机机箱零件的设计 …………………………………………………… 269
模块小结 …………………………………………………………………………… 290

模块九　结构件设计 …………………………………………………………… 291
任务　铁门框架的设计 …………………………………………………………… 291
模块小结 …………………………………………………………………………… 301

模块十　焊接装配设计 ………………………………………………………… 302
任务　焊接练习模型的设计 ……………………………………………………… 302
模块小结 …………………………………………………………………………… 320

模块十一　应力分析 …………………………………………………………… 321
任务　支架的应力分析 …………………………………………………………… 321
模块小结 …………………………………………………………………………… 329

模块十二　运动仿真 …………………………………………………………… 330
任务　连杆机构的运动仿真 ……………………………………………………… 330
模块小结 …………………………………………………………………………… 342

参考文献 ………………………………………………………………………… 343

基 础 篇

模块一 零件设计

【学习目标】

◆ 了解机械零件模型建立的基本流程。

◆ 熟悉 Inventor 2012 的用户界面。

◆ 掌握 Inventor 2012 的基本操作方法。

◆ 能够熟练应用绘制、修改、约束等功能进行草图的创建和编辑。

◆ 能够熟练掌握草图特征、放置特征、定位特征的创建方法。

所谓零件设计，是指按照一定的方法为零件建立三维实体模型的过程。所有的产品都是由一个或多个零件组成的，因此在 Inventor 中零件造型是设计基础。零件造型主要由草图和特征两部分组成。接下来主要以机用虎钳各零件的设计过程为例来重点介绍草图与特征的创建方法。

图 1-1 所示为机用虎钳的零件拆分后的表达视图。通过学习，读者可认识 Autodesk Inventor 2012，进而掌握草图与特征的创建方法，在此基础上学会各种机械零件的设计方法。

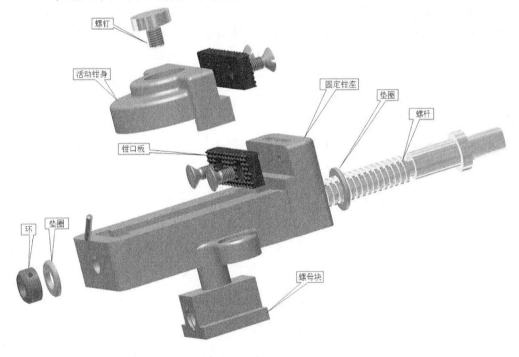

图 1-1　机用虎钳

任务一　认识 Autodesk Inventor 2012

【学习目标】

◆ 了解 Inventor 2012 的功能及特点。

◆　熟悉 Inventor 2012 的用户界面。

◆　熟悉 Inventor 2012 的导航工具。

◆　掌握 Inventor 2012 环境中鼠标的交互操作方法。

一、Inventor 2012 的特点

Autodesk Inventor 的功能涵盖了产品从草图设计、零件设计、零件装配、视图表达、模具设计、工程图设计等全过程，还包括了应力分析、运动仿真、三维布管布线等专业模块。

Inventor 具有强大的三维造型能力，一经面世就广受市场关注，与其他主流三维 CAD 软件相比，它具有以下明显特点。

1）简单易懂的操作界面。采用与 AutoCAD 相似的界面，让使用 Autodesk 其他产品的用户能够在短期内熟悉使用环境并快速上手。

2）融入参数化三维特征造型技术，使 Inventor 具有强大的实体造型能力。

3）部件功能中突破性的自适应技术，能够实现基于装配的关联设计，使自顶向下的设计过程在 CAD 软件中变得可行。

4）支持多种数据格式。Inventor 能够导入导出多种数据格式，如 IGES、Parasolid、ACIS、STEP 等，使人们最大限度地利用现有的设计资源。

5）文件之间可根据设计需要相互关联。如对零件进行了修改，Inventor 可自动将这一变更应用到与该零件相关的部件和工程图、表达视图等文档中，从而有效避免设计过程中的重复工作。

6）全方位、智能化的帮助功能和丰富的参考资源可以提升设计人员的设计能力。

Inventor 具有很强的兼容性，除了可以打开 IGES 文件和 STEP 文件外，还可以打开 AutoCAD 和 MDT 的 DWG 文件。同时，Inventor 还可以将本身的文件转换为其他格式的文件，也可将自身的工程图文件保存为 DXF 和 DWG 格式文件等。

二、Inventor 2012 用户界面

图 1-2 所示为 Autodesk Inventor 2012 零件环境下的默认用户界面，它主要包括图形窗口、功能区面板、快速访问工具条、浏览器、状态栏、功能选项卡、应用程序菜单、坐标

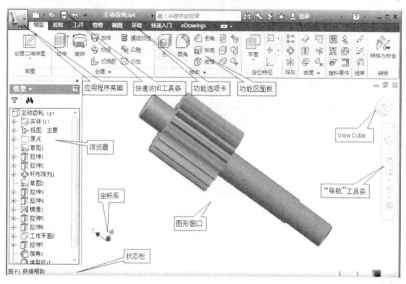

图 1-2　默认用户界面

系、导航工具条和 View Cube 等。

三、鼠标的使用

鼠标是计算机外部设备中十分重要的硬件之一。在可视化的操作环境下,用户与 Inventor 交互操作时几乎全部利用鼠标来完成,包括选择菜单、旋转视角、物体缩放等。如何使用鼠标,直接影响到用户的设计效率。具体使用方法如下:

(1) 移动鼠标 鼠标经过某一特征或某一工具按钮时,该特征或该工具按钮会高亮显示。例如,鼠标在浏览器的模型树中某一父特征上悬停时,该父特征会展现其子特征及基于特征的草图,同时该父特征以红框突出显示,并且图形窗口的模型上相对应的特征以虚线形式高亮显示,如图 1-3 所示。鼠标在工具面板的某一特征按钮上悬停时,会弹出该特征的说明对话框,如图 1-4 所示。

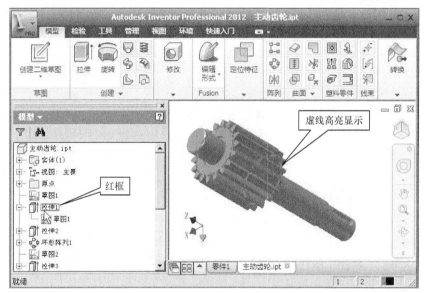

图 1-3 鼠标悬停于浏览器中某一特征时的状态

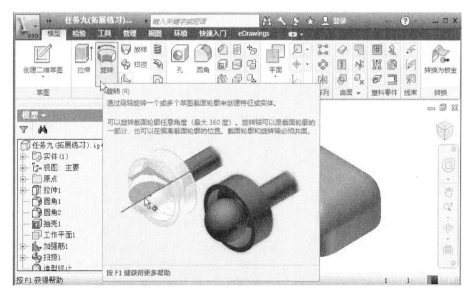

图 1-4 特征说明

（2）单击鼠标左键　单击鼠标左键用于选择对象，双击鼠标左键用于编辑对象。如果在三维模型上单击特征，会弹出特征编辑按钮，如图 1-5 所示。如果单击该按钮，会弹出编辑该特征的对话框，同时三维模型上的特征会蓝色高亮显示并加注特征方向箭头，如图 1-6 所示。

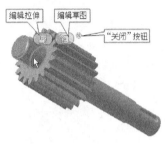

图 1-5　特征编辑按钮 　　　　　　　图 1-6　特征编辑对话框

（3）单击鼠标右键　用于弹出选择对象的关联菜单。如在三维模型的某一特征上单击鼠标右键，会弹出如图 1-7 所示的快捷菜单。选择选项时，只需要在选中选项的方向上单击鼠标即可。

（4）滚轮操作　按下滚轮后拖动鼠标会平移用户界面内的三维数据模型，此时鼠标变成小手形状。如果按下 Shift 键的同时再按下滚轮，拖动鼠标可动态观察当前视图。滚动鼠标滚轮可用于缩放当前视图，向上滚动滚轮为缩小视图，反之为放大视图。

（5）拖动左键　按住 F4 键，在图形窗口的中央会出现轴心器，在轴心器内部或者在轴心器外侧靠近轴心器的地方按住鼠标左键并拖动可以动态观察当前视图，在轴心器外侧远离轴心器的地方按住鼠标左键则不起作用。图 1-8 所示为鼠标在轴心器不同位置时的状态。

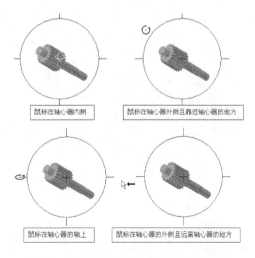

图 1-7　快捷菜单 　　　　　　　　图 1-8　鼠标在轴心器不同位置时的状态

四、导航工具

1. View Cube

View Cube 是一款交互式工具，如图 1-9 所示。单击正方体的某个角，可以将模型切换到正等轴测图，如图 1-10 所示；单击正方体的面，可以将模型切换到平行视图，如图 1-11 所示。

图 1-9 View Cube

图 1-10 正等轴测图

图 1-11 平行视图

View Cube 具有如下几个主要的附加特征。

1）始终位于屏幕上图形窗口的一角。

2）在 View Cube 上按住鼠标左键并拖动鼠标可以旋转当前模型，方便用户进行动态观察。

3）提供了主视图按钮，以便快速返回用户自定义的基础视图。

4）在平行视图中提供了旋转箭头，使用户能够以 90°为增量垂直于屏幕旋转照相机。

2. Steering Wheels

Steering Wheels 也是一种便捷的动态观察工具，它在屏幕上以托盘的形式表现出来，见表 1-1。当 Steering Wheels 被激活后会一直跟随光标，像 View Cube 一样。用户可以在"视图"选项卡下，通过"导航"工具面板中的下拉菜单打开和关闭 Steering Wheels，如图 1-12 所示。

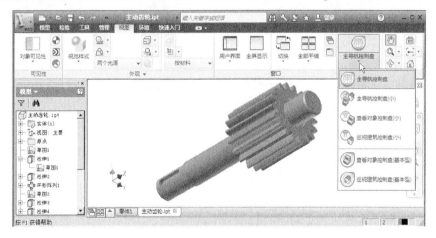

图 1-12 "导航"工具面板中的下拉菜单

表 1-1 Steering Wheels 的界面表现形式

类　　型	全程导航控制盘	查看对象控制盘	巡视建筑控制盘
大托盘			

（续）

类　　型	全程导航控制盘	查看对象控制盘	巡视建筑控制盘
小控制盘	动态观察	回放	漫游

Steering Wheels 提供了以下功能。

1）缩放：用于更改照相机到模型的距离。

2）动态观察：围绕轴心点更改照相机位置。

3）平移：在屏幕内平移照相机。

4）中心：重新定义动态观察中心点。

5）漫游：在透视模式下能够浏览模型。

6）环视：在透视模式下能够更改观察角度而无需更改照相机位置，如同围绕某一固定点向任意方向转动照相机一样。

7）向上、向下：能够向上或者向下平移照相机，定义的方向垂直于 View Cube 的顶面。

8）回放：能够以缩略图的形式快速选择前面的任意视图或者透视模式。

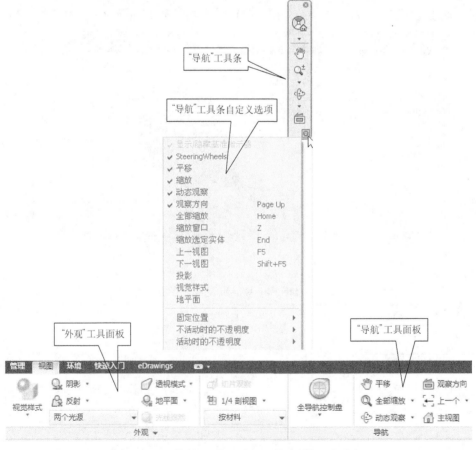

图 1-13　　"外观"工具面板以及"导航"工具条

五、观察和外观命令

观察和外观命令可用来操纵激活零件、部件或者工程图在图形窗口中的视图。常用的观察和外观命令位于"视图"选项卡下的"外观"工具面板、"导航"工具面板以及"导航"工具条上，如图1-13所示。

任务二 草图技术

【学习目标】

◆ 熟悉 Inventor 2012 的草图环境。
◆ 掌握 Inventor 2012 草图环境中几何图形的绘制方法。
◆ 掌握 Inventor 2012 草图环境中几何图形的修改方法。
◆ 掌握 Inventor 2012 草图环境中几何图形的几何约束和尺寸约束的方法。

【任务导入】

在绘制如图1-14所示草图过程中，用到了绘制、修改、约束等功能选项。其中绘制主要有"直线""矩形""圆角""圆"等命令；修改主要有"阵列""修剪""镜像"等命令；约束主要有"水平约束""竖直约束""等长约束""重合约束"等命令。下面学习草图的相关知识。

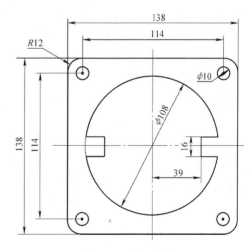

图1-14 草图实例

【知识准备】

一、草图环境

（1）草图环境的进入 创建或编辑草图时的环境就是草图环境。在快速访问工具条上单击"新建"按钮，弹出"新建文件"对话框，选择 Standard . ipt，如图1-15所示。然后单击"确定"按钮，进入零件的草图环境。另外在 Inventor 浏览器中，双击已有的草图名称或者新建一个草图，都可以进入草图环境。

（2）草图环境介绍 图1-16所示为 Autodesk Inventor 2012 默认的草图环境。当前草图环境主要包括绘图区域、"草图"选项卡、"草图"工具面板、草图名、平面与坐标轴等。

进入草图后，草图所依附的平面默认为 XY 平面。这时可看到绘图区域显示的网格比较密，颜色也比较深，影响了绘图。要改变设

图1-15 "新建文件"对话框

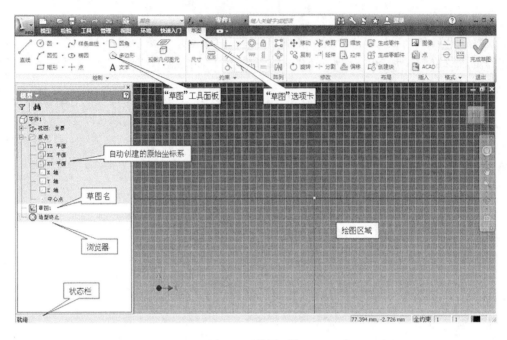

图 1-16　草图环境

置，可以单击"工具"选项卡下"选项"工具面板中的"应用程序选项"按钮，如图 1-17
所示。系统弹出"应用程序选项"对话框，在该对话框的"颜色"选项卡中选择"表达视
图"模式，背景选"单色"，如图 1-18 所示；在"草图"选项卡的"显示"选项区中勾选
"轴"复选框，如图 1-19 所示。

图 1-17　"应用程序选项"按钮

屏幕中央深色水平直线与竖直直线有一个浅绿色的交点，即"原点"。

屏幕左下角是坐标系，红色的为 X 轴、绿色的为 Y 轴、蓝色的为 Z 轴，在当前 XY 平
面内 Z 轴投影成一个蓝色点。

说明：草图环境包括零件二维草图环境和部件二维草图环境。二者的区别是，零件二维
草图环境下"草图"选项卡中有"布局"工具面板，但是在部件环境下没有，而是多了一
个"测量"工具面板。本模块主要是介绍零件的造型设计，因此所涉及的二维草图环境是
零件二维草图环境。所以在不特别说明的情况下，所有的草图都是指零件二维草图环境。

零件草图环境下，"草图"选项卡中包括"绘制""约束""阵列""修改""布局"
"插入""格式"和"退出"8 个工具面板。

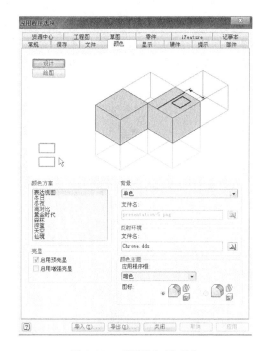

图 1-18 "颜色"选项卡　　　　图 1-19 "草图"选项卡

二、几何图形的绘制

1. 直线

单击"草图"工具面板中的"直线"命令按钮 ，可创建直线或圆弧。单击该按钮后在图形区单击，选择直线的起点或终点，可创建单条直线。连续单击直线端点，可不间断地连续绘制多条直线，如图 1-20 所示。按 Esc 键，可退出直线功能。

如要绘制与现有几何图元相切的圆弧，在切点位置按住鼠标左键，沿圆弧路径拖动鼠标即可，如图 1-21 所示。

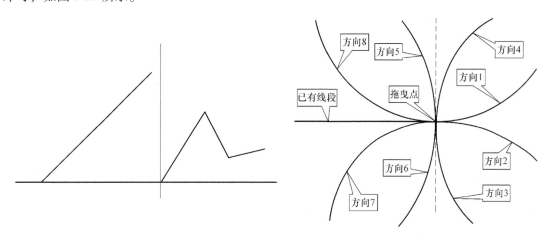

图 1-20 创建直线　　　　　图 1-21 利用直线命令创建圆弧

2. 圆

圆的创建方式有圆心圆与相切圆两种，这里重点介绍常用的"圆心圆"命令。单击

"绘制"工具面板上的"圆心圆"命令按钮⊚ ▣ ▾，将鼠标移动到绘图区时出现圆心坐标文本框。随着鼠标的移动，圆心坐标会跟着发生变化，如图 1-22a 所示。捕捉绘图区任意位置作为圆心，单击鼠标，则表示圆心动态坐标的文本框消失，随后出现一个用于输入直径的文本框，输入数值并单击鼠标，圆绘制完成，如图 1-22b 所示。

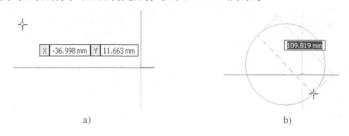

图 1-22　圆心圆

a）鼠标位置坐标　b）输入圆直径

3. 圆弧

圆弧的绘制方法有 3 种，在此只介绍常用的三点圆弧绘制法。单击"绘制"工具面板上的"三点圆弧"命令按钮⌒ ▣▣ 后，再分别单击圆弧的起点、终点和圆弧上的任一点来创建圆弧，如图 1-23 所示。

4. 矩形

矩形的绘制方法有两种：两点矩形常用于绘制矩形的边与坐标轴平行或垂直的矩形；而三点矩形常用于绘制矩形的边与坐标轴不平行或不垂直的矩形。下面只介绍常用的两点矩形绘制法。

两点矩形是利用成对角的两个点来创建矩形。单击"绘制"工具面板上的两点矩形命令按钮▢ 矩形，在图形区指定第一个点作为矩形的起点，指定第二个点作为矩形的对角点，定义宽度和高度，如图 1-24 所示。

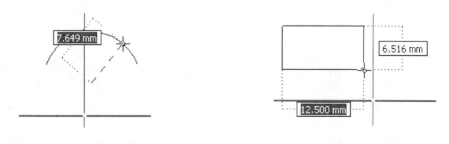

图 1-23　三点圆弧绘制法　　　　　　图 1-24　两点矩形绘制法

5. 样条曲线

样条曲线是通过指定一系列点创建起来的不规则曲线。单击"绘制"工具面板上的"样条曲线"命令按钮⌇ 样条曲线，在图形区指定第一个点作为样条曲线的起点，选定一系列点作为样条曲线的拟合点，绘制结束时双击完成，然后按 Esc 键退出，如图 1-25 所示。

6. 椭圆

单击"绘制"工具面板上的"椭圆"命令按钮⊙ 椭圆，在图形区指定第一个点作为椭圆的中心点，指定第二个点作为椭圆一个轴的端点，然后指定第三个点作为椭圆另一个轴的端点，即可绘制椭圆，如图 1-26 所示。

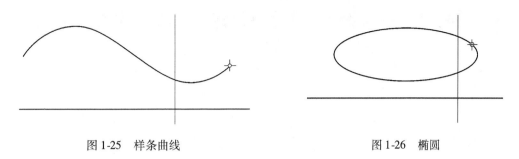

图 1-25　样条曲线　　　　　　　　　　　图 1-26　椭圆

7. 点

单击"绘制"工具面板上的"点"命令按钮+ 点，在图形区单击用以创建草图点或中心点，中心点常用于孔心的定位。

8. 圆角和倒角

单击"绘制"工具面板上的"圆角"命令按钮🗋 圆角，在弹出的"二维圆角"对话框中设置半径值，然后在绘图区中选择需要放置圆角的两条直线即可，如图 1-27 所示。

单击"绘制"工具面板上的"倒角"命令按钮🗀 倒角，在弹出的"二维倒角"对话框中设置倒角的尺寸参数，然后在绘图区中选择需要放置倒角的两条直线即可，如图 1-28 所示。

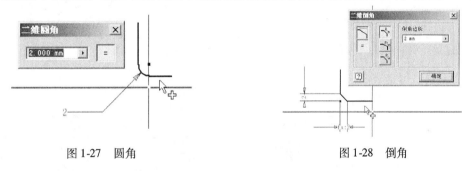

图 1-27　圆角　　　　　　　　　　　　图 1-28　倒角

9. 多边形

多边形功能是指根据给出的边数绘制内切或外切的正多边形。单击"绘制"工具面板上的"多边形"命令按钮⊙ 多边形，在图形区指定第一个点作为正多边形的中心点，指定第二个点确定正多边形的大小，如图 1-29 所示。

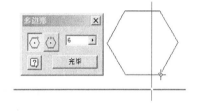

图 1-29　多边形

10. 文本

文本有普通的文本和几何图元文本两种，在此只介绍常用的普通文本命令。单击"绘制"工具面板上的"文本"命令按钮**A** 文本，在图形区拖动光标绘制文本框，然后在弹出的"文本格式"对话框中输入需要的文本内容，并进行相应的设置即可，如图 1-30 所示。

11. 投影几何图元

投影几何图元用于将现有的边、顶点、定位特征、回路和曲线等投影到当前草图平面上。投影几何图元有以下两种类型。

（1）投影几何对象　单击"绘制"工具面板上的"投影几何图元"命令按钮，在图形区中选择要投影的几何对象，即可投影，如图 1-31 所示。

图 1-30　"文本格式"对话框

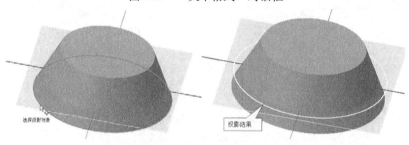

图 1-31　投影几何对象

（2）投影切割边　单击"绘制"工具面板上的"投影切割边"命令按钮，当前草图平面与现有结构的截交线自动投影到当前草图平面，如图 1-32 所示。

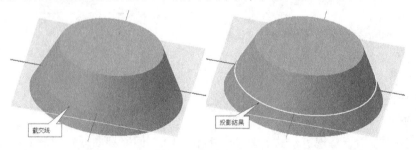

图 1-32　投影切割边

三、几何图形的修改

1. 选取对象

进行草图编辑之前首先要选中需要编辑的对象，所以下面学习几种几何图元的选取方法。

（1）单选 将光标移动到要选择的几何图元上，然后单击便可选中该几何图元。

（2）多选 按住 Ctrl 或 Shift 键逐一单击要选择的几何图元，便可选择多个几何图元。如果此时单击已经选择的对象，则取消对几何图元的选择。

（3）使用窗口选择对象 使用窗口选择对象有两种情况，在图形区单击鼠标左键如果从左向右拖动选择窗口，仅选择完全包含在选择窗口内的几何图元；如果从右向左拖动选择窗口，则能够选择与选择窗口相交或包含在窗口内的几何图元。

2. 矩形阵列

矩形阵列用于复制选定的草图几何图元对象，并使它们按照指定的方向排列。单击"阵列"工具面板上的"矩形"命令按钮 矩形，弹出"矩形阵列"对话框，如图 1-33 所示。在弹出的"矩形阵列"对话框中进行如下操作。

1）单击"几何图元"按钮，在图形区选择要阵列的几何图元。

2）单击"方向 1"按钮，选择边或定位特征以指定阵列的第一个方向，并指定该方向上阵列的数量和间距。

3）单击"方向 2"按钮，选择边或定位特征以指定阵列的第二个方向，并指定该方向上阵列的数量和间距。

4）单击对话框下方的"确定"按钮，即可完成矩形阵列的创建。

在选择阵列方向时，单击 按钮，即可选择和现有方向相反的阵列方向。

3. 环形阵列

环形阵列用于复制选定的几何图元，并使它们以环形方式排列。单击"阵列"工具面板上的"环形"命令按钮 环形，弹出"环形阵列"对话框，如图 1-34 所示。在弹出的"环形阵列"对话框中进行如下操作。

1）单击"几何图元"按钮，在图形区选择要阵列的几何图元。

2）单击"旋转轴"按钮，选择点或轴线以指定环形阵列的旋转轴。

3）指定环形阵列的数量和角度。

4）单击对话框下方的"确定"按钮，即可完成环形阵列的创建。

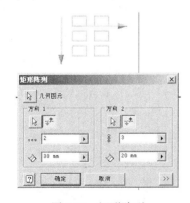

图 1-33 矩形阵列

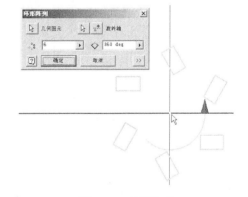

图 1-34 环形阵列

4. 镜像

镜像是指以所选直线为对称轴，对称复制所选的草图几何图元。单击"阵列"工具面板上的"镜像"命令按钮┉┉ 镜像，弹出"镜像"对话框，如图1-35所示。在弹出的"镜像"对话框中进行如下操作。

1）单击"选择"按钮，在图形区选择要镜像的几何图元。

2）单击"镜像线"按钮，在图形区选择一条直线作为本次镜像的镜像线。

3）单击对话框下方的"应用"按钮，即可完成镜像操作。

5. 修剪

修剪是指将曲线修剪到最近的相交曲线或指定的边界几何图元。单击"修改"工具面板上的"修剪"命令按钮 ✕ 修剪，在几何图元上停留光标来预览修剪效果，此时被修剪掉的线段会变为虚线显示，单击即可修剪所选对象，并在被修剪的几何图元和边界几何图元的端点之间创建重合约束，如图1-36所示。

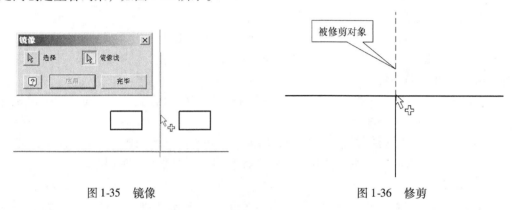

图1-35　镜像   图1-36　修剪

6. 延伸

延伸是指将曲线延伸到最近的相交曲线或选定的边界几何图元。单击"修改"工具面板上的"延伸"命令按钮 ↗ 延伸，在几何图元上停留光标来预览延伸效果，单击即可延伸所选对象。延伸功能会在被延伸几何图元的端点处创建重合约束，如图1-37所示。

7. 偏移

单击"修改"工具面板上的"偏移"命令按钮 ⌐ 偏移，在图形区选择要偏移的几何图元，移动鼠标至要偏移的目标位置，然后单击鼠标即可偏移所选对象，如图1-38所示。

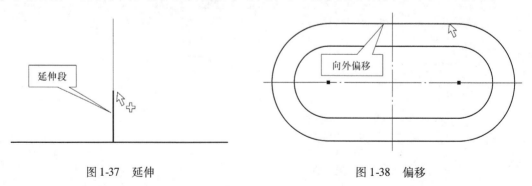

图1-37　延伸   图1-38　偏移

四、几何图形的约束

几何图形的约束包括几何约束和尺寸约束。几何约束用于确定草图的形状，尺寸约束用于确定草图的大小。

1. 几何约束

（1）重合约束 重合约束用于将点约束到其他几何图元上。单击"约束"工具面板上的重合约束命令按钮，在图形区选择一个几何图元上的某点，再指定另一个几何图元上的点或者线，单击后这两点将重合或者说点约束在线上，如图 1-39 所示。

（2）平行约束 平行约束可使所选的线性几何图元互相平行。单击"约束"工具面板上的"平行约束"命令按钮，在图形区中分别选择将要应用平行约束的两个几何图元（直线、椭圆轴等），单击后两者将平行，如图 1-40 所示。

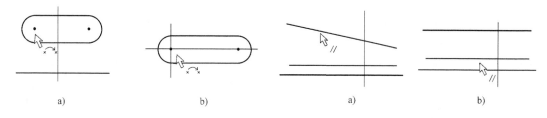

图 1-39 重合约束　　　　　　　　　图 1-40 平行约束
a）重合约束前 b）重合约束后　　　　a）平行约束前 b）平行约束后

（3）相切约束 相切约束用于使曲线（包括样条曲线的端点）与曲线相切。单击"约束"工具面板上的相切约束命令按钮，在图形区依次选择将要应用相切约束的两个对象（直线或曲线），单击后两者将相切，如图 1-41 所示。

（4）共线约束 共线约束可使选定的直线或椭圆轴位于同一条直线上。单击"约束"工具面板上的共线约束命令按钮，在图形区依次选择将要应用共线约束的两个对象（直线、椭圆轴等），单击后两者将共线，如图 1-42 所示。

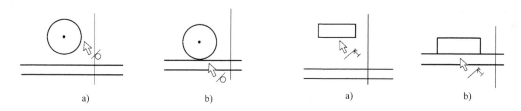

图 1-41 相切约束　　　　　　　　　图 1-42 共线约束
a）相切约束前 b）相切约束后　　　　a）共线约束前 b）共线约束后

（5）垂直约束 单击"约束"工具面板上的垂直约束命令按钮，在图形区依次选择将要应用垂直约束的两个对象，单击后二者将垂直，如图 1-43 所示。

（6）同心约束 同心约束可使两个圆弧、圆或者椭圆具有同一圆心。单击"约束"工具面板上的"同心约束"命令按钮，在图形区选择第一个对象，如圆、圆弧或者椭圆，再选择第二个对象，单击后两者将同心，如图 1-44 所示。

（7）水平约束 水平约束可使直线、椭圆轴或成对的点平行于草图的水平轴。单击"约束"工具面板上的"水平约束"命令按钮，在图形区选择一条直线，单击后该直线便处于水平位置，如图 1-45 所示。

水平约束也可用于使选定的两个几何图元（如两条线的端点或中心）位于同一条水平线上。

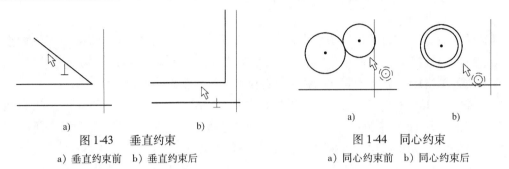

图 1-43　垂直约束　　　　　　　　　　图 1-44　同心约束
a）垂直约束前　b）垂直约束后　　　a）同心约束前　b）同心约束后

（8）对称约束　对称约束用于约束选定的对象，使之相对选定直线对称。单击"约束"工具面板上的对称约束按钮回，在图形区依次选择将要应用对称约束的两个对象，单击后两者之间将关于轴线对称，如图 1-46 所示。

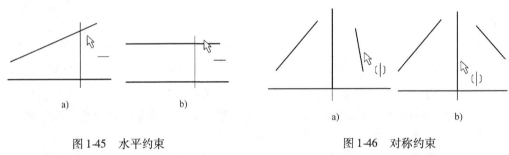

图 1-45　水平约束　　　　　　　　　　图 1-46　对称约束
a）水平约束前　b）水平约束后　　　a）对称约束前　b）对称约束后

（9）竖直约束　竖直约束使直线、椭圆轴或成对的点平行于坐标系的竖直轴。单击"约束"工具面板上的竖直约束命令按钮，在图形区选择一条直线，单击后该直线便处于竖直位置，如图 1-47 所示。

和水平约束一样，竖直约束也可用于使选定的两个几何图元（如两条线的端点或中心）位于同一条竖直线上。

（10）等长约束　单击"约束"工具面板上的等长约束按钮，在图形区依次选择将要应用等长约束的两个对象，单击后两者将具有相同尺寸，如图 1-48 所示。

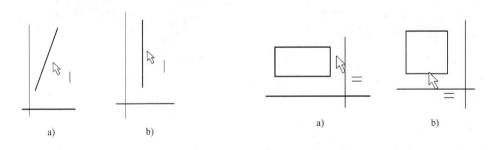

图 1-47　竖直约束　　　　　　　　　　图 1-48　等长约束
a）竖直约束前　b）竖直约束后　　　a）等长约束前　b）等长约束后

2. 尺寸约束

通过尺寸约束可以精确控制几何图元的大小和位置。一般只要选择"通用尺寸"工具，就可进行尺寸标注。

（1）线性尺寸　线性尺寸标注直线段的长度，可以直接选择该线段，也可以选择线段的两个端点。对于与原始坐标轴不平行的线段，常用对齐方式。选择直线后单击鼠标右键，在弹出的快捷菜单中选择对齐方式，如图 1-49 所示。也可以两次单击直线进行对齐标注。

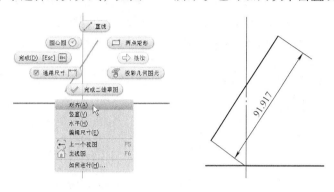

图 1-49　对齐方式

标注几何图元到圆的距离时，直接选取圆则会标注几何图元到圆心的距离。若要标注几何图元到圆轮廓的距离，需将光标移动到圆轮廓附近，待出现提示符号时单击圆，如图 1-50 所示。

标注直线到中心线的距离时，尺寸前会自动添加直径符号 ϕ，常用于表示回转体或回转面的直径，如图 1-51 所示。

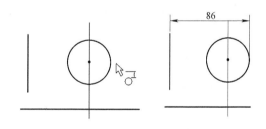

图 1-50　直线到圆的标注

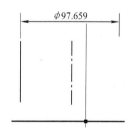

图 1-51　直线到中心线的标注

（2）圆弧类尺寸　对圆弧类尺寸进行标注时，直接单击需要标注的圆或圆弧即可，如图 1-52 所示。

（3）角度尺寸　角度尺寸可以通过选择构成角的两条边或三个点来标注，如图 1-53 所示。

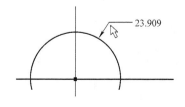

图 1-52　圆弧尺寸

图 1-53　角度尺寸

提示：对已经标注的尺寸进行修改时，只需双击该尺寸，然后输入需要的数值即可。

【任务实施】

（1）新建文件　在快速访问工具条上单击"新建"按钮 上的下拉箭头，在弹出的下拉菜单中选择"零件"选项，如图 1-54 所示，系统自动进入草图环境。

（2）绘制草图的大致轮廓　利用两点矩形工具 矩形 绘制矩形。利用圆心圆工具 圆 以原点为圆心绘制中心圆，如图 1-55 所示。

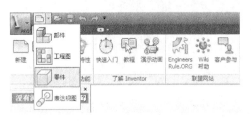

图 1-54　新建零件

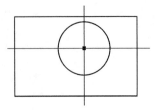

图 1-55　绘制轮廓

（3）几何约束　利用水平约束工具 将矩形竖直边的中点与坐标原点水平对齐，利用竖直约束工具 将矩形水平边的中点与坐标原点竖直对齐，如图 1-56 所示。利用等长约束工具 使矩形边长相等，完成约束后如图 1-57 所示。对于初学者来说，应该养成以坐标原点定位草图的好习惯。

（4）尺寸约束　利用"尺寸"工具 按草图尺寸完成尺寸约束，如图 1-58 所示。可以看到此时草图颜色发生了变化，这表示草图已经被完全约束了，也就是说草图已经被完全固定了，不能再被拖动而改变形状或大小，而前面的几个图都可以被拖动就说明没有被完全约束。在草图绘制中要求草图必须是完全约束的。

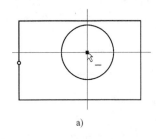

a)

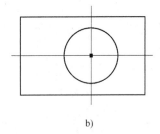

b)

图 1-56　几何约束

a）几何约束前　b）几何约束后

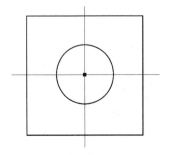

图 1-57　完成几何约束

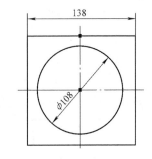

图 1-58　尺寸约束

（5）倒圆角　对矩形的 4 个角进行圆角处理，圆角半径为 12mm，如图 1-59 所示。

（6）绘制小圆　利用圆心圆工具◎▣和动态输入法，以圆角的圆心为圆心，绘制直径为 10mm 的圆，如图 1-60 所示。

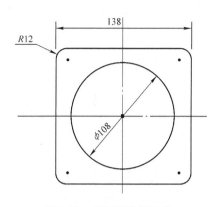

图 1-59　对矩形进行圆角

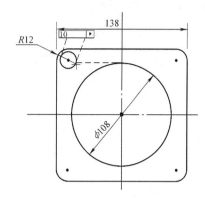

图 1-60　绘制小圆

（7）阵列　利用矩形阵列工具▦▦将直径为 10mm 的圆进行矩形阵列，结果如图 1-61 所示。

（8）绘制小矩形　利用两点矩形工具▭ 矩形在中心圆内绘制矩形，如图 1-62 所示。

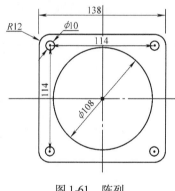

图 1-61　阵列

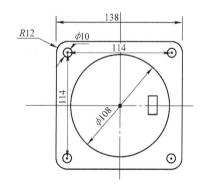

图 1-62　绘制小矩形

（9）约束小矩形　利用"重合约束"工具▙将小矩形的两个角点约束到中心圆上，并给草图添加尺寸约束，如图 1-63 所示。

（10）绘制镜像线　利用"直线"工具▱从原点开始沿 Y 轴向上绘制直线，如图 1-64 所示。

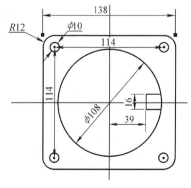

图 1-63　约束小矩形

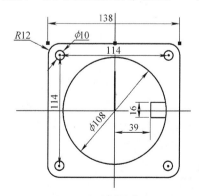

图 1-64　绘制镜像线

（11）镜像　利用"镜像"工具 将小矩形进行镜像，结果如图 1-65 所示。

（12）修剪多余的线条　利用"修剪"工具 修剪将图中多余的线条修剪掉，结果如图 1-66 所示。

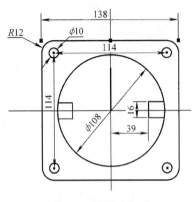

图 1-65　镜像小矩形

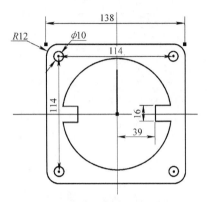

图 1-66　修剪多余的线条

（13）添加约束　此时可发现中心圆及修剪后的小矩形颜色又有了一些变化，草图没有被完全约束。这说明经过修剪原有的一些草图约束丢失了，需要重新加上。利用"尺寸"工具 为上半段圆弧添加直径尺寸；利用"等长约束"工具使两段圆弧等长；将图 1-67 中所示中点与原点水平约束。

（14）线型更改　将绘制的镜像线选中后，单击"格式"工具面板上的"构造"命令按钮 ，将镜像线设置为构造线，如图 1-68 所示。完成草图后保存文件并退出。

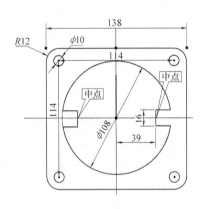

图 1-67　添加约束

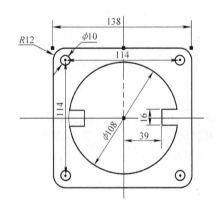

图 1-68　完成草图

小技巧：构造线的样式为"点线"，用做定位或参考，而不参与实体造型。因此在草图中不参与创建特征的几何图元，应尽可能设置为构造线。

【拓展练习】

完成如图 1-69 所示草图的绘制。

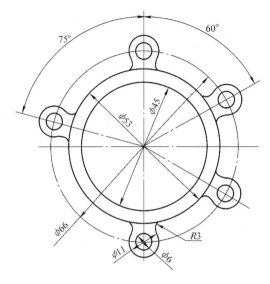

图 1-69 拓展练习

任务三 垫圈模型的绘制

【学习目标】

- ◆ 熟悉 Inventor 2012 的特征环境。
- ◆ 熟练应用拉伸特征创建拉伸类实体。
- ◆ 掌握倒角特征的创建方法。
- ◆ 学会垫圈模型的绘制。

【任务导入】

在绘制如图 1-70 所示垫圈的过程中，用到的特征是"拉伸"和"倒角"命令。下面进入特征环境学习拉伸和倒角的相关知识。

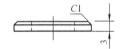

【知识准备】

一、特征及特征环境简介

在 Inventor 中，基本的设计思想就是基于特征的造型方法，一个零件可以视为一个或者多个特征的组合。这些特征既可相互独立，也可相互关联。

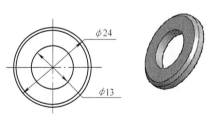

图 1-70 垫圈实例

Inventor 软件中存在 3 种基本类型的特征：草图特征、放置特征和定位特征。草图特征是在草图基础上添加的特征，如拉伸、旋转等，零件的第一个特征通常是一个草图特征；放置特征是在已有特征基础上添加的特征，如圆角、倒角、镜像等；定位特征是建模过程中的辅助特征，主要为其他特征的添加提供定位对象，如工作轴、工作面创建时经常用到。

在 Inventor 特征环境下，零件的全部特征都罗列在浏览器的模型树中。图 1-71 所示为 Inventor 2012 默认的特征环境，主要包括图形窗口、特征选项卡、特征工具面板和浏览器等。

在特征环境下，"模型"选项卡下面有 9 个工具面板，分别是草图、创建、修改、定位特征、阵列、曲面、塑料零件、线束和转换。

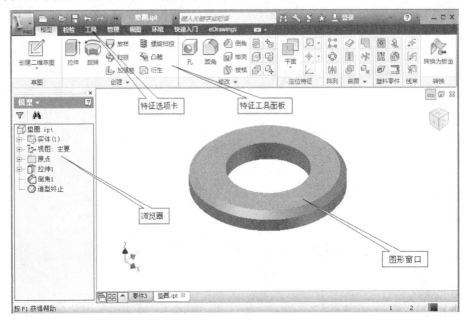

图 1-71　特征环境

二、拉伸特征

拉伸是 Inventor 零件造型最基本的特征之一，它是将草图轮廓沿草图垂直方向平移所形成的空间轨迹。如果草图轮廓为封闭的，可以生成实体或曲面。如果草图轮廓为不封闭的，在没有其他特征的环境下只可以生成曲面；如果在已有特征条件下，可通过勾选对话框中的"匹配形状"选项生成实体。

在已有草图轮廓的前提下，单击"创建"工具面板上的"拉伸"命令按钮，弹出"拉伸"对话框以及"拉伸"小工具栏，此时小工具栏以最小化状态显示。如果将鼠标悬停在最小化的"拉伸"小工具栏上，则小工具栏将展开显示，如图 1-72 所示。

说明：在 Inventor 2012 中具有小工具栏的特征命令有：拉伸特征、旋转特征、倒角特征、圆角特征、孔特征和拔模特征。

"拉伸"对话框的"形状"选项卡中各项含义如下。

1. 截面轮廓

在"拉伸"对话框打开时，如果草图中只有一个截面轮廓，那么该轮廓是默认选中的。如果有多个轮廓，单击"截面轮廓"按钮后，在图形区中可以选择多个截面轮廓。如果选择错误，在按［Ctrl］键或［Shift］键的同时单击错选的轮廓，即可将其取消选择，截面轮廓选中后即可出现拉伸的结果预览。

2. 输出

拉伸特征的输出方式有实体和曲面两种，曲面可以作为构造曲面来终止其他特征，或者

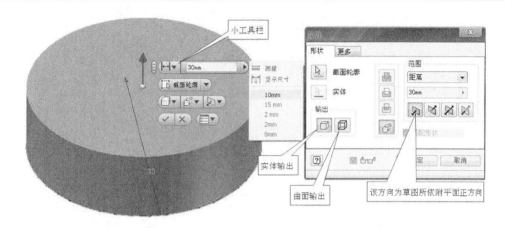

图 1-72 "拉伸"对话框

作为分割工具来分割零件。

3. 布尔运算

（1）求并 单击"求并"按钮，将拉伸特征产生的体积添加到另一个特征或实体，如图 1-73a 所示。

（2）求差 单击"求差"按钮，将拉伸特征产生的体积从另一个特征或实体中去除，如图 1-73b 所示。

（3）求交 单击"求交"按钮，将拉伸特征和其他特征的公共体积创建为新特征，未包含在公共体积内的材料被删除，如图 1-73c 所示。

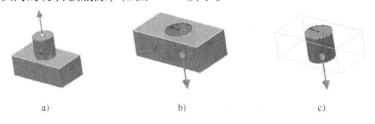

a) b) c)

图 1-73 拉伸特征布尔运算方式
a) 求并 b) 求差 c) 求交

（4）新建实体 创建新实体。选择该选项可以在包含实体的零件文件中创建新实体，每个实体均为与其他实体分离的独立特征（本模块不作介绍）。

4. 范围

拉伸范围用于确定拉伸的终止方式并设置其深度，共有 5 种终止方式。

（1）距离 设拉伸前的截面轮廓如图 1-74a 所示。将截面轮廓沿草图垂直方向单向或双向拉伸，并指定距离，如图 1-74b 所示。

（2）到表面或平面 选择表面或者平面用来终止指定方向上的拉伸，如图 1-74c 所示。

（3）到 从草图开始处拉伸到指定草图点、工作面或终止端曲面等，如图 1-74d 所示。

（4）介于两面之间 指定拉伸的起始曲面和终止端的曲面，如图 1-74e 所示。

（5）贯通 在指定方向上贯通整个空间，此时求并不可用，如图 1-74f 所示。

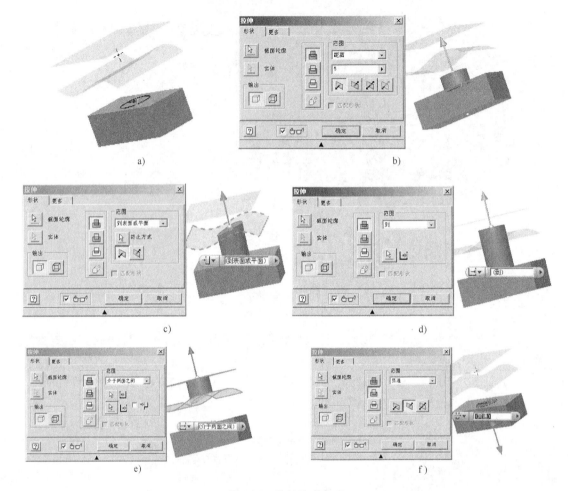

图 1-74　拉伸终止方式

a) 拉伸前　b) "距离" 方式　c) "到表面或平面" 方式　d) "到" 方式
e) "介于两面之间" 方式　f) "贯通" 方式

5. 拉伸方向

指定拉伸的方向，共有 4 种，如图 1-75 所示。

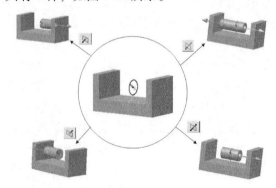

图 1-75　拉伸方向

（1）方向 1　拉伸的默认方向，也就是草图所依附平面的正方向。
（2）方向 2　草图所依附平面的反方向。

（3）对称　从截面轮廓所在的草图平面向两个方向等距离拉伸。

（4）不对称　从截面轮廓所在的草图平面向两个方向不等距离拉伸。

三、倒角特征

倒角是基于特征的特征，因此该特征不要求有草图。单击"修改"工具面板上的"倒角"按钮 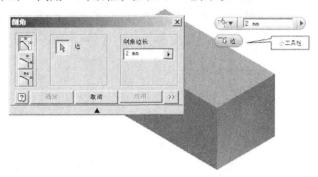 ，弹出"倒角"对话框，如图1-76所示。

图1-76　"倒角"对话框

"倒角"对话框中各项的含义如下。

（1）倒角方式　倒角方式有3种：距离、距离和角度、两距离，如图1-77所示。常用的是"距离"方式，即指定与两个面的交线偏移同样的距离来创建倒角。

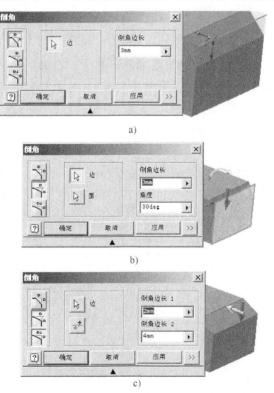

图1-77　"倒角"对话框

a）"距离"方式　b）"距离和角度"方式　c）"两距离"方式

（2）边　设置放置倒角的模型棱边。

（3）倒角边长　即倒角距离。

【任务实施】

（1）新建文件　单击应用程序菜单图标⬛上的下拉箭头，在弹出的下拉菜单中单击"新建"选项右边的箭头并选择"零件"选项，创建新的零件文件，如图1-78所示。

（2）创建草图　利用圆心圆命令以坐标原点为圆心绘制如图1-79所示草图，并将其全约束。单击"退出"工具面板上的"完成草图"命令按钮✔，退出草图环境。

图1-78　新建零件

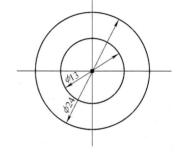

图1-79　草图

（3）创建拉伸特征　单击"创建"工具面板上的"拉伸"命令按钮⬛，弹出"拉伸"对话框，选中圆环截面轮廓并设置拉伸距离为3mm，如图1-80所示。单击"确定"按钮，完成拉伸特征的创建。

提示：拖动实体上的箭头可以动态改变拉伸的距离。

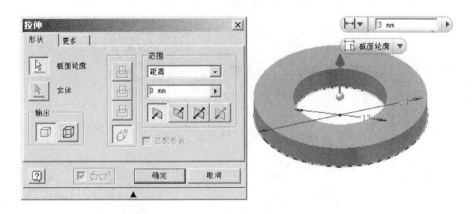

图1-80　创建拉伸特征

（4）创建倒角特征　单击"修改"工具面板上的"倒角"命令按钮⬛倒角，弹出"倒角"对话框，将倒角边长设置为1mm，倒角边选择如图1-81a所示。按Enter键，完成倒角创建。最终结果如图1-81b所示，保存文件后退出。

图 1-81　创建倒角

a）倒角设置　b）垫圈模型

【拓展练习】

创建如图 1-82 和图 1-83 所示模型。

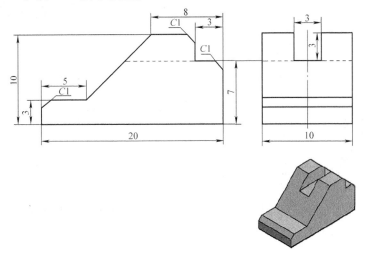

图 1-82　拓展练习 1

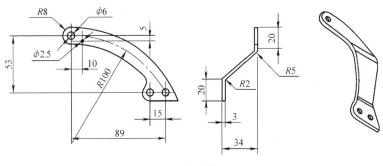

图 1-83　拓展练习 2

任务四　螺钉模型的绘制

【学习目标】

◆　能够熟练应用旋转特征创建回转类实体。

◆　能够熟练应用孔特征创建各类孔。
◆　能够熟练应用螺纹特征创建螺纹。
◆　会绘制螺钉模型。

【任务导入】

在绘制如图 1-84 所示螺钉的过程中，用到的是"旋转"、"孔"、"螺纹"和"倒角"命令。下面进入特征环境学习旋转、孔和螺纹的相关知识。

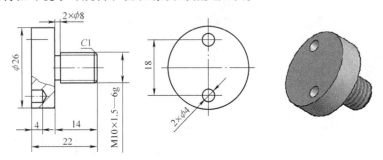

图 1-84　螺钉

【知识准备】

一、旋转特征

旋转是将一个或多个草图轮廓沿旋转轴旋转一定角度所形成的空间轨迹，是 Inventor 零件造型最基本的特征之一，常用来创建回转体零件。与拉伸一样，如果草图轮廓为封闭的，可以生成实体或曲面。如果草图轮廓不封闭，在没有其他特征的环境下只可以生成曲面；在已有特征条件下，可通过勾选对话框中的"匹配形状"选项生成实体。

单击"创建"工具面板上的"旋转"命令按钮🔘，弹出"旋转"对话框以及"旋转"小工具栏，此时小工具栏以最小化状态显示。如果将鼠标悬停在最小化的"旋转"小工具栏上，则小工具栏将展开显示，如图 1-85 所示。

"旋转"对话框的"形状"选项卡中的各项含义如下。

图 1-85　"旋转"对话框

1. 截面轮廓

在"旋转"对话框打开时，单击截面轮廓前的箭头图标 ， 可以在图形区中单击一个或者多个截面轮廓。如果选择了错误的截面轮廓，可以按 Ctrl 键或 Shift 键并单击错误的轮廓将其取消选择。

2. 旋转轴

旋转轴用于指定旋转特征的中心线，可以是工作轴或者普通的直线。

3. 输出

与拉伸特征一样，设置旋转特征创建的是实体还是曲面。

4. 布尔运算

与拉伸含义一致，有求并、求差、求交和新建实体 4 种方式。

5. 范围

旋转范围用于确定旋转的终止方式，共有 5 种终止方式。

（1）全部　即创建 360°的旋转特征，如图 1-86b 所示。

（2）到表面或平面　选择表面或者平面用来终止指定方向上的旋转，如图 1-86c 所示。

（3）到　从截面轮廓出发旋转到指定面，如图 1-86d 所示。

（4）介于两面之间　指定旋转的起始曲面和终止端的曲面，如图 1-86e 所示。

（5）角度　将截面轮廓按照指定的角度绕轴单向或双向旋转。拖动黄色箭头可动态改变旋转角度，如图 1-86f 所示。

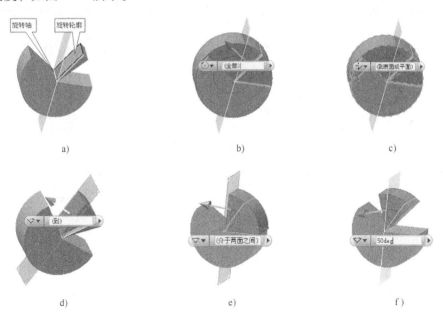

图 1-86　旋转范围

a）旋转前　b）全部　c）到表面或平面　d）到　e）介于两面之间　f）角度

二、孔特征

孔特征是利用提供的参考点、草图点或其他参考几何参数创建孔的方法，它可以创建各种光孔、螺纹孔等。单击"修改"工具面板上的"孔"命令按钮，弹出"打孔"对话框，如图 1-87 所示。

"打孔"对话框中的各选项含义如下。

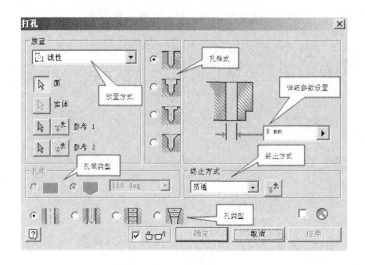

图 1-87 "打孔" 对话框

1．放置

放置方式用于指定孔的位置，有 4 种方式，如图 1-88 所示。这里重点介绍前 3 种。

（1）从草图 需要新建一个草图，在需要打孔的孔心处放置好草图点并约束好位置。

（2）线性 需要在放置孔的平面上确定孔与两条线性边（棱边）的距离来定位孔。

（3）同心 创建与现有的圆柱面或环形边同心的孔。

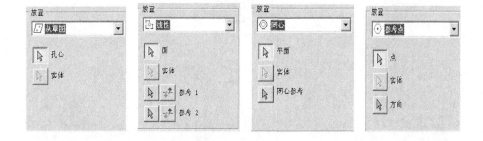

图 1-88 孔放置方式

2．孔样式

孔的样式包括直孔、沉头孔、沉头平面孔和倒角孔 4 种形式。选择后可以根据预览图像在详细参数设置区域设置相关参数，如图 1-89 所示。

3．孔底

孔底是指设置平底孔底还是锥形孔底，此项按对话框默认设置即可。

4．终止方式

孔有与拉伸类似的 3 种孔特征的终止方式，如图 1-90 所示。

（1）距离 通过数值设置孔的深度。

（2）贯通 孔穿透所有实体。

（3）到 通过指定的面终止孔。

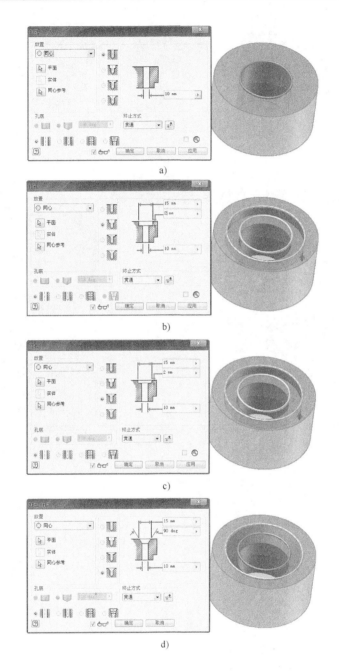

图 1-89 孔的样式

a）直孔 b）沉头孔 c）沉头平面孔 d）倒角孔

5. 孔的类型

孔的类型有 4 种，分别是简单孔、配合孔、螺纹孔和锥螺纹孔，这里只介绍常用的简单孔和螺纹孔。简单孔是系统默认的选择，设置完上述内容后单击"确定"按钮即可。因为孔特征集成了螺纹特征，所以它还可以创建螺纹孔。选择螺纹孔后会出现如图 1-91 所示的扩展区域，在这里可以选择螺纹类型、大小、精度等级以及是否全螺纹等。

图 1-90　孔终止方式

a)"距离"方式　b)"贯通"方式　c)"到"方式

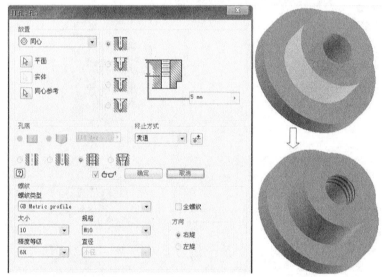

图 1-91　螺纹孔

三、螺纹特征

在机械设计中,螺纹是常用的设计机构,螺纹连接也是最常用的连接方式。螺纹特征就是创建螺纹结构设计的特征。螺纹特征可以在完整或部分的圆柱或圆锥体表面创建螺纹。单击"修改"工具面板上的"螺纹"命令按钮 螺纹,弹出"螺纹"对话框。"螺纹"对话框的"位置"选项卡中各选项的含义如下。

1. 面

面用于指定放置螺纹的表面。

2. 螺纹长度

螺纹长度有全螺纹和非全螺纹两种。

(1) 全螺纹　全螺纹是在整个选定表面创建螺纹,这时其他按钮不可使用,直接按 Enter 键即可创建螺纹,如图 1-92a 所示。

(2) 非全螺纹　非全螺纹是在部分选定表面创建螺纹。此时偏移量指螺纹距离起始端面的距离,以螺纹开始处为基准定义螺纹部分的长度,方向按钮用于指定螺纹创建的方向,如图 1-92b 所示。

"螺纹"对话框的"定义"选项卡用来定义螺纹规格,选择系统默认设置即可,如图 1-92c 所示。

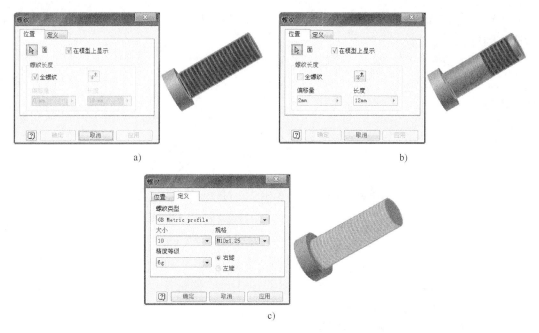

图 1-92 "螺纹"对话框

a）全螺纹 b）非全螺纹 c）"定义"选项卡

【任务实施】

（1）新建文件 新建零件文件。

（2）创建草图 1 绘制如图 1-93 所示草图。单击"格式"工具面板上的"中心线"命令按钮 ⊕ 中心线 ，将轴线设置成中心线形式，将草图全约束后退出草图环境。

提示：对于回转体类零件，在草图中一定将旋转轴设置成中心线形式，养成这样的习惯对你将来的设计会有很大帮助。

（3）创建旋转特征 单击"创建"

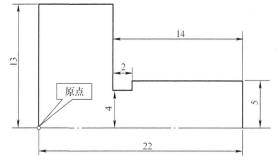

图 1-93 绘制草图

工具面板上的"旋转"命令按钮 旋转 ，弹出"旋转"对话框，并自动选中截面轮廓与旋转轴，

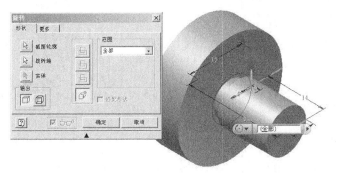

图 1-94 创建旋转特征

如图 1-94 所示。拖动实体上的箭头可以动态改变旋转角度，单击"确定"按钮，完成旋转特征的创建。

（4）创建倒角特征　单击"修改"工具面板上的"倒角"命令按钮 倒角，弹出"倒角"对话框，将倒角边长设置为 1mm，倒角边选择如图 1-95 所示，然后按 Enter 键，完成倒角创建。

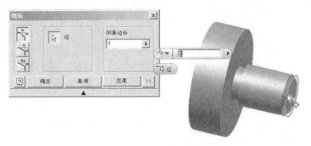

图 1-95　创建倒角特征

（5）创建螺纹特征　单击"修改"工具面板上的"螺纹"命令按钮 螺纹，弹出"螺纹"对话框，设置如图 1-96 所示。

提示：可以看到其实螺纹特征并没有创建真实几何结构，而是简化成对表面的贴图，同时将相关设计数据记录到模型中。这是因为机械设计中的螺纹结构是有一定标准的，只要有相关的螺纹参数就可以加工出所需要的螺纹。这里不绘制真实结构而用贴图就是为了在满足要求的前提下节省计算机的数据资源。

图 1-96　创建螺纹特征

（6）创建草图 2　在螺钉上表面单击右键，在弹出的快捷菜单中选择"新建草图"选项，创建草图 2，如图 1-97 所示。单击"格式"工具面板上的"构造线"命令按钮 构造，将自动投影的轮廓线改为构造线；单击"点"命令按钮 点绘制如图 1-98 所示草图，并将其全约束，完成后退出草图环境。

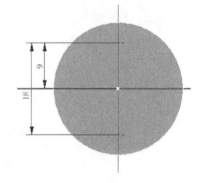

图 1-97　新建草图 2　　　　　　　　　　　图 1-98　绘制草图

（7）创建孔特征　利用"孔"命令创建孔特征，如图 1-99 所示。完成后结果如图 1-100 所示，保存文件后退出。

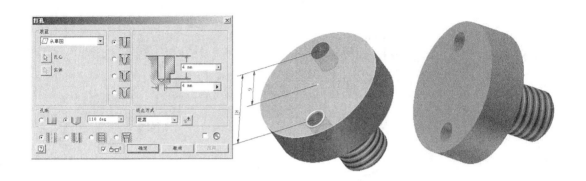

图 1-99 创建孔特征   图 1-100 完成后的结果

【拓展练习】

创建如图 1-101 所示模型。

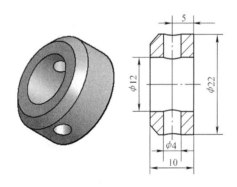

图 1-101 拓展练习

任务五 螺母块模型的绘制

【学习目标】

◆ 进一步熟练应用拉伸特征、倒角特征和孔特征。
◆ 能够熟练应用螺旋扫掠特征创建螺旋扫掠。
◆ 能够熟练应用定位特征创建工作轴。
◆ 学会螺母块的绘制。

【任务导入】

在绘制如图 1-102 所示螺母块模型的过程中，用到的特征是拉伸、孔、螺旋扫掠、倒角以及轴定位特征。下面进入特征环境学习本任务中用到的新知识：螺旋扫掠特征及轴定位特征。

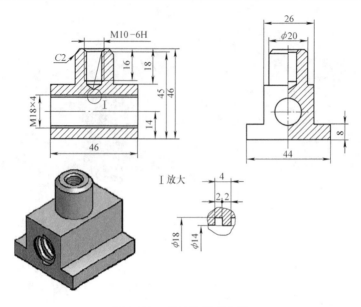

图 1-102　螺母块模型实例

【知识准备】

一、螺旋扫掠特征

螺旋扫掠特征用于创建基于螺旋的特征或实体。它常用来创建弹簧、蚊香片类的螺旋几何体。单击"创建"工具面板上的"螺旋扫掠"命令按钮 ，弹出"螺旋扫掠"对话框，如图 1-103 所示。"螺旋扫掠"对话框包括 3 个选项卡。

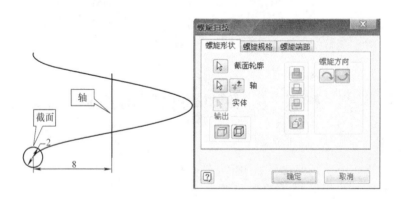

图 1-103　"螺旋扫掠"对话框

1. 螺旋形状

"螺旋形状"选项卡中各项的含义如下。

（1）截面轮廓　选择沿螺旋线扫掠的截面轮廓。

（2）轴　用于指定螺旋扫掠特征的旋转轴，可通过单击方向图标 调整螺旋扫掠方向。

（3）螺旋方向　指定螺旋扫掠是左旋还是右旋。

2. 螺旋规格

"螺旋规格"选项卡如图 1-104a 所示,其各项含义如下。

(1)类型 有螺距和转数、转数和高度、螺距和高度以及平面螺旋 4 种形式,如图 1-104b 所示。

图 1-104 "螺旋规格"选项卡及参数

a)"螺旋规格"选项卡 b)"螺旋规格"类型

(2)参数设置 螺距是螺旋一周的高度增量,螺旋扫掠高度是指开始轮廓中心到终止轮廓中心的高度,转数是螺旋扫掠的转数。螺距乘以转数等于高度,所以设置参数时只需设置两个即可决定第三个。

3. 螺旋端部

"螺旋端部"选项卡如图 1-105 所示,它用于指定螺旋扫掠特征起始和终止位置的特性。

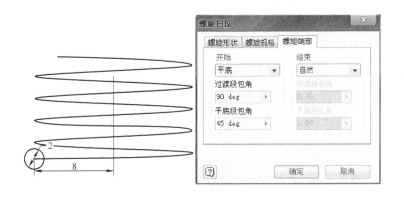

图 1-105 "螺旋端部"选项卡

二、创建工作轴

"轴"定位特征命令 □ 轴 · 位于"定位特征"工具面板上,如图 1-106 所示。Inventor 提供了多种创建工作轴的方式,如图 1-107a 所示,图 1-107b ~ h 分别对应图 1-107a 中的几种轴定位方式。

提示:工作轴是一个重要的参考几何,可作为圆周阵列的中心、旋转特征的旋转轴以及螺旋扫掠特征的中心轴线,还可作为创建工作平面的定位参考。

图 1-106   "轴"定位特征命令的位置

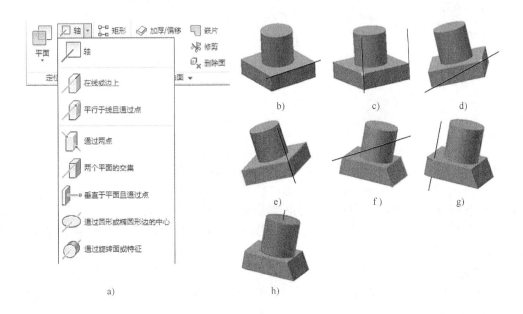

图 1-107   轴定位方式

【任务实施】

（1）新建文件   新建零件文件并绘制如图 1-108 所示草图，将草图全约束后退出。

（2）创建拉伸特征 1   将图 1-108 所示草图进行拉伸，拉伸方向为"对称"拉伸，拉伸距离为 46mm，如图 1-109 所示。

（3）创建草图 2   选中图 1-110 所示的平面，单击小工具栏中的"创建草图"命令按钮 ，进入草图环境。将自动投影的轮廓线改为构造线，绘制如图 1-111 所示草图，要求圆心与原始坐标系原点的投影重合约束，完成后退出草图环境。

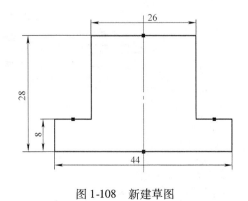

图 1-108   新建草图

注意：在新建草图后，Inventor 会给用户自动建立一个新的用户坐标系，以实体上某一条边的一个顶点或圆弧面的圆心等作为原点。用户坐标系与原始坐标系是有区别的。

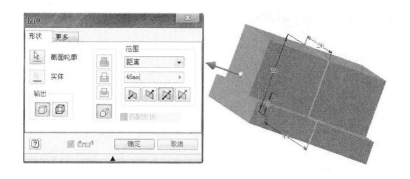

图 1-109　创建拉伸特征

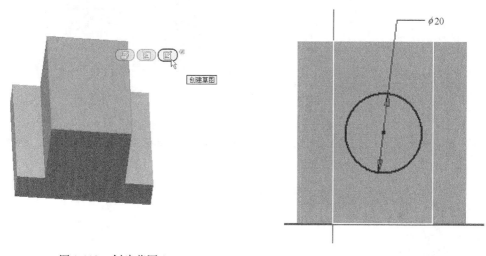

图 1-110　创建草图 1

图 1-111　绘制草图

（4）创建拉伸特征 2　将图 1-111 所示草图进行拉伸，拉伸距离为 18mm，如图 1-112 所示。

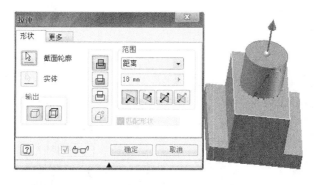

图 1-112　创建拉伸特征

（5）创建孔特征　单击"修改"工具面板上的"孔"命令按钮，弹出"打孔"对话框，按图 1-113 进行设置。单击"确定"按钮，完成孔特征的创建。

（6）创建倒角特征　将图 1-114 所示的边进行倒角处理，倒角距离为 2mm。

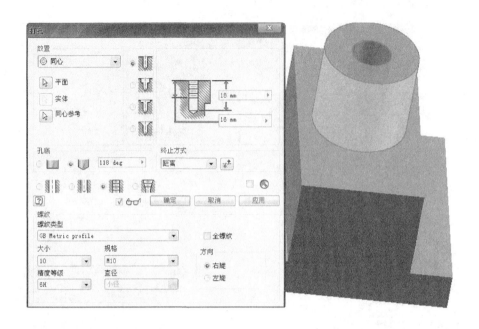

图 1-113　创建孔特征

（7）创建草图 3　在左端面上新建草图，将自动投影的轮廓线改为构造线，绘制如图 1-115 所示的草图 3，将其全约束后退出草图环境。

图 1-114　创建倒角特征

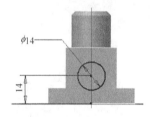

图 1-115　创建草图 3

（8）创建拉伸特征 3　将步骤（7）创建的草图进行拉伸，布尔运算方式为求差，拉伸范围选择"贯通"，如图 1-116 所示。

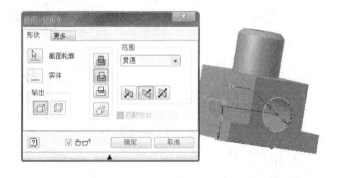

图 1-116　创建拉伸特征

（9）创建草图 4 在 YZ 平面上新建草图 4，按 F7 键进入切片观察方式，如图 1-117 所示。单击"绘制"工具面板上的"投影切割边"命令按钮投影切割边，并把投影线改为构造线。利用矩形工具绘制一个边长为 2mm 的正方形，并将其全约束，如图 1-118 所示。

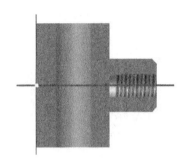

图 1-117 切片观察

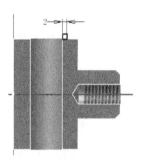

图 1-118 创建草图 4

（10）创建工作轴 创建如图 1-119 所示的工作轴。

（11）创建螺旋扫掠特征 单击"创建"工具面板上的"螺旋扫掠"命令按钮 螺旋扫掠，弹出"螺旋扫掠"对话框。在"螺旋形状"选项卡中，步骤（9）创建的草图会自动被选中作为截面轮廓，选中步骤（10）创建的工作轴作为螺旋扫掠的轴线，可通过方向按钮调整螺旋扫掠的方向，布尔运算选择"求差"方式。在"螺旋规格"选项卡中，类型选择"螺距和高度"，螺距设为 4mm，高度要大于孔的长度 46mm，所以设为 50mm，螺旋端部按默认设置，如图 1-120 所示，单击"确定"按钮完成特征创建。

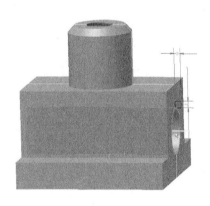

图 1-119 创建工作轴

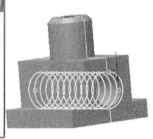

a)　　　　　　　　　　b)

图 1-120 创建螺旋扫掠特征
a）设置"螺旋形状"选项卡 b）设置"螺旋规格"选项卡

（12）保存文件　在浏览器中选中步骤（10）创建的工作轴，单击右键，然后在弹出的菜单中选择"可见性"选项，如图 1-121 所示，将工作轴隐藏。最终结果如图 1-122 所示，保存文件后退出。

图 1-121　隐藏工作轴　　　　　　　　　　　　图 1-122　螺母块

【拓展练习】

创建如图 1-123 所示模型。

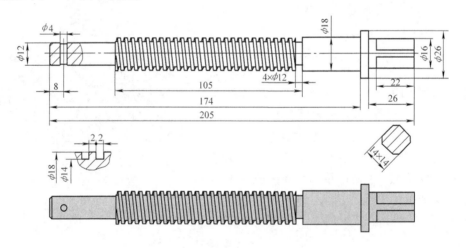

图 1-123　拓展练习

任务六　钳口板模型的绘制

【学习目标】

◆　进一步熟练应用拉伸特征、倒角特征和孔特征。

◆　掌握矩形阵列、环形阵列命令的使用。

◆　掌握"镜像"命令的使用。

◆　掌握工作面的创建方法。

◆　学会钳口板的绘制。

【任务导入】

在绘制如图 1-124 所示钳口板模型的过程中，用到的特征是"拉伸""孔""矩形阵列""镜像"和"倒角"命令。下面进入特征环境学习矩形阵列和镜像的相关知识。

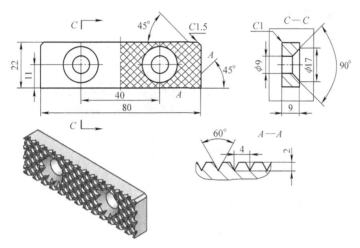

图 1-124　钳口板模型实例

【知识准备】

在构建模型时，如果同一个零件上包含了多个相同的特征或实体，并且这些特征或实体在零件上的位置有一定规律。那么就可以用阵列系列特征来减少用户创建相同特征的工作量。阵列系列特征包括矩形阵列、环形阵列和镜像。

一、矩形阵列特征

矩形阵列用来复制一个或多个特征或实体，并在矩形阵列中沿单向或双向线性路径以特定的数量和间距来排列。

单击"阵列"工具面板上的"矩形阵列"命令按钮 🔲 矩形 ，弹出"矩形阵列"对话框。

"矩形阵列"对话框包括阵列各个特征 🔗 和阵列实体 🔗 两项，在这里只介绍前者。"阵列各个特征"的各项含义如下。

1. 特征选择 📋 特征

特征选择用于选择要阵列的特征。

2. 实体选择 📋 实体

在有多个实体时使用此选项；如果只有一个实体，则该按钮不起作用。

3. 方向 1

设置方向 1 的阵列规则有 3 种。

（1）间距　设置该方向阵列数及阵列之间的距离，如图 1-125a 所示。

（2）距离　设置该方向阵列数及阵列的距离，如图 1-125b 所示。

（3）曲线长度　在一条曲线上放置，设置好放置数量和曲线长度，如图 1-125c 所示。

用户可通过单击 📋 按钮，调整阵列的方向，也可通过勾选 🔲 复选框，进行对称阵列。

4. 方向 2

与方向 1 内容一致，如图 1-126 所示，即为两个方向上的阵列情况。

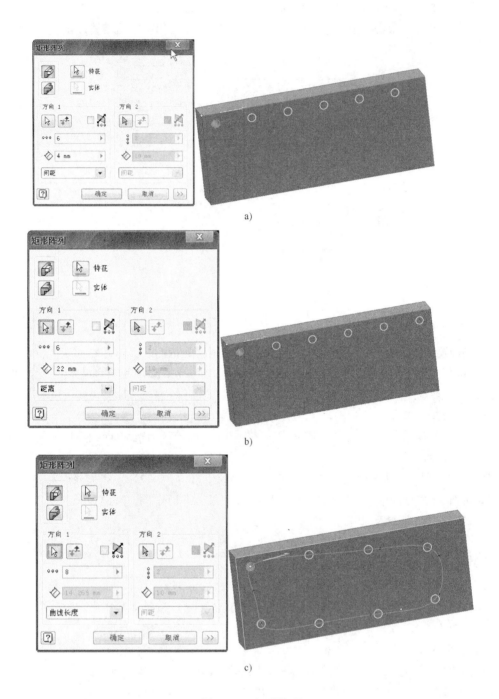

图 1-125　矩形阵列

a）间距　b）距离　c）曲线长度

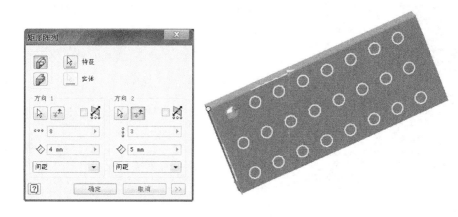

图 1-126　两个方向上阵列

二、环形阵列特征

环形阵列用来复制一个或多个特征或实体，并在圆方向上以特定的数量和间距来排列。

单击"阵列"工具面板上的环形阵列命令按钮 环形，弹出"环形阵列"对话框，如图 1-127 所示。

与"矩形阵列"对话框类似，"环形阵列"对话框也包括阵列各个特征 和阵列实体 两项。阵列各个特征的各项含义如下。

（1）特征选择 特征　选择要阵列的特征。

（2） 旋转轴　选择环形阵列的中心轴线，可以单击"方向"按钮使阵列方向反向。

（3）实体选择 实体　在有多个实体时使用此选项；如果只有一个实体，则该按钮不起作用。

（4）放置　设置环形阵列的规则，即设置在多大角度上阵列几次，类似矩形阵列中的"距离"方式。

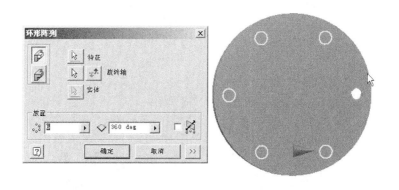

图 1-127　"环形阵列"对话框

三、镜像特征

镜像用来创建所选特征或实体的面对称的结构模型。

单击"阵列"工具面板上的"镜像"命令按钮 镜像，弹出"镜像"对话框，如图 1-128 所示。

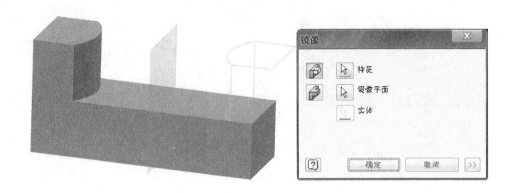

图 1-128   "镜像"对话框

与"矩形阵列"对话框类似,"镜像"对话框也包括镜像各个特征 和镜像实体 两项。镜像各个特征的各项含义如下。

(1)特征选择   选择要镜像的特征。

(2)   选择镜像特征的对称平面。

(3)实体选择   在有多个实体时使用此选项,选择生成的镜像特征属于同一个实体;如果只有一个实体,则该按钮不起作用。

四、创建工作平面

工作平面是用户自定义的坐标平面,其通常用来创建依附于该平面的草图、工作轴、工作点,另外一个作用就是用做参考面,例如镜像平面、特征终止平面等。工作平面有如下两种。

1. 默认的工作平面

在原始坐标系中,系统默认 3 个工作面,分别是 XY 平面、XZ 平面、YZ 平面。这 3 个工作面在图形区默认是隐藏的,要让其显示在图形区,可在浏览器中当鼠标指向需要显示的默认工作面时,单击鼠标右键,在弹出的快捷菜单中选择"可见性"选项,即可将工作面可见,如图 1-129 所示。

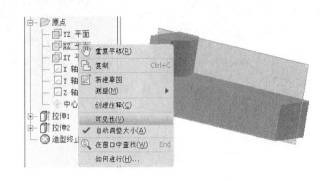

图 1-129   显示工作面

2. 创建工作平面

创建工作平面命令按钮▦位于"定位特征"工具面板上，单击按钮上的下拉箭头，可显示创建工作平面的方法，如图 1-130 所示。在这里举例介绍几种常用的创建工作平面的方法。

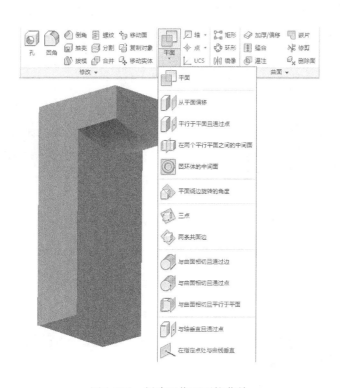

图 1-130 创建工作面下拉菜单

（1）从平面偏移创建工作平面 单击已有平面并向偏移的方向上拖动，在弹出的编辑栏中输入偏移距离即可，如图 1-131a 所示。

（2）平行于平面且过点创建工作平面 单击已有平面后选择通过点即可创建，如图 1-131b 所示。

（3）在两个平行平面之间的中间面创建工作平面 先后单击两个已有平行平面即可创建，如图 1-131c 所示。

（4）通过平面绕边旋转角度创建工作平面 先单击已有平面，然后再选择已有直线即可创建，如图 1-131d 所示。

（5）通过三点创建工作平面 先后单击实体上已有的 3 个顶点、中点或者工作点即可创建，如图 1-131e 所示。

（6）通过共面的两条边创建工作平面 先后单击两条已有的共面边即可创建，如图 1-131f 所示。

（7）与曲面相切且通过边创建工作平面 先单击已有曲面，再单击已有边即可创建，如图 1-131g 所示。

（8）与曲面相切且通过点创建工作平面 先单击已有曲面，再单击实体上某一顶点、中点或者工作点即可创建，如图 1-131h 所示。

　　（9）与曲面相切且平行于平面创建工作平面　先单击已有曲面，再单击已有平面即可创建，如图 1-131i 所示。

　　（10）在指定点处与曲线垂直创建工作平面　先单击已有曲线，再单击实体上某一顶点、中点或者工作点即可创建，如图 1-131j 所示。

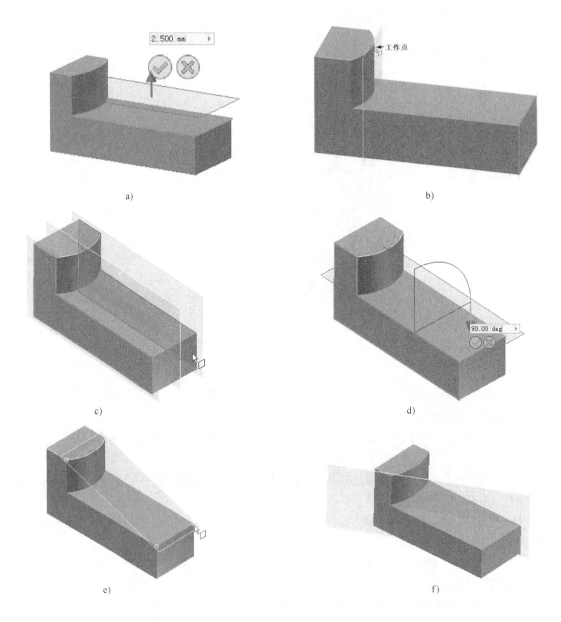

图 1-131　创建工作面的方法

a）从平面偏移创建工作平面　b）平行于平面且过点创建工作平面　c）在两个平行平面之间的中间面创建工作平面
d）通过平面绕边旋转角度创建工作平面　e）通过三点创建工作平面　f）通过共面的两条边创建工作平面

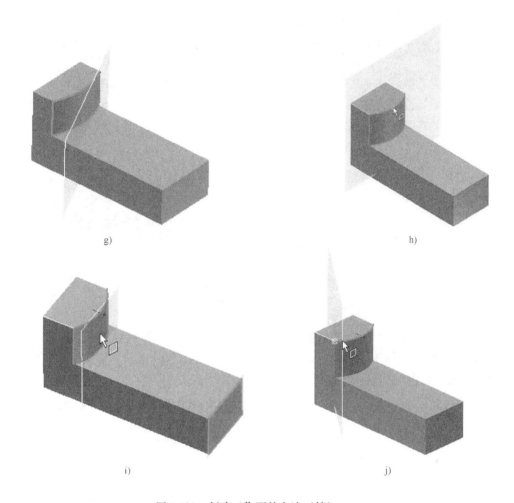

图 1-131 创建工作面的方法（续）

g）与曲面相切且通过边创建工作平面 h）与曲面相切且通过点创建工作平面
i）与曲面相切且平行于平面创建工作平面 j）在指定点处与曲线垂直创建工作平面

【任务实施】

（1）新建文件 新建零件文件，并绘制如图 1-132 所示草图，将草图全约束后退出。

（2）创建拉伸特征 1 将图 1-132 所示草图进行拉伸，拉伸方向为"对称"拉伸，拉伸距离为 9mm，拉伸结果如图 1-133 所示。

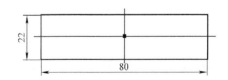

图 1-132 新建草图 图 1-133 创建拉伸特征 1

（3）创建倒角特征 选择如图 1-134 所示的边进行倒角，倒角距离分别为 1.5mm 和 1mm。

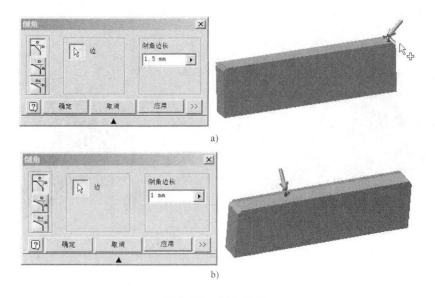

图 1-134　倒角处理

a) 1.5mm 倒角　b) 1mm 倒角

（4）创建孔特征　单击"修改"工具面板上的"孔"命令按钮，弹出"打孔"对话框，孔心与两个边的距离分别为 20mm 和 11mm，其他设置如图 1-135 所示。单击"确定"按钮，完成孔特征的创建。

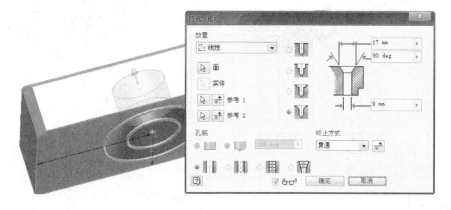

图 1-135　创建孔特征

（5）创建镜像特征　将上一步创建的孔以 YZ 平面为镜像平面进行镜像，如图 1-136 所示。

图 1-136　创建镜像特征

（6）创建工作平面 创建过如图 1-137 所示的边，且与 XZ 平面成 45°角的工作平面。

（7）创建草图 2 在上一步创建的工作平面上创建草图，按 F7 键进入切片观察方式，投影几何图元，并绘制一等边三角形，如图 1-138 所示草图。将草图全约束后退出草图环境，并将步骤（6）创建的工作平面隐藏。

（8）创建拉伸特征 2 将图 1-138 所示草图进行拉伸，拉伸方向为"对称"拉伸，拉伸方式为"求差"，拉伸距离为"贯通"，拉伸结果如图 1-139 所示。拉伸结束后将图 1-138 所示草图 2 设为可见，以备下一步使用。

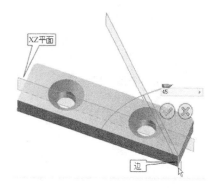

图 1-137 创建工作平面

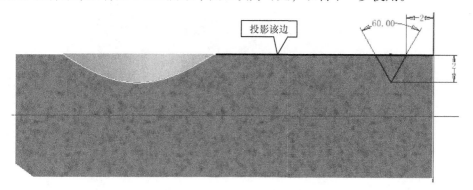

图 1-138 创建草图 2

图 1-139 创建拉伸特征 2

（9）创建阵列特征 1 单击"阵列"工具面板上的"矩形阵列"命令按钮 矩形，弹出"矩形阵列"对话框。在该对话框中，特征选择步骤（8）创建的拉伸特征，方向 1 选择图 1-138 中所示草图 2 的水平边，阵列规则选择"间距"方式，间距为 4mm，个数设为 20，如图 1-140a 所示。此时直接单击"确定"按钮，结果如图 1-140b 所示。显然这不是我们想要的结果，因此需要调整。

单击"矩形阵列"对话框中的扩展面板符号 》，展开"矩形阵列"对话框，在方向 1 的"计算"栏中选择"调整"单选按钮，如图 1-140c 所示。阵列结果如图 1-140d 所示，结束后将图 1-138 所示草图 2 设为不可见。

（10）创建工作平面 创建过图 1-141 中所示的边并与 XZ 平面成 −45°角的工作平面。

（11）创建草图 3 在步骤（10）创建的工作平面上创建草图 3，绘制如图 1-142 所示草图 3，并投影部分几何图元，将草图全约束后退出。

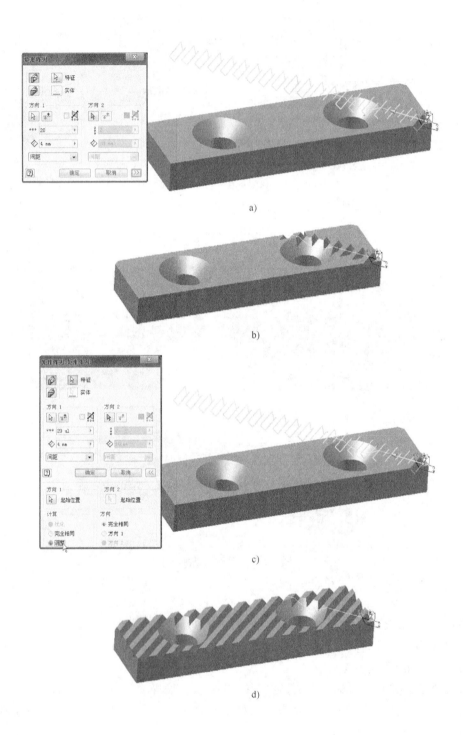

图 1-140　创建阵列特征 1

a) 未调整阵列　b) 未调整时的阵列结果　c) 调整阵列　d) 调整后的阵列结果

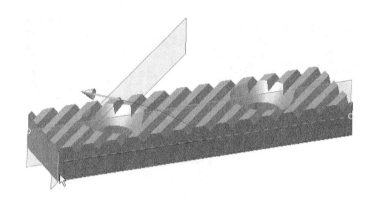

图 1-141　创建工作平面

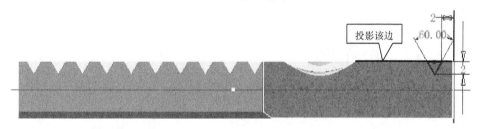

图 1-142　创建草图 3

（12）创建拉伸特征 3　将步骤（11）创建的草图 3 进行拉伸，拉伸方向为"对称"拉伸，拉伸方式为"求差"，拉伸距离为"贯通"，拉伸结果如图 1-143 所示，拉伸结束后将图 1-142 所示草图 3 设为可见。

（13）创建阵列特征 2　将上一步创建的拉伸特征 3 进行矩形阵列，阵列方向是图 1-142 中所示草图 3 的水平边，阵列结果如图 1-144 所示。结束后将图 1-142 所示草图 3 设为不可见，最终结果如图 1-145 所示。

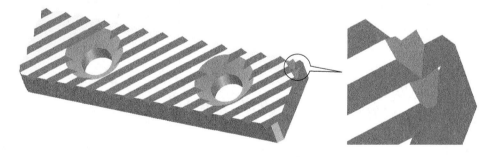

图 1-143　创建拉伸特征 3

图 1-144　创建阵列特征 2

图 1-145　钳口板模型

【拓展练习】

创建如图 1-146 所示模型。

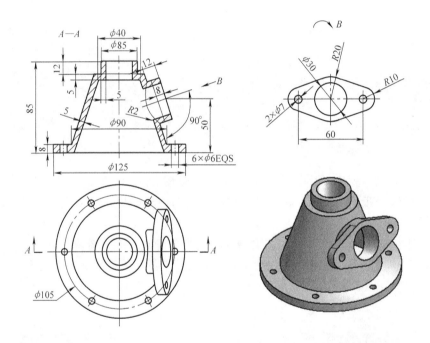

图 1-146　拓展练习

任务七　活动钳身模型的绘制

【学习目标】

◆　进一步熟练应用前面学习的拉伸特征、孔特征、镜像特征等命令。

◆　掌握圆角特征命令的使用。

◆　学会活动钳身模型的绘制。

【任务导入】

在绘制如图 1-147 所示活动钳身模型的过程中，用到的特征是拉伸、孔、镜像和圆角。下面进入特征环境学习新用到的圆角特征相关知识。

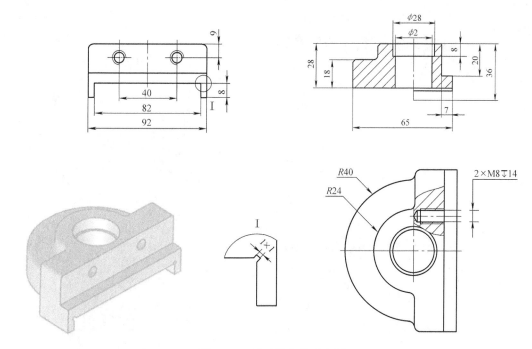

图 1-147 活动钳身模型实例

【知识准备】

圆角特征可以为零件添加圆角或圆边，从而使零件美观，并有效降低应力集中。单击"修改"工具面板上的"圆角"命令按钮 🔲，弹出"圆角"对话框，如图 1-148 所示。在"圆角"对话框中，圆角模式有边圆角 🔲、面圆角 🔲 和全圆角 🔲 3 种，其中默认模式为边圆角。

1. 边圆角

在零件的一条边或多条边上添加圆角或圆边，如图 1-148a 所示。在该模式下，还有等半径、变半径和过渡 3 种方式，本书只介绍边圆角模式下的等半径方式。"等半径"选项卡中各项的含义如下。

（1）"边"选项 在零件上选择需要添加圆角的边。

（2）"半径"选项 设置圆角的半径大小。

（3）"选择模式"选项组 选择模式有边、回路和特征 3 种方式，如图 1-148a 所示。

2. 面圆角

在不需要共享边的两个选定面集之间添加圆角或圆边，如图 1-148b 所示。

3. 全圆角

添加与 3 个相邻面相切的变半径圆角或圆边，如图 1-148c 所示。

【任务实施】

（1）新建文件并新建草图 1 新建零件文件并绘制如图 1-149 所示草图 1，将草图 1 全约束后退出。

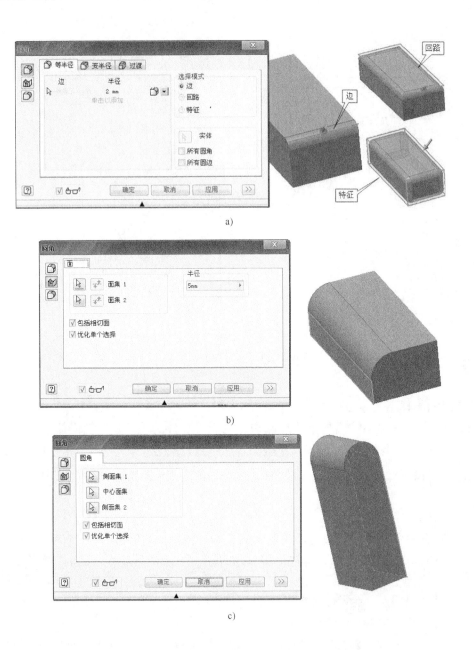

图 1-148　"圆角"对话框

a）边圆角　b）面圆角　c）全圆角

（2）创建拉伸特征 1　将图 1-149 所示草图 1 进行拉伸，拉伸方向为默认，拉伸距离为 18mm，拉伸结果如图 1-150 所示。

（3）新建草图 2　在图 1-150 所示拉伸特征 1 的上表面创建草图，并绘制如图 1-151 所示的草图 2，将草图 2 全约束后退出草图环境。

（4）创建拉伸特征 2　将图 1-151 所示草图 2 进行拉伸，拉伸方式为"求并"，拉伸方向为"方向 1"，拉伸距离为 10mm，拉伸结果如图 1-152 所示。

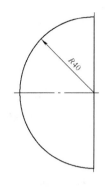

图 1-149 新建草图 1

图 1-150 创建拉伸特征 1

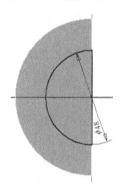

图 1-151 新建草图 2

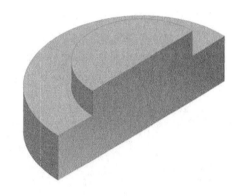

图 1-152 创建拉伸特征 2

（5）新建草图 3 在图 1-152 所示拉伸特征 2 的上表面创建草图，绘制如图 1-153 所示的草图 3，将草图 3 全约束后退出。

（6）创建拉伸特征 3 将图 1-153 所示草图 3 进行拉伸，拉伸方式为"求并"，拉伸方向为"反向（方向 2）"，拉伸距离为 36mm，拉伸结果如图 1-154 所示。

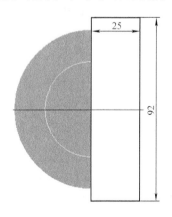

图 1-153 新建草图 3

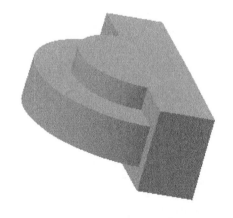

图 1-154 创建拉伸特征 3

（7）新建草图 4 在图 1-154 所示拉伸特征 3 的前表面上创建草图，绘制如图 1-155 所示的草图，将草图 4 全约束后退出。

（8）创建拉伸特征 4　将图 1-155 所示草图 4 进行拉伸，拉伸方式为"求差"，拉伸方向为"反向（方向 2）"，拉伸距离为"贯通"，拉伸结果如图 1-156 所示。

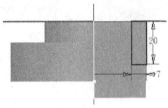

图 1-155　新建草图 4

图 1-156　创建拉伸特征 4

（9）新建草图 5　在图 1-156 所示拉伸特征 4 的右下侧面上创建草图，绘制如图 1-157 所示的草图，将草图全约束后退出。

（10）创建拉伸特征 5　将图 1-157 所示草图进行拉伸，拉伸方式为"求差"，拉伸方向为"反向（方向 2）"，拉伸距离为"贯通"，拉伸结果如图 1-158 所示。

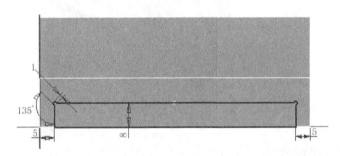

图 1-157　新建草图 5

图 1-158　创建拉伸特征 5

（11）创建孔特征 1　在"打孔：孔 1"对话框中设置如图 1-159 所示的孔 1。

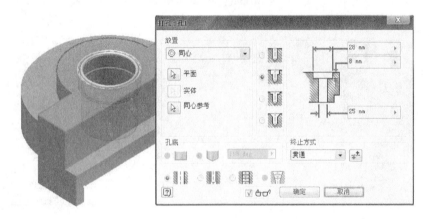

图 1-159　创建孔特征 1

（12）新建草图 6　在图 1-160 所示的平面上绘制如图 1-161 所示的草图，将草图 6 全约束后退出。

图 1-160 选择草图依附平面

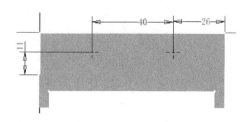

图 1-161 新建草图 6

（13）创建孔特征 2 将上一步创建的草图点作为孔的中心进行打孔，设置如图 1-162 所示。

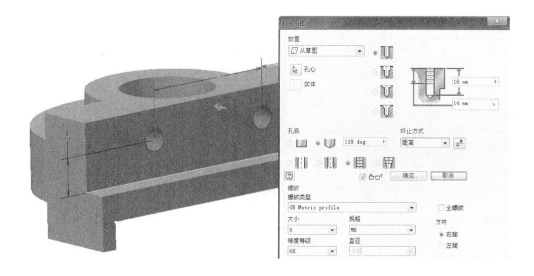

图 1-162 创建孔特征 2

（14）创建圆角特征 将如图 1-163 所示的边进行圆角处理，圆角半径为 3mm，完成后结果如图 1-164 所示，保存文件后退出。

图 1-163 创建圆角特征

图 1-164 活动钳身模型

【拓展练习】

创建如图 1-165 所示模型。

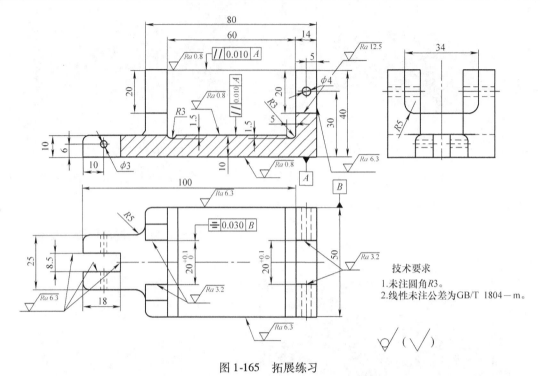

图 1-165 拓展练习

任务八 固定钳座模型的绘制

【学习目标】

◆ 进一步熟练应用前面学习的拉伸特征、孔特征、镜像特征、圆角等命令。

◆ 掌握凸雕特征的创建方法。

◆ 学会固定钳座模型的绘制。

【任务导入】

在绘制如图 1-166 所示的固定钳座模型的过程中，用到的特征是拉伸、孔、镜像和圆角、凸雕等命令，其中凸雕特征是在本任务中用到的新知识。下面学习凸雕特征的相关知识。

【知识准备】

凸雕特征是将截面轮廓以指定的深度与方向平铺或缠绕在已有实体的表面上，类似于生活中的雕刻，一般用来创建零件表面上的 LOGO、用于放置产品铭牌的凸台、风扇的扇叶等。

单击"创建"工具面板上的"凸雕"命令按钮 凸雕，弹出"凸雕"对话框，如图 1-167所示。"凸雕"对话框中各项的含义如下。

1. 截面轮廓

截面轮廓用来生成凸雕特征的草图轮廓，可以是文字或几何图形。

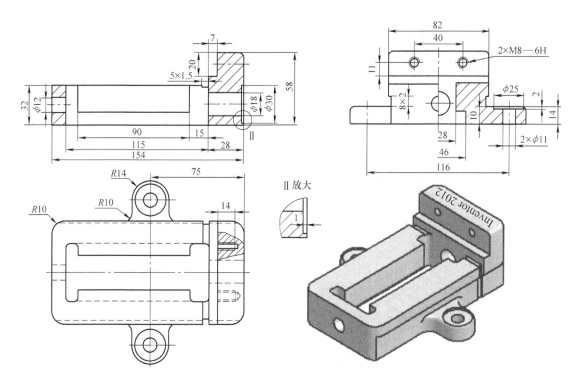

图 1-166 固定钳座模型实例

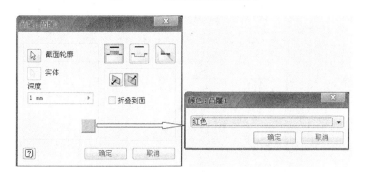

图 1-167 "凸雕"对话框

2. 深度

深度指定凸雕截面轮廓的偏移距离。

3. 凸雕类型

Inventor 中凸雕类型有 3 种。

（1）从平面凸雕 升高零件表面上对应的截面轮廓区域，如图 1-168a 所示。

（2）从平面凹雕 凹陷零件表面上对应的截面轮廓区域，如图 1-168b 所示。

（3）从平面凸雕/凹雕 截面轮廓必须与实体相交，即截面轮廓位于实体之外的部分采用凸雕方式，位于实体之内的部分采用凹雕方式，如图 1-168c 所示。

4. 折叠到面

对于从平面凸雕和从平面凹雕类型，勾选该复选框，指定的截面轮廓将缠绕在曲面上；

图 1-168　凸雕类型

a）从平面凸雕　b）从平面凹雕　c）从平面凸雕/凹雕

不勾选该复选框，截面轮廓将平行投影到曲面上。

5. 顶面颜色

顶面颜色指定凸雕区域表面而非侧面的颜色。

【任务实施】

（1）新建文件　新建零件文件并绘制如图 1-169 所示草图 1，将草图全约束后退出。

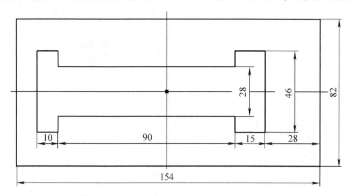

图 1-169　创建草图 1

（2）创建拉伸特征 1　将图 1-169 所示草图 1 进行拉伸，拉伸方向为默认方向，拉伸距离为 32mm，拉伸结果如图 1-170 所示。

（3）创建草图 2　在图 1-170 所示实体的底面上创建草图 2，绘制如图 1-171 所示的草图 2，将草图 2 全约束后退出。

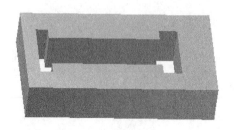

图 1-170　创建拉伸特征 1

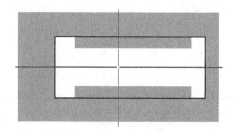

图 1-171　创建草图 2

（4）创建拉伸特征 2　将图 1-171 所示草图 2 进行拉伸，拉伸方式为"求差"，拉伸方向为"反向（方向 2）"，拉伸距离为 10mm，拉伸结果如图 1-172 所示。

（5）创建草图 3　再次在图 1-170 所示实体的底面上创建草图 3，并绘制如图 1-173 所示的草图 3，将草图 3 全约束后退出。

图 1-172　创建拉伸特征 2

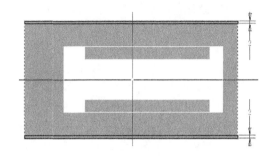

图 1-173　创建草图 3

（6）创建拉伸特征 3　将图 1-173 所示草图 3 中的两个长矩形进行拉伸，拉伸方式为"求差"，拉伸方向为"反向（方向 2）"，拉伸距离为 22mm，拉伸结果如图 1-174 所示。

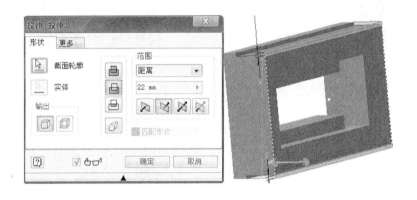

图 1-174　创建拉伸特征 3

（7）创建草图 4　在如图 1-175a 所示的侧面上创建草图 4，绘制如图 1-175b 所示的草图 4，将草图全约束后退出。

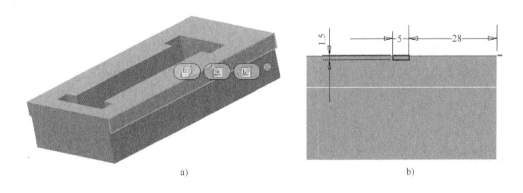

图 1-175　创建草图 4

a）选择草图依附平面　b）绘制草图 4

（8）创建拉伸特征 4　将图 1-175b 所示草图中的矩形进行拉伸，拉伸方式为"求差"，拉伸范围选择"贯通"，拉伸结果如图 1-176 所示。

（9）创建草图 5　再次在步骤（7）选择的平面上创建草图 5，并绘制如图 1-177 所示的草图 5，将草图全约束后退出。

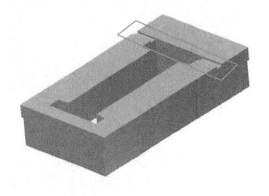

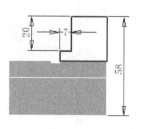

图 1-176　创建拉伸特征 4

图 1-177　创建草图 5

（10）创建拉伸特征 5　将图 1-177 所示草图 5 进行拉伸，拉伸范围选择"到"方式，选择与草图所在面对应的另一侧面作为终止面，如图 1-178 所示。

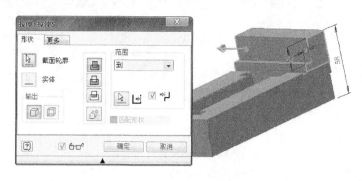

图 1-178　创建拉伸特征 5

（11）创建草图 6　在图 1-179a 所示平面上创建如图 1-179b 所示的草图，将草图全约束后退出。

（12）创建拉伸特征 6　将图 1-179b 所示草图进行拉伸，拉伸方式为"求差"，拉伸方向为"反向（方向 2）"，拉伸范围为"贯通"，拉伸结果如图 1-180 所示。

（13）创建镜像特征 1　将上一步创建的拉伸特征以 XZ 平面为镜像平面进行镜像，结果如图 1-181 所示。

（14）创建草图 7　再次在零件的底面上创建如图 1-182 所示的草图 7，将草图 7 全约束后退出。

（15）创建拉伸特征 7　将图 1-182 所示草图 7 进行拉伸，拉伸方式为"求并"，拉伸方向为"方向 1"，拉伸距离为 14mm，拉伸结果如图 1-183 所示。

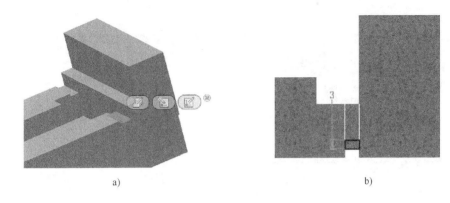

a)   b)

图 1-179   创建草图 6

a）选择草图依附平面   b）绘制草图

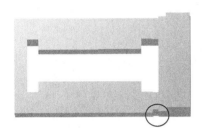

图 1-180   创建拉伸特征 6

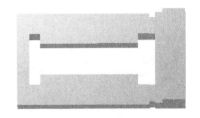

图 1-181   创建镜像特征 1

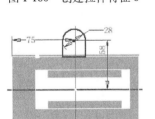

图 1-182   创建草图 7

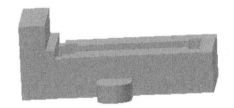

图 1-183   创建拉伸特征

（16）创建孔特征 1   在上一步创建的拉伸特征表面上打孔 1，如图 1-184 所示。

（17）创建镜像特征 2   将步骤（15）、（16）创建的拉伸特征和孔特征以 XZ 平面为镜像平面进行镜像，结果如图 1-185 所示。

（18）创建圆角特征   对固定钳座进行圆角处理，如图 1-186 所示。

（19）创建孔特征 2   在右侧表面上打孔，如图 1-187a 所示。重复命令打同心孔，如图 1-187b 所示。

（20）创建草图 8   在图 1-188a 所示平面上创建如图 1-188b 所示的草图，将草图全约束后退出。

（21）创建孔特征   选择上一步创建的草图点进行打孔，如图 1-189 所示。

（22）创建草图 9   在图示平面上创建草图 9，并输入 Inventor 2012，如图 1-190 所示。

（23）创建凸雕特征   将上一步创建的草图进行凸雕，凸雕类型选择从平面凸雕，凸雕深度为 0.5mm，并设置顶面颜色为橙色，如图 1-191 所示。

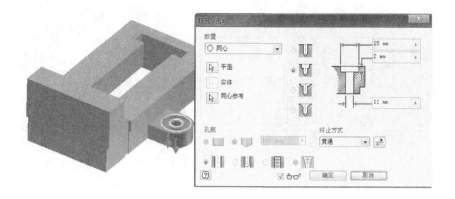

图 1-184　打孔 1

a)　　　　　　　　　　　　　　　　b)

图 1-185　镜像

a)"镜像"对话框　b) 镜像结果

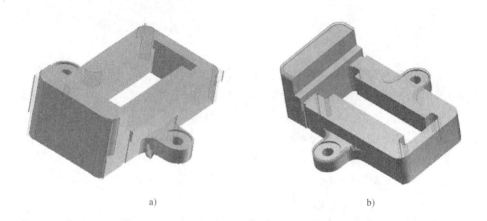

a)　　　　　　　　　　　　　　　　b)

图 1-186　圆角处理

a) R10 圆角　b) R3 圆角

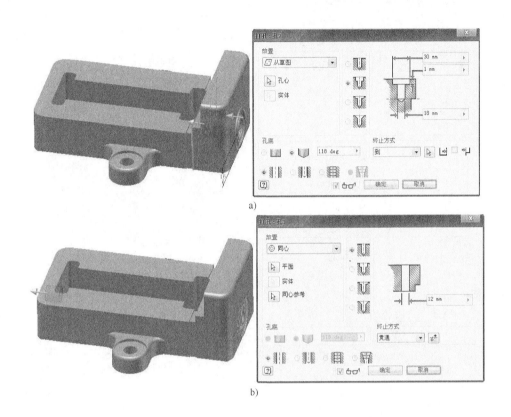

图 1-187 打孔 2
a) 打孔 a b) 打孔 b

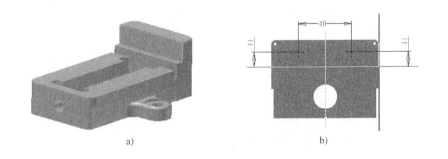

图 1-188 创建草图 8
a) 选择草图依附平面 b) 绘制草图 8

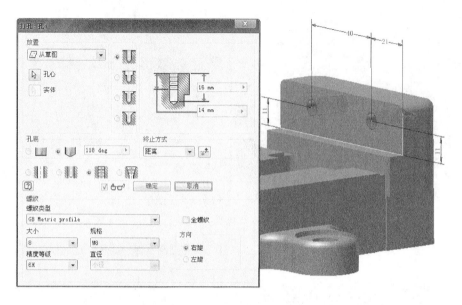

图 1-189　打孔 3

图 1-190　创建凸雕截面轮廓

图 1-191　创建凸雕特征

【拓展练习】

利用凸雕特征创建如图 1-192 所示模型（尺寸自定义）。

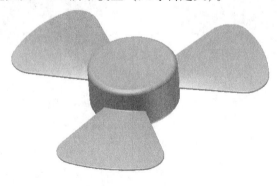

图 1-192　拓展练习

任务九　法兰模型的绘制

【学习目标】

◆　进一步熟练应用前面学习的孔特征、阵列特征、圆角等命令。

◆　掌握扫掠特征的创建方法。

◆　掌握加强筋特征的创建方法。

◆　学会法兰模型的绘制。

【任务导入】

　　在绘制如图 1-193 所示法兰模型的过程中，用到的知识除了前面学习到的拉伸、阵列、孔等特征外，还需要用到扫掠、加强筋等新知识。下面来学习扫掠、加强筋的相关知识。

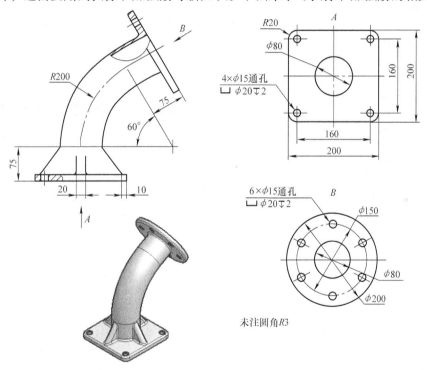

图 1-193　法兰模型

【知识准备】

一、扫掠特征

　　扫掠是将指定的截面轮廓沿给定的路径移动而形成的空间轨迹。单击"创建"工具面板上的"扫掠"按钮 扫掠，弹出"扫掠"对话框，如图 1-194 所示。该对话框中各项的含义如下。

　　（1）截面轮廓　指定沿路径移动的截面草图轮廓。轮廓若是封闭的则生成实体，若是开放的则生成曲面。

　　（2）路径　扫掠截面轮廓移动的轨迹或路径，路径既可以是闭合的也可以是开放的。

图1-194　"扫掠"对话框

需要注意的是：

1）扫掠路径必须贯穿扫掠截面轮廓所依附的平面。

2）扫掠形成的几何实体不能出现自交现象。

（3）扫掠类型　用户在创建扫掠特征时，除了必须指定截面轮廓与路径外，还可以选择引导路径和引导曲面来控制截面轮廓的比例和扭曲，如图1-195所示。

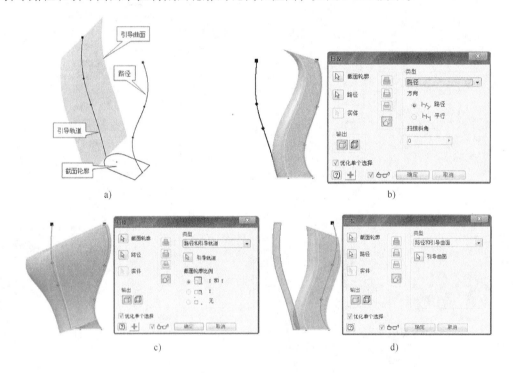

图1-195　扫掠类型

a）引导路径和截面轮廓　b）传统路径引导　c）路径和引导轨道扫掠

d）路径和引导曲面扫掠

（4）方向　方向分为"路径"和"平行"两种。

1）"平行"使扫掠截面轮廓始终平行于原始截面轮廓，如图1-196a所示。

2）"路径"使扫掠截面轮廓相对于扫掠路径始终保持不变，如图1-196b所示。

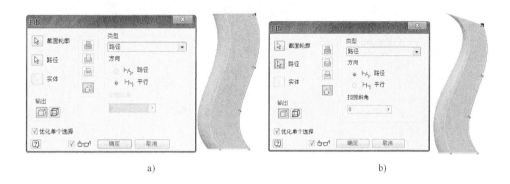

a)   b)

图 1-196 扫掠方向

a）平行方向扫掠 b）路径方向扫掠

二、加强筋特征

在设计过程中如果出现结构跨度过大的情况，由于结构本身的连接面负荷有限，可以在两结合体的公共垂直面上增加一块加强板，俗称加强筋。加强筋是铸造件、塑料件等不可或缺的设计结构。

单击"创建"工具面板上的"加强筋"命令按钮 加强筋 ，弹出"加强筋"对话框。该对话框中各项的含义如下。

加强筋的规格类型用于选择加强筋的方向，有以下两种类型。

（1）垂直于草图平面 垂直于草图平面拉伸几何图元，厚度平行于草图平面，如图1-197 所示。该类型加强筋具有形状、拔模、凸柱 3 个选项卡，本书对此类加强筋不作介绍。

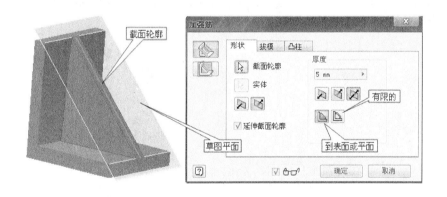

图 1-197 垂直于草图平面的加强筋

（2）平行于草图平面 平行于草图平面拉伸几何图元，厚度垂直于草图平面。该类加强筋只有"形状"选项卡，该选项卡包括以下两种类型。

1）到表面或平面。在创建该类加强筋时，"延伸截面轮廓"复选框不可选，如图 1-198 所示。

2）有限的。在创建该类加强筋时，不论创建加强筋的截面轮廓是否与需要创建加强筋的面相交，都勾选"延伸截面轮廓"复选框，否则加强筋会出现缺陷，如图 1-199 所示。

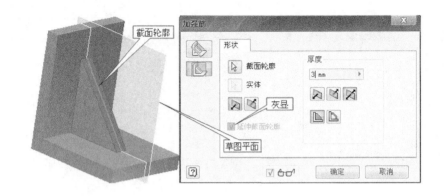

图 1-198　平行于草图平面加强筋—到表面或平面

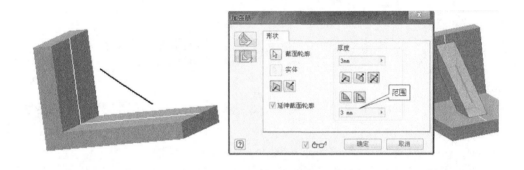

图 1-199　截面轮廓与创建加强筋的面不相交

在"形状"选项卡下还可以通过"范围"选项来设定加强筋的宽度，如图 1-200 所示，范围分别是 2mm 和 5mm。

图 1-200　截面轮廓与创建加强筋的面相交
a）范围为 2mm　b）范围为 5mm

【任务实施】

（1）新建文件　新建零件文件并绘制如图 1-201 所示草图 1，将草图全约束后退出。

（2）创建拉伸特征 1　将图 1-201 所示草图进行拉伸，拉伸方向为默认方向，拉伸距离为 15mm，拉伸结果如图 1-202 所示。

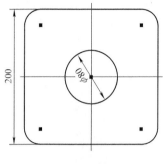

图 1-201 创建草图 1

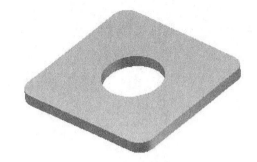

图 1-202 拉伸结果

（3）创建草图 2 在图 1-202 所示实体的表面上创建如图 1-203 所示的草图 2，将草图全约束后退出。

（4）创建草图 3 在 YZ 平面上创建如图 1-204 所示的草图 3，草图起点与图 1-203 所示草图 2 的圆心重合，将草图全约束后退出。

（5）创建扫掠特征 以图 1-203 所示草图为扫掠截面、图 1-204 所示草图为扫掠路径创建扫掠特征，如图 1-205 所示。

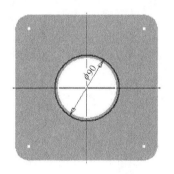

图 1-203 创建草图 2

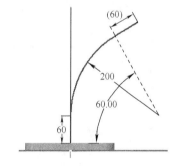

图 1-204 创建草图 3

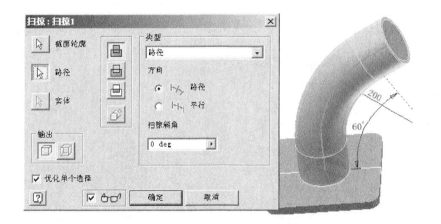

图 1-205 创建扫掠特征

（6）创建草图 4 在图 1-206a 中的加亮平面上创建如图 1-206b 所示的草图 4，将草图全约束后退出。

（7）创建拉伸特征 2　将图 1-206b 所示草图 4 进行拉伸，拉伸方向为默认方向，拉伸距离为 15mm，拉伸结果如图 1-206c 所示。

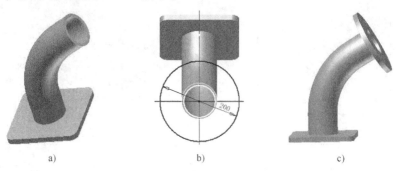

图 1-206　绘制圆形连接头

a）选择草图依附平面　b）创建草图 4　c）拉伸结果

（8）创建孔特征 1　在底座上打同心孔，孔心与底座圆角处的圆心同心，如图 1-207 所示。

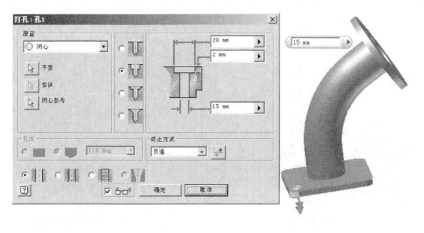

图 1-207　创建孔特征 1

（9）创建环形阵列特征 1　将上一步创建的孔特征进行环形阵列，如图 1-208 所示。

图 1-208　创建环形阵列特征 1

（10）创建草图 5　在图 1-209a 中的注释平面上创建如图 1-209b 所示的草图点，将草图全约束后退出。

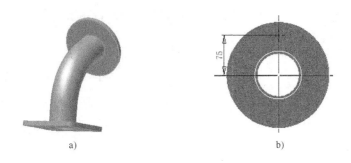

图 1-209 创建草图 5

a）选择草图依附平面 b）创建草图 5

（11）创建孔特征 2 将上一步创建的草图点作为孔心进行打孔，如图 1-210 所示。

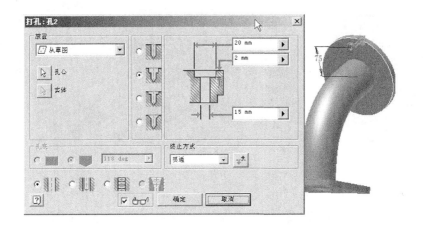

图 1-210 创建孔特征

（12）创建环形阵列特征 2 将上一步创建的孔特征进行环形阵列，如图 1-211 所示。

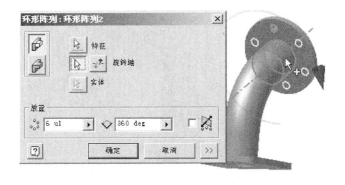

图 1-211 创建环形阵列特征 2

（13）创建草图 6 在 YZ 平面上创建如图 1-212 所示的草图 6，将草图全约束后退出。

（14）创建加强筋特征 选择上一步创建的草图 6，制作加强筋如图 1-213 所示。

图 1-212　创建草图 6　　　　　　　　　　图 1-213　创建加强筋特征

（15）创建圆角特征　对法兰进行圆角处理，除图 1-214a 中所注释边的圆角半径为 $R10$ 外，其他边的圆角半径均为 $R5$，如图 1-214 所示。

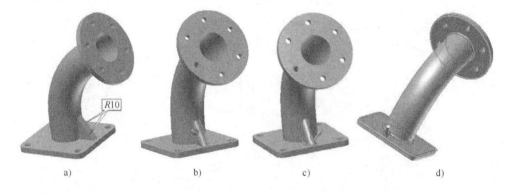

图 1-214　圆角处理

a）$R10$ 注释边　b）$R10$ 圆角后效果　c）$R5$ 圆角　d）$R5$ 圆角

（16）创建环形阵列特征 3　将加强筋及其上面的圆角进行环形阵列，结果如图 1-215 所示。

图 1-215　环形阵列加强筋

【拓展练习】

创建如图 1-216 所示模型。

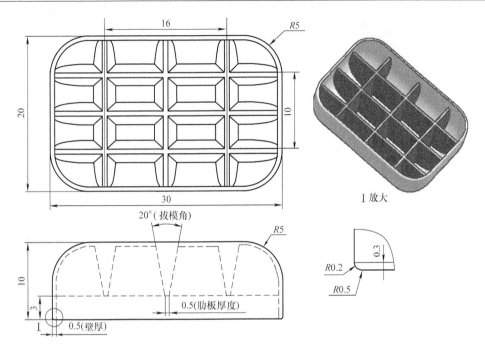

图 1-216 拓展练习

任务十 风罩模型的绘制

【学习目标】

◆ 掌握放样特征的创建方法。
◆ 掌握抽壳特征的创建方法。
◆ 掌握贴图特征的使用方法。
◆ 掌握实体颜色、特性颜色的设置方法。
◆ 学会风罩模型的绘制。

【任务导入】

在绘制如图 1-217 所示风罩模型的过程中，用到的特征是放样、抽壳、贴图，以及实体的颜色、特性的颜色设置等命令。下面学习在本任务中用到的新知识。

【知识准备】

一、放样特征

放样是将两个或两个以上具有不同形状或尺寸的截面轮廓均匀过渡，从而形成特征实体或曲面，常用于创建比较复杂的曲面。单击"创建"工具面板上的"放样"命令按钮 放样，弹出"放样"对话框，如图 1-218 所示。在该对话框中有 3 个选项卡，这里只介绍常用的"曲线"选项卡。该选项卡中各项的含义如下。

（1）截面 参与放样的截面轮廓可以是二维草图或三维草图中的封闭回路、点。截面

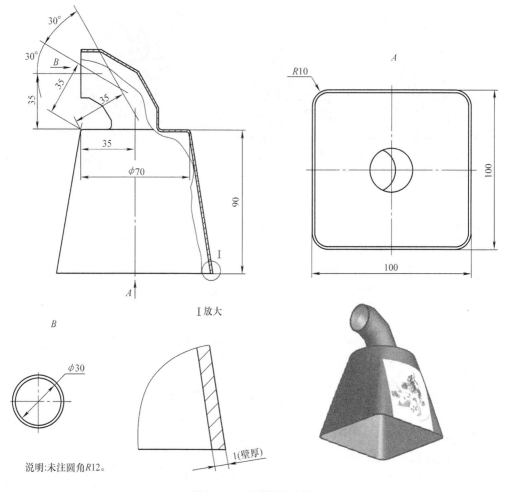

图 1-217　风罩模型实例

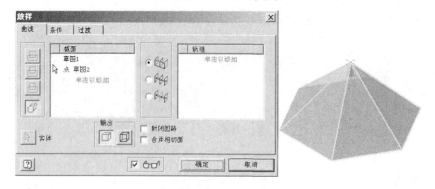

图 1-218　"放样"对话框

轮廓越多，模型会越接近于用户期待的形状。

（2）轨道　轨道是指定截面之间放样形状的二维或者三维曲线。轨道的多少将直接影响放样的实体形状，轨道必须与每个截面相交。

（3）中心线　中心线跟放样截面垂直且唯一，类似于扫掠特征中的路径，中心线可以不与截面轮廓相交。

（4）放样类型 根据轨道以及中心线控制，可将放样分为 4 种类型。

1）一般放样。该放样只使用截面轮廓，而不施加中心线、导轨控制，如图 1-219b 所示。

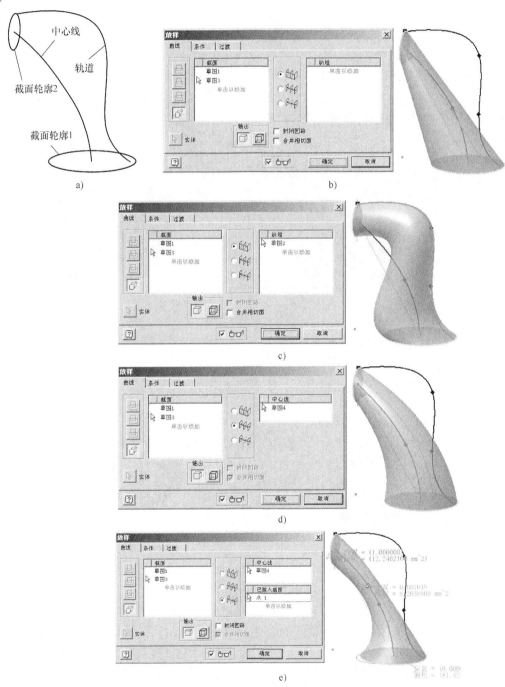

图 1-219 放样类型

a）放样截面与轨道 b）一般放样 c）轨道放样

d）中心线放样 e）面积放样

2）轨道放样。该放样可以对放样的截面轮廓施加一个或多个轨道控制，如图 1-219c 所示。

3）中心线放样。该放样可以将放样的截面轮廓按照某条中心线变化，如图 1-219d 所示。

4）面积放样。该放样对放样的截面进行面积控制，如图 1-219e 所示。

二、抽壳特征

抽壳是参数化特征，从零件内部去除材料，创建一个具有指定厚度的空腔，常用于铸件和模具。单击"修改"工具面板上的"抽壳"命令按钮 📦 抽壳，弹出"抽壳"对话框，如图 1-220 所示。该对话框的"抽壳"选项卡中各项的含义如下。

图 1-220　抽壳特征
a）抽壳前　b）"抽壳"选项卡　c）抽壳后

（1）"方向"选项　指定相对于零件表面的抽壳方向，有向里、向外和双向 3 种情况，如图 1-221 所示。

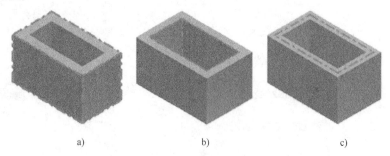

图 1-221　抽壳方向
a）向里　b）向外　c）双向

（2）"开口面"选项　选择要删除的零件面，保留剩余的面作为壳壁，选定面被去除。如果没有指定面，抽壳将创建一个中空零件，如图 1-222 所示。开口面可以选定一个或多个，但不能超过实体所包含面的个数，如图 1-223 所示。

（3）"自动链选面"选项　勾选该复选框将自动选择多个相切、连续面，如图 1-224 所示。

（4）"厚度"选项　抽壳后壳壁的厚度。

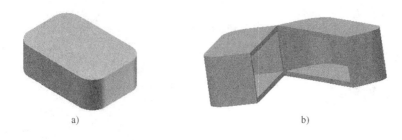

图 1-222　未选定开口面抽壳

a）中空零件外部　b）中空零件内部

图 1-223　开口面选择

a）选择一个开口面　b）选择两个开口面

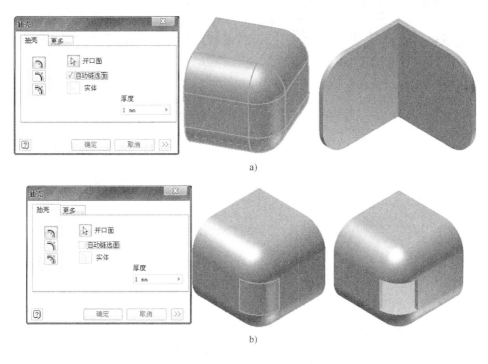

图 1-224　自动链选面的选择

a）勾选自动链选面　b）不勾选自动链选面

　　说明：抽壳特征也可用于不等壁厚抽壳。方法是，选择开口面后再单击对话框中的展开箭头，然后选择需要不同壁厚的面，输入相应厚度即可，如图 1-225 所示。

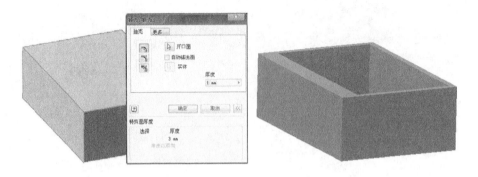

图 1-225　不等壁厚抽壳

三、贴图特征

贴图是一种修饰特征，它可以将图片、Word 文档、Excel 表格像标签一样贴在零件表面上，如图 1-226 所示。贴图特征位于"创建"工具面板上。Inventor 默认环境下，该特征不作为常用特征突出显示在工具面板上，单击"创建"工具面板名称上的下拉箭头，然后单击 贴图 按钮，可打开"贴图"对话框，如图 1-227 所示。

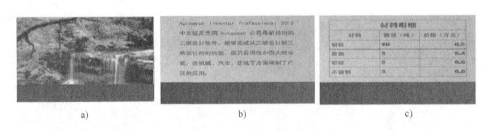

图 1-226　贴图应用

a）图片贴图　b）Word 文档贴图　c）Excel 电子表格贴图

图 1-227　贴图特征

a）单击下拉箭头　b）显示贴图特征图标　c）"贴图"对话框

"贴图"对话框中各项的含义如下。

（1）"图像"选项　选择草图中用于创建贴图特征的图片、文档、电子表格等文件。

（2）"面"选项　选择应用贴图的面。

（3）"折叠到面"选项　控制贴图的投影方式。勾选该复选框，贴图缠绕到面；不勾选该复选框，贴图将投影到面，如图 1-228 所示。

（4）"链选面"选项　是否将贴图应用在相邻面上，如图 1-229 所示。

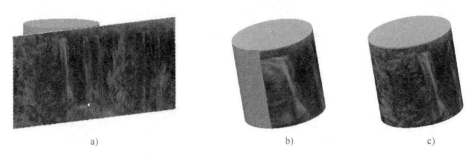

图 1-228　折叠到面选择

a) 贴图图像　b) 未勾选"折叠到面"复选框　c) 勾选"折叠到面"复选框

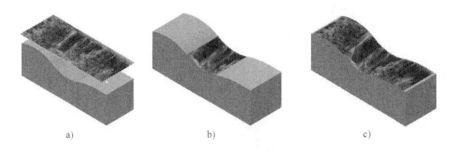

图 1-229　链选面选择

a) 选择贴图面　b) 未勾选"链选面"复选框　c) 勾选"链选面"复选框

四、设置零件颜色

零件的默认颜色与零件的材料有关，用户也可以根据需要来修改零件的颜色信息。Inventor 可以对零件、实体、特征、面进行颜色设置，而且颜色设置的优先级从零件、实体、特征、面逐级升高。

（1）零件颜色设置　可通过 Inventor 快速访问工具栏的"颜色替代"下拉列表进行颜色设置，如图 1-230 所示，系统默认是"按材料"。

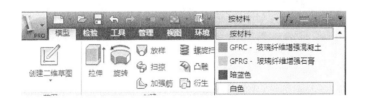

图 1-230　颜色替代

（2）特征颜色设置　在浏览器中选中要修改颜色的特征，单击右键，在弹出的快捷菜单中选择"特性"选项，弹出"特征特性"对话框，如图 1-231 所示。特征的特性颜色默认是"按实体"。

（3）面颜色设置　如果要改变面的特性颜色，可在模型当中要改变颜色的面上单击右键，在弹出的快捷菜单中选择"特性"选项，如图 1-232a 所示。单击后弹出"面特性"对话框，面的特性颜色默认是"按特征"，可以单击下拉箭头在下拉列表中进行颜色设置，如图 1-232b 所示。

a)

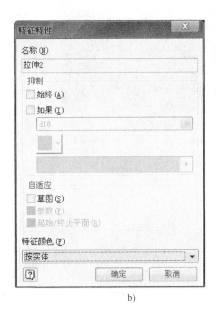

b)

图 1-231　特征颜色设置

a）快捷菜单　b）"特征特性"对话框

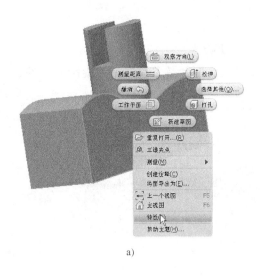

a)

b)

图 1-232　面颜色设置

a）快捷菜单　b）"面特性"对话框

【任务实施】

（1）新建文件　新建零件文件并绘制如图 1-233 所示草图，将草图全约束后退出。

（2）创建工作平面　将 XY 面向上偏移 90mm 创建工作平面，如图 1-234 所示。

（3）创建草图 2　在新建的工作平面上创建如图 1-235 所示草图 2，将草图全约束后退出，并将工作面隐藏。

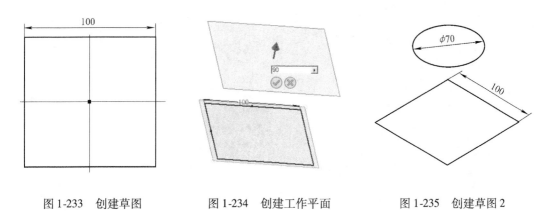

图 1-233 创建草图　　　　图 1-234 创建工作平面　　　　图 1-235 创建草图 2

（4）创建放样特征　选择刚才创建的两个草图建立放样特征，如图 1-236 所示。

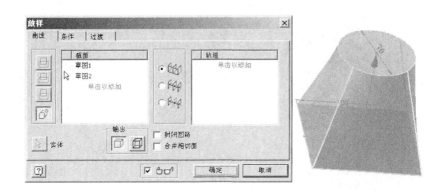

图 1-236 创建放样特征

（5）创建草图 3　在图示平面上创建如图 1-237 所示的草图 3，将草图全约束后退出。

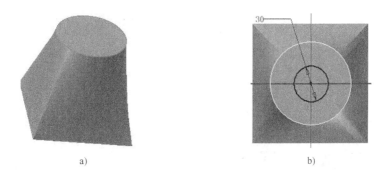

图 1-237 创建草图 3

a）选择草图依附平面　b）创建草图

（6）创建草图 4　在 XZ 面上创建如图 1-238 所示的草图 4，将草图全约束后退出。

（7）创建扫掠特征　以图 1-237 所示的草图为截面、图 1-238 所示的草图 4 为路径，创建扫掠特征，如图 1-239 所示。

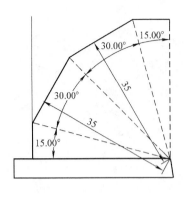

图 1-238　创建草图 4

图 1-239　创建扫掠特征

（8）圆角处理　在"扫掠"对话框中选择"变半径"选项，开始位置半径为 10mm，结束位置半径为 5mm，如图 1-240 所示。

图 1-240　变半径圆角

（9）环形阵列　将上一步创建的圆角特征进行环形阵列，如图 1-241 所示。

图 1-241　环形阵列

（10）圆角处理　将如图 1-242 所示的边进行圆角处理，圆角半径为 2mm。

（11）创建抽壳特征　以图 1-243 所示的面作为开口面创建抽壳特征，抽壳厚度为 1mm。

（12）设置颜色　将零件颜色设置为"黑色（浇铸）"，抽壳特征的特性颜色为红色，如图 1-244 所示。

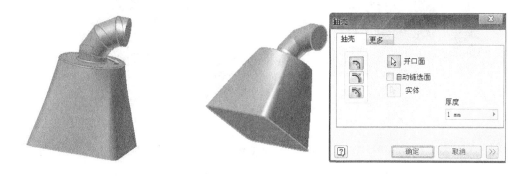

图 1-242　圆角处理　　　　　　　　　图 1-243　创建抽壳特征

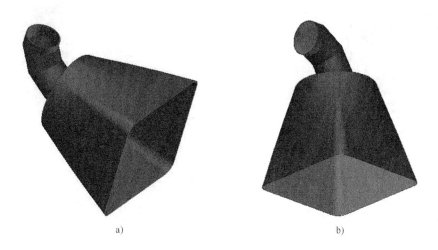

　　　　　　　a)　　　　　　　　　　　　　　　b)

图 1-244　设置颜色

a）设置零件颜色　b）设置特征特性颜色

（13）创建工作平面　创建平行于 XZ 平面且法向距离为 -65mm 的工作平面，如图 1-245 所示。

（14）导入图像　在上一步创建的工作平面上创建草图。在草图环境中，单击"插入"工具面板上的"图像"命令按钮，弹出"打开"对话框，查找到要贴图的图片后，单击"打开"按钮，将草图导入到草图中，然后按 Esc 键退出导入图片。单击图片的一角并拖动，可调整图片大小与角度，然后将图片拖至合适位置，如图 1-246 所示。完成后退出草图环境，并将步骤（13）创建的工作平面隐藏。

图 1-245　创建工作平面

（15）创建贴图特征　如果创建的贴图没有贴在预期平面上，如图 1-247a 所示，可将贴图特征删除。删除时，弹出删除特征对话框，在该对话框中不要勾选"已使用的草图和特征"复选框，如图 1-247b 所示。然后在步骤（13）创建的工作平面上单击右键，在弹出的快捷菜单中选择"旋转法向"选项，最后重新贴图即可，效果如图 1-247c 所示。完成后保存文件并退出。

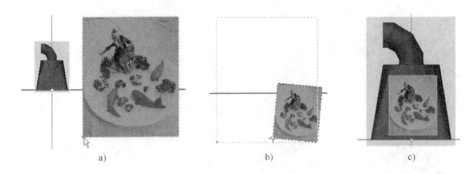

图 1-246   导入并调整图片

a) 导入图片   b) 调整图片大小   c) 调整图片位置

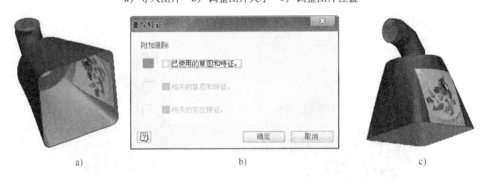

图 1-247   创建贴图

a) 错误贴图   b) "删除特征"对话框   c) 贴图效果

【拓展练习】

利用放样特征、抽壳特征创建如图 1-248 所示吹风机模型（尺寸自定义）。

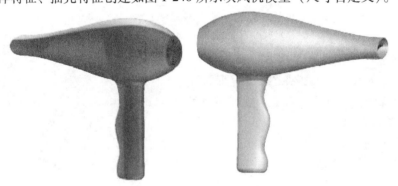

图 1-248   拓展练习

模 块 小 结

本模块的主要内容是结合实例，利用特征来创建零部件，特征是构造模型的基本单元。在 Inventor 中，所有三维模型都是不同特征的集合，特征造型技术也是 Inventor 设计的核心技术。

特征造型的终极目标是表达完整的设计信息，要求正确建立模型，并且易于修改，同时要方便别人理解，使之成为产品设计与分析、加工的桥梁。所以，不论是简单的零件还是复杂的零件，都要遵守一定的建模规则。

1）最大限度地使用坐标平面，不滥用工作平面。

2）草图必须全约束，包括几何约束和尺寸约束。

3）草图中多余的线条（比如一些用于参考的投影线、对称线）需要设成构造线。

4）保持草图的简洁，倒圆与倒角尽量用倒圆、倒角特征，不要在草图中创建。

5）每个草图都尽可能简单，可以将一个复杂草图分解成若干简单草图（闭合轮廓）以便约束和修改。

零件的建模无统一的模式，需要大量的练习来积累经验，熟练运用各种方法和技巧。经常向别人请教、和他人讨论，可以开阔思路。良好的习惯是进行复杂工作的必要条件，如草图的全约束等，这些看似不太重要的习惯却能为以后的设计打下良好的基础，能够为以后的工作省去不必要的麻烦。

综 合 练 习

创建如图 1-249 所示球阀的各零件的模型。

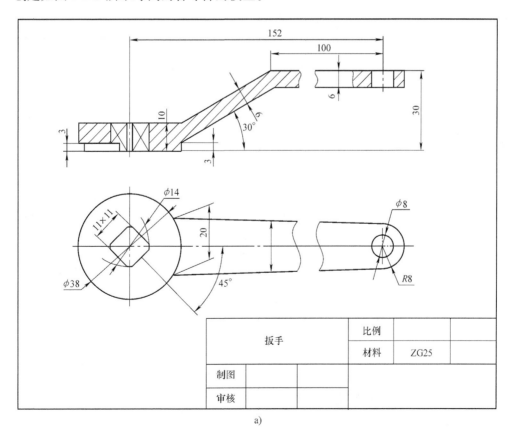

图 1-249　综合练习

a）扳手

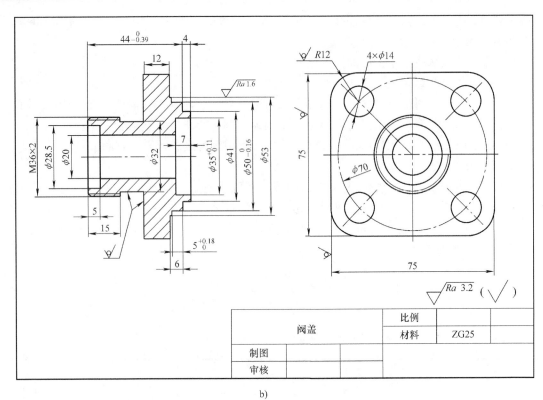

	阀盖		比例		
			材料	ZG25	
制图					
审核					

b)

	阀芯			1:1
件号	名称		材料	比例

c)

图 1-249　（续）

b）阀盖　c）阀芯

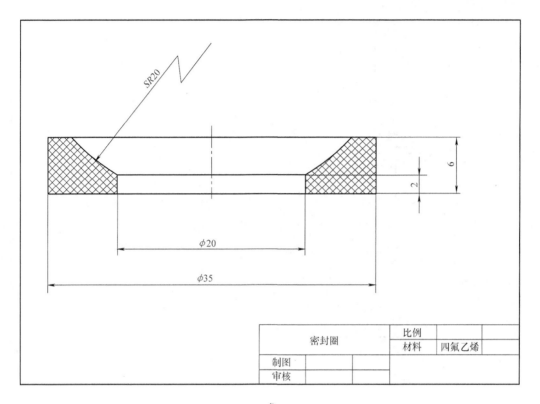

d)

图 1-249 (续)

d) 密封圈

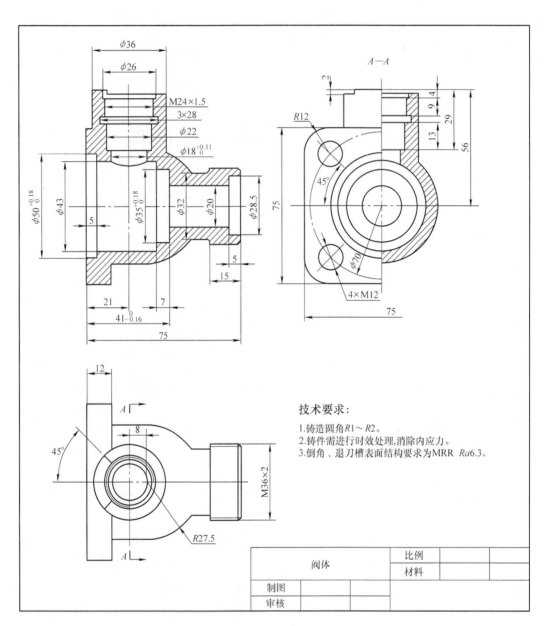

e)

图 1-249　（续）

e）阀体

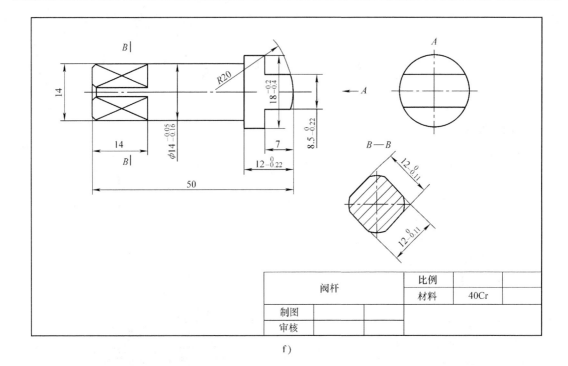

		比例		
阀杆		材料	40Cr	
制图				
审核				

f)

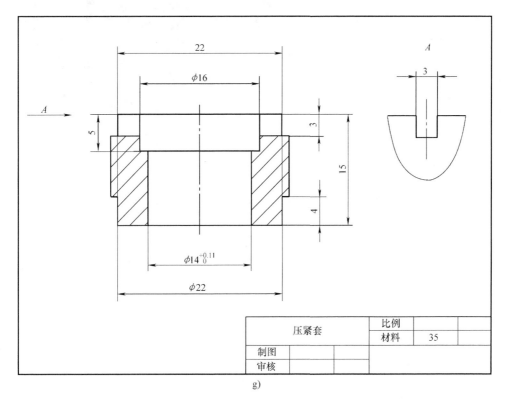

		比例		
压紧套		材料	35	
制图				
审核				

g)

图 1-249 （续）

f) 阀杆 g) 压紧套

模块二　装配设计

【学习目标】

◆ 掌握项目文件的创建与管理。

◆ 了解部件设计的基本流程。

◆ 掌握部件环境下零件的基本操作方法。

◆ 能够熟练约束零部件。

◆ 掌握资源中心库的使用。

◆ 掌握在位零件的创建方法及应用。

在前面主要学习了机用虎钳的各个零件的造型设计。在设计中，绝大多数的产品都不是由一个零件组成的，而是包含多个零件，如图2-1所示，即是将机用虎钳各个零件组装在一起的效果。在 Inventor 中，将组合在一起的多个零件称为部件，零件是特征的组合，而部件是零件的组合。那么在部件环境中如何将多个零件组装在一起？本模块就来解决这个问题。接下来在学习机用虎钳装配以前，先通过一个小的装配来学习装配环境中的相关知识。

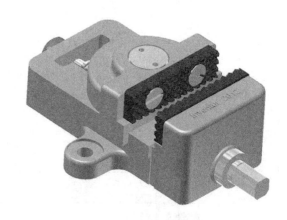

图 2-1　机用虎钳装配图

任务一　凸轮传动装置的装配设计

【学习目标】

◆ 掌握项目文件的创建与管理。

◆ 了解部件设计的基本流程。

◆ 掌握部件环境下零件的装入、移动、旋转和编辑的基本操作方法。

◆ 能够熟练对零部件进行装配。

【任务导入】

在学习如图2-2所示凸轮传动装置的装配之前，首先来认识 Inventor 的装配环境及相关操作。下面进入装配环境学习本任务中用到的新知识。

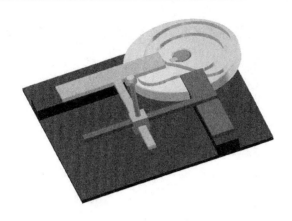

图 2-2 凸轮传动装置装配实例

【知识准备】

一、项目管理

在一个部件中可能会包含很多零件即多个文件，部件和这些零件之间存在着关联关系，因此必须掌握多个文件的管理方法，才不至于在设计中出问题。在 Inventor 中，是用"项目"来管理文件的。

（1）项目的创建 在尚未打开任何文件的 Inventor 中，可以在"启动"工具面板中单击"项目"命令按钮

，如图 2-3 所示。弹出"项目"对话框，如图 2-4 所示，单击下面的"新建"按钮，弹出"项目向导"对话

图 2-3 "项目"命令位置

框，选择"新建单用户项目"单选按钮，如图 2-5a 所示。单击"下一步"按钮，系统要求用户输入项目名称、指定项目文件夹，如图 2-5b 所示。最后单击"完成"按钮，完成项目的创建。

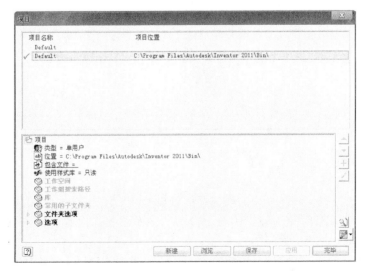

图 2-4 "项目"对话框

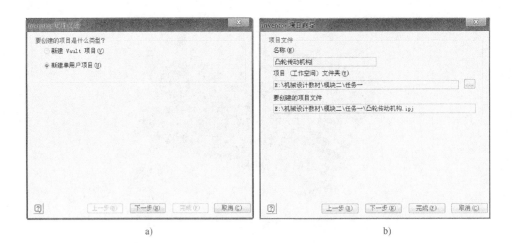

a)　　　　　　　　　　　　　　　　　　b)

图 2-5　创建项目向导

a) 项目向导 1　b) 项目向导 2

（2）项目的激活　在"项目"对话框中，选中项目列表中的项目，然后双击或者单击"应用"按钮，即把该项目激活为当前项目。在列表中，激活项目名称前面有个小对号图标。

另外，项目文件的创建也可以通过单击"新建文件"对话框中的"项目"按钮实现，如图 2-6 所示。项目的数据是以 IPJ 为扩展名的文件。

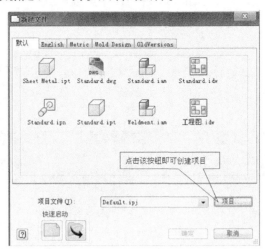

图 2-6　通过"新建文件"对话框建立项目文件

二、部件环境介绍

（1）进入部件环境　与进入特征环境类似，进入部件环境也有 3 种方法。

1）单击"应用程序菜单"图标上的下拉箭头，然后在弹出的下拉菜单中选择"新建"子菜单中的"部件"选项，如图 2-7a 所示。

2）单击快速访问工具栏上的"新建"按钮旁边的下拉箭头，在弹出的下拉菜单中选择"部件"选项，如图 2-7b 所示。

3）单击"启动"工具面板上的"新建"按钮，弹出"新建文件"对话框，选择"Standard. iam"，如图2-7c所示。

a)

b)

c)

图 2-7 进入部件环境方法

a）进入部件环境方法 1　b）进入部件环境方法 2　c）进入部件环境方法 3

（2）用户界面　图2-8所示为部件环境下的用户界面，其主要由功能选项卡、功能区面板、浏览区和图形窗口组成。

（3）装入零部件　单击"零部件"工具面板上的"放置"命令按钮，弹出"装入零部件"对话框，查找并选择需要装入的零部件，如图2-9所示。然后单击"打开"按钮，将零部件装入到部件环境中，继续单击鼠标可多次装入。如果不需要，就单击右键，在弹出的快捷菜单中选择"完毕"选项，以结束零部件的放置，如图2-10所示。重复操作可装入

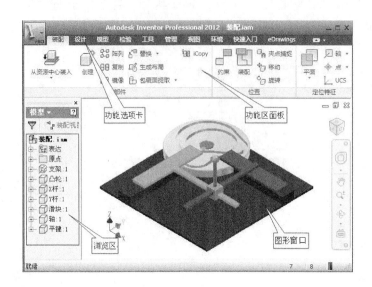

图 2-8　部件环境界面

其他零部件。

图 2-9　"装入零部件"对话框

如果装入多个零部件，可以打开放置零部件的文件夹，选中要装入的零部件，然后将其直接拖到部件环境中。

说明：在 Inventor 中装入的第一个零件默认是固定的，标志就是在浏览器中第一个装入的零部件名称上有个图钉图标，如图 2-11 所示，其不能在图形窗口随便移动。随后装入的零部件不再固定，可以在图形窗口随意拖动。要改变这种方法，可在图形窗口的零部件上，或者在浏览器中零部件的名称上单击右键，在弹出的快捷菜单中不勾选"固定"选项。反之，要想固定一个零部件，就勾选"固定"选项。

（4）移动和旋转零部件　有时在装配零部件时，零部件当前的视角不一定合适，这就需要将零部件移动或者旋转，从而调整其视角。

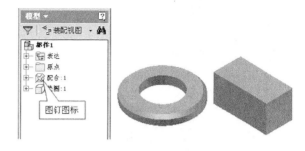

图 2-10　结束零部件的放置　　　　　　　　图 2-11　固定零部件图标

1）移动零部件。在零部件的自由度没有全约束的情况下，直接用鼠标拖动需要移动的零部件即可将其移动，这种方法只能移动单个零部件。要移动多个零部件，按住 Shift 键或者 Ctrl 键的同时，选中要移动的零部件，然后单击"位置"工具面板上的"移动"命令按钮 ✥ 移动，在图形窗口中拖动鼠标即可将其移动。如果要移动的零部件，其各个自由度均进行了约束，移动后单击快速访问工具条上的"本地更新"命令按钮 ▣ ，如图 2-12 所示，移动后的零部件就会返回到移动以前的位置。

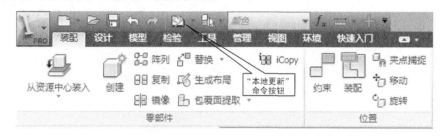

图 2-12　"本地更新"按钮图标位置

2）旋转零部件。首先单击"位置"工具面板上的"旋转"命令按钮 ⚙ 旋转，然后在图形窗口单击要旋转的零部件，该零部件周围出现动态观察器。在动态观察器的内部拖动鼠标，可以任意旋转零部件，如图 2-13 所示。

（5）可见、隐藏零部件　部件中零件比较多时，零件会相互遮挡，这就需要将暂时不需要装配的零部件隐藏，方法有以下两种。

图 2-13　旋转零部件

1）可见性。在部件图形区域或者在浏览器中，在需要隐藏或者可见的零部件上单击右键，在弹出的快捷菜单中通过对"可见性"选项的设定，来隐藏或可见某一个或者多个零部件，如图 2-14a 所示。

2）隔离。选中一个零部件后单击右键，在弹出的快捷菜单中选择"隔离"选项，则除了选中的零部件外其他零部件均不可见。如果要其他零部件再次可见，只需在可见零部件的快捷菜单中选择"撤消隔离"选项即可，如图 2-14b 所示。

（6）零件的编辑　在部件环境中，如果发现装入的零件满足不了装配，这时可直接在部件环境中进行零件的编辑，而不必退出部件环境。方法是：在浏览区中需要编辑的零件上单击右键，在弹出的快捷菜单中选择"编辑"选项，如图 2-15a 所示。进入部件下的零件编辑环境，如图 2-15b 所示，此时其他零件变为透明。另外，在图形窗口需要编辑的零件上双

图 2-14　控制零部件可见性

a) 可见性控制　b) 隔离控制

a)

b)

图 2-15　部件中编辑零部件

a) 部件环境下编辑零件　b) 部件下的零件编辑环境

击也可以进入编辑环境。编辑完成后单击"返回"工具面板的"返回"命令按钮，即可退出编辑状态返回部件环境。

三、零部件的约束

所谓约束零部件，就是定义零部件组合在一起的方式，即确定部件中各零部件的位置及其约束关系。单击"位置"工具面板上的"约束"命令按钮，弹出"放置约束"对话框，如图2-16所示。该对话框包括"部件"、"运动"、"过渡"和"约束集合"4个选项卡。其中"部件"选项卡用来添加位置关系约束；"运动"选项卡和"过渡"选项卡用于添加运动关系约束；"约束集合"选项卡用于坐标系的约束，用得较少，本书不作介绍。

图2-16 "放置约束"对话框

1. "部件"选项卡

部件约束分为配合、角度、相切和插入4种类型。

（1）配合约束 常用于将不同零部件的两个平面以配合（面对面）或表面平齐的方式放置，以及具有回转体特征的两个零部件的轴线重合，也可以用于面、线、点之间的重合约束。"放置约束"对话框中的默认约束即为配合约束，如图2-17所示。

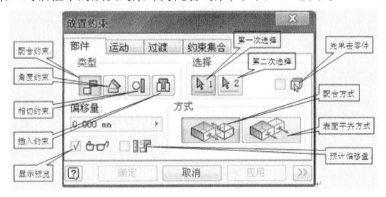

图2-17 配合约束

配合约束中各项的含义如下。

1）第一次选择。单击"第一次选择"按钮，可以选择需要应用约束的第一个零件上的点、线、面。

2）第二次选择。单击"第二次选择"按钮，可以选择需要应用约束的第二个零件上的点、线、面。

提示：这两个按钮也可以不选，而是直接单击选择零件，第一次单击的是第一个零件，第二次单击的就是第二个零件。

3）先单击零件。若勾选此复选框，在选择时第一步选择几何特征所在的零件，第二步选择几何特征，该项一般不用。

4）配合方式。用于使不同零部件的两个平面以面对面的形式放置，或用于具有回转体特征的两个零部件的轴线重合，如图2-18b所示。

5）表面平齐方式 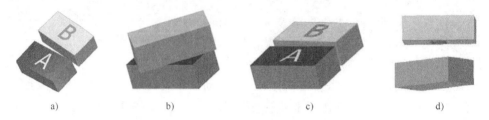。用于使不同零部件的两个平面以表面平齐的形式放置，如图 2-18c 所示。

6）偏移量 。指定用于约束的两个零部件之间的法向距离，如图 2-18d 所示。

7）显示预览 。勾选此复选框，可以在约束前观察约束应用时的结果。

8）预计偏移量 。勾选此复选框，"偏移量"文本框中将显示添加约束前两个零部件的距离。

图 2-18　配合约束类型

a）约束前　b）配合方式　c）表面平齐方式　d）偏移 5mm

（2）角度约束　用来定义线、面之间的角度关系，如图 2-19 所示。角度约束中各项的含义如下。

1）定向角度 。指定义的角度具有方向性，按右手法则判定，如图 2-20b 所示。

2）未定向角度 。指定义的角度没有方向性，只有大小，如图 2-20c 所示。

3）明显参考矢量 。指通过添加第三次选择来指定 Z 轴矢量方向，从 Z 轴顶端方向看，角度方向为第一次选

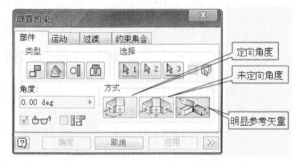

图 2-19　角度约束

择的面（或者线）逆时针旋转至第二次选择的面（或者线），如图 2-20d 所示，图中箭头为 Z 轴方向。这种角度约束应用较少，在此不作介绍。

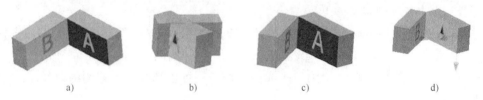

图 2-20　角度约束类型

a）约束前　b）定向角度 120°　c）未定向角度 120°　d）明显参考矢量 120°

4）角度 。应用约束的线、面之间的角度大小。

其他按钮的含义与配合约束类似。

（3）相切约束　用来定义平面、柱面、球面、锥面在切点或者切线处相结合，如图2-21所示。相切约束中各项的含义如下。

1）外切 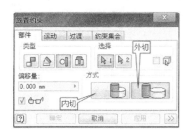。使被选择的对象按外切方式放置，如图 2-22b 所示。

2）内切 。使被选择的对象按内切方式放置，如图 2-22c 所示。

其他按钮的含义与配合约束类似。

图 2-21 相切约束

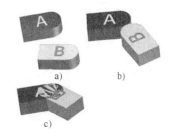

图 2-22 相切约束类型

a）约束前 b）外切约束 c）内切约束

（4）插入约束 插入约束是个约束集合，是指两个零部件之间轴与轴的重合约束和面与面的配合约束的集合，如图 2-23a 所示。插入约束中各项的含义如下。

1）反向约束是指轴对轴重合约束、面跟面重合约束，如图 2-23c 所示。

2）对齐约束是指轴对轴重合约束、面跟面平齐约束，如图 2-23d 所示。

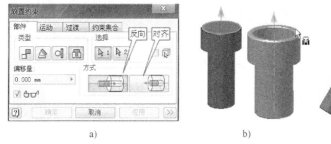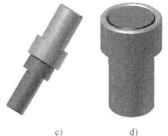

图 2-23 插入约束类型

a）插入约束 b）约束前 c）反向约束 d）对齐约束

2. "运动"选项卡

运动约束用于指定"转动-转动"、"转动-平动"两种类型的运动关系，一般用来定义齿轮-齿轮、齿轮-齿条之间的运动关系。"运动"选项卡如图 2-24a 所示，各项含义如下。

（1）转动-转动 使被选择的第一个零件按指定传动比相对另一个零件的转动而转动，通常用于描述齿轮与齿轮之间或带与带轮之间的运动，如图 2-24b 所示。

（2）转动-平动 使被选择的第一个零件按指定距离相对另一个零件的转动而平动，通常用于描述齿轮与齿条之间的运动，如图 2-24c 所示。

（3）传动比 指当第一个零件转动一圈时，第二个零件转动的圈数。

（4）运动方向 在"转动-转动"、"转动-平动"两种方式下，运动方向有前进（正向）和反向两种方式，此项要按照机构的实际运动情况进行设置。

3. "过渡"选项卡

过渡约束用于使不同零部件的两个表面在运动过程中始终保持接触。通常用来定义凸轮机构的运动关系，"过渡"选项卡如图 2-25a 所示，图 2-25b 所示是典型的过渡关系约束。

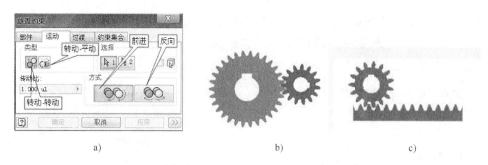

图 2-24　运动关系约束

a)"运动"选项卡　b)转动-转动　c)转动-平动

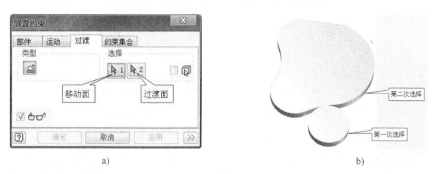

图 2-25　过渡关系约束

a)"过渡"选项卡　b)过渡关系约束后效果

说明：应用过渡约束进行零部件选择时，第一次选择的一定是移动面，即单一面；第二次选择的是过渡面。

四、约束的编辑与驱动

（1）删除约束　如果在约束过程中想去掉原来添加的约束，可在浏览区的模型树中进入该约束所依附的零件，然后在该约束上单击右键，在弹出的快捷菜单中选择"删除"选项，如图 2-26a 所示。

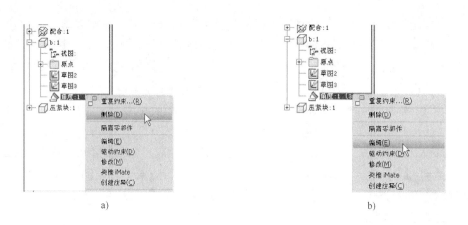

图 2-26　编辑约束

a)删除约束　b)重新设置约束

（2）重新设置约束 方法同上，区别是在快捷菜单中选择"编辑"选项，如图 2-26b 所示。此时将重新打开放置约束窗口，重新设置约束即可。

提示：快捷菜单中的"修改"仅是修改约束中的偏移量或角度等参数的数值。

（3）驱动约束 对于完成约束的部件，可以通过设置驱动约束来让部件中的某些机构自动运动，并录制动画。方法是选择需要驱动的约束，然后单击右键，在弹出的快捷菜单中选择"驱动约束"选项，如图 2-27 所示，弹出"驱动约束"对话框，如图 2-28 所示。在该对话框中，可以设置驱动参数，单击"动画录制"命令按钮◎即可进行动画录制。

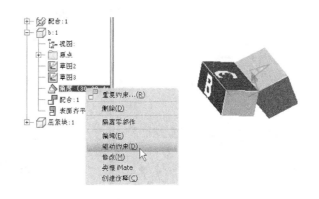

图 2-27 驱动约束

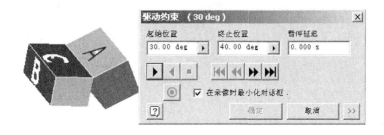

图 2-28 "驱动约束"对话框

【任务实施】

1. 项目管理

为光盘中的"模块二＼任务一"文件夹创建项目文件，项目名称为"凸轮传动机构.ipj"，如图 2-5b 所示，并将该项目文件激活为当前项目文件。

2. 新建部件文件

按照如图 2-7 所示的方法之一新建部件文件。

3. 置入零部件

打开光盘中的"模块二＼任务一"文件夹，选中要置入的零部件，如图 2-29 所示。拖入到新建的 Inventor 部件文件中，如图 2-30 所示。在浏览区将"轴"零件解除固定，将"支架"零件添加固定，选中"支架"零部件向上拖动至浏览器的最顶端，如图 2-31 所示。

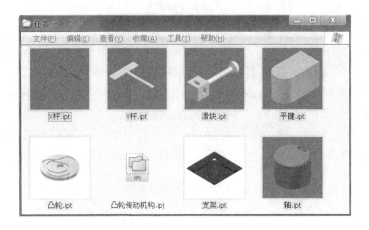

图 2-29   选择零部件

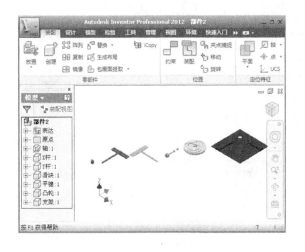

图 2-30   置入零部件   图 2-31   重新固定零部件

4. 零部件约束

（1）轴和支架的插入约束   插入方式选择对齐，如图 2-32 所示。

a)   b)

图 2-32   轴和支架的插入约束
a）执行插入约束   b）约束后效果

（2）凸轮和支架的位置约束

1）插入约束。插入方式选择反向，如图 2-33a、b 所示。

2）配合约束。分别选择凸轮、轴的键槽侧面执行配合约束，约束方式选择表面平齐，如图 2-33c、d 所示。

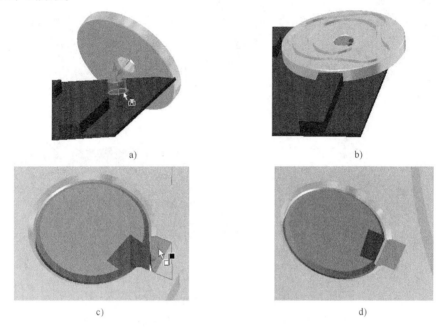

图 2-33　凸轮和支架的位置约束

a）执行插入约束　b）插入约束后效果　c）执行配合约束
d）执行配合约束后效果

（3）轴和平键的位置约束　首先将支架、凸轮不可见，然后执行以下约束。

1）平键底面和轴键槽表面的配合约束，如图 2-34a 所示。

2）平键侧面和轴键槽侧面的配合约束，如图 2-34b 所示。

3）平键圆弧面和轴键槽圆弧面的相切约束，约束方式选择内切，如图 2-34c 所示。完成约束后效果如图 2-34d 所示。

完成约束后将支架、凸轮可见，效果如图 2-34e 所示。此时转动凸轮，发现轴、平键将一块跟着转动。

（4）Y 杆的约束

1）Y 杆和支架的配合约束，如图 2-35a 所示。

2）Y 杆和支架的表面平齐约束，如图 2-35b 所示。

3）Y 杆和凸轮的过渡约束，先选择 Y 杆圆柱面，再选择凸轮过渡面，如图 2-36 所示。完成约束后拖动凸轮，Y 杆也跟着运动。

（5）X 杆的约束　约束方法与 Y 杆的约束基本类似，在此不再详细介绍，请读者自行操作，效果如图 2-37 所示。

（6）滑块的约束　首先将支架不可见，具体操作如下。

1）滑块和 X 杆的配合约束 1，如图 2-38a 所示。

2）滑块和 X 杆的配合约束 2，如图 2-38b 所示。

3）滑块和 Y 杆的配合约束 1，如图 2-39a 所示。

4）滑块和 Y 杆的配合约束 2，如图 2-39b 所示。

（7）凸轮和 Y 杆的角度约束　选择凸轮过渡面中平面部分，让其和 Y 杆进行角度约束，

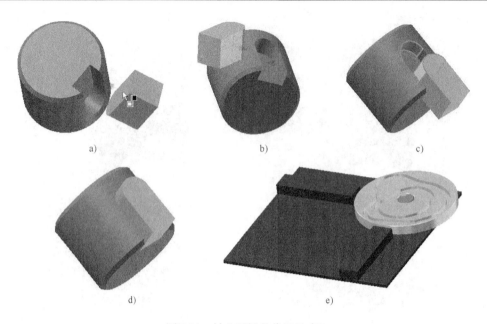

图 2-34   轴和平键的位置约束

a）底面和表面的配合约束   b）侧面和侧面的配合约束   c）相切约束

d）完成约束后效果   e）将凸轮支架可见后效果

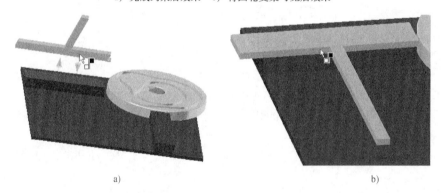

图 2-35   Y 杆和支架的约束

a）Y 杆和支架的配合约束   b）Y 杆和支架的表面平齐约束

约束方式选择"未定向角度"，约束角度为 0°，完成约束后将支架可见，效果如图 2-40 所示。

5. 约束的驱动

（1）修改约束名称   在浏览区，单击凸轮前面的 ⊞ 图标将其展开，在角度约束名称上单击两次，将其名称重命名为"驱动"，如图 2-41 所示。

（2）驱动约束   在上一步修改的约束名称上单击右键，在弹出的快捷菜单中选择"驱动约束"选项，然后在弹出的"驱动约束"对话框中设置参数，如图 2-42a 所示。单击"录像"按钮，弹出"另存为"对话框。在该对话框中，选择要保存文件的位置；保存类型选择"AVI 文件"；文件名为"凸轮传动机构"，如图 2-42b 所示。单击"保存"按钮后，弹出"视频压缩"对话框。在该对话框中，压缩程序选择"Microsoft Video 1"，如图 2-42c 所示。单击"确定"按钮，关闭"视频压缩"对话框。单击"驱动约束"对话框中的"正向"按钮▶后，开始录制视频，效果参见光盘中"模块二＼任务一＼凸轮传动机构. avi"。

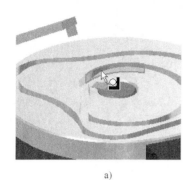

a)　　　　　　　　　　　　　　b)

图 2-36　Y 杆和凸轮的约束

a）Y 杆和凸轮的过渡约束　b）约束后效果

图 2-37　X 杆和支架、凸轮的约束

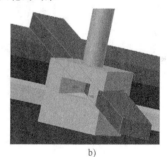

a)　　　　　　　　　　　　　b)

图 2-38　滑块和 X 杆的约束

a）滑块和 X 杆的配合约束 1　b）滑块和 X 杆的配合约束 2

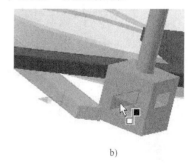

a)　　　　　　　　　　　　　b)

图 2-39　滑块和 Y 杆的约束

a）滑块和 Y 杆的配合约束 1　b）滑块和 Y 杆的配合约束 2

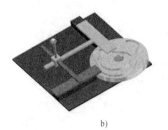

a)   b)

图 2-40　凸轮和 Y 杆的角度约束
a）凸轮和 Y 杆的角度约束　b）凸轮传动机构的约束效果

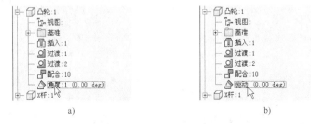

a)   b)

图 2-41　修改约束名称
a）重命名前　b）重命名后

a)

b)

c)

图 2-42　驱动约束设置
a）"驱动约束"对话框　b）"另存为"对话框　c）"视频压缩"对话框

6. 保存文件

将部件文件保存为"凸轮传动机构装配．iam"。

【拓展练习】

1）为光盘中的"模块二＼任务一（拓展练习）"文件夹建立项目文件。

2）将"模块二＼任务一（拓展练习）"文件夹下的零部件进行装配，如图 2-43 所示。具体效果参见"模块二＼任务一（拓展练习）＼凸轮传动机构．iam"。

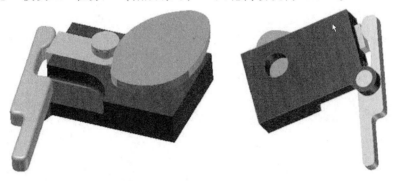

图 2-43 拓展练习

3）将装配的部件进行约束驱动，效果参见"模块二＼任务一（拓展练习）＼驱动约束．avi"。

任务二 机用虎钳模型的装配设计

【学习目标】

◆ 掌握利用资源库调入标准件的方法。

◆ 掌握设计视图表达与位置表达的方法。

◆ 能够熟练对机用虎钳模型进行装配。

【任务导入】

在如图 2-44 所示机用虎钳的装配过程中，除了用到上一个任务中学习到的零部件的基

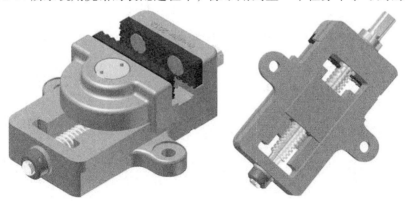

图 2-44 机用虎钳装配模型

本操作、装配约束等知识外，还要用到标准件的装配，位置视图的表达。下面来学习在本任务中用到的新知识。

【知识准备】

一、资源中心的使用

在机械设计中，经常会用到类似螺栓、销、螺钉的标准件，这些标准件的尺寸、形状均已经标准化，因此没有必要再为其建立模型。在 Inventor 中，资源中心包含了常用的标准件，可以直接使用。

在部件环境中，单击"零部件"工具面板上的"从资源中心调入"按钮，弹出"从资源中心放置"的对话框，如图 2-45 所示。在该对话框的左边显示了标准件的类别，选择相应类别后，该类别的零件以缩略图的形式显示在右侧列表中。

图 2-45　"从资源中心放置"对话框

例如要找到螺栓 GB/T 8—1988，可以依次单击"螺栓"→"方头"，然后在右侧列表中找到相应标准件即可，如图 2-46 所示。

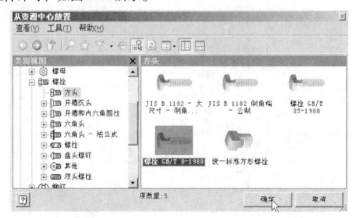

图 2-46　选择标准件

除了上述方法外，也可以通过单击"工具"菜单栏上的"搜索"按钮，弹出"快速搜索"对话框，在"搜索"文本框中输入"GB/T 8—1988"，然后单击"立即搜索"按钮，找到相应标准件，如图 2-47 所示。单击"确定"按钮，弹出放置螺栓的对话框，如图 2-48 所示。在该对话框中设置好螺栓的"螺纹描述"和"公称长度"，再单击"确定"按钮，返回到部件环境。在绘图区相应位置单击鼠标即可装入标准件，每单击一次鼠标就装入一个标准件。完成装入后只需单击右键，在弹出的快捷菜单中选择"完毕"选项，如图 2-49 所示。

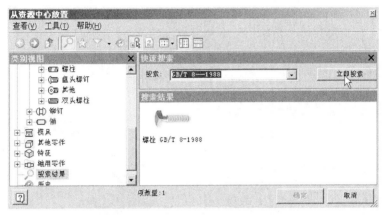

图 2-47 搜索标准件

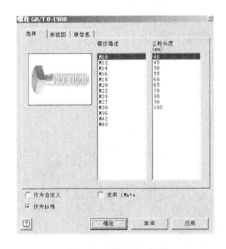

图 2-48 设置标准件

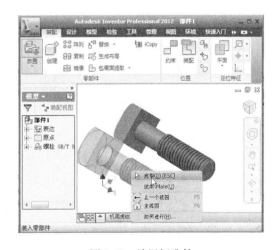

图 2-49 放置标准件

二、设计视图表达与位置表达

如果一个机械产品零件比较多，往往需要从不同的视角通过不同的缩放倍数，或适当调整零部件颜色来对零部件进行观察，这就用到设计视图表达的内容。

有的机械装置对运动规律要求比较高，比如凸轮、机器人等，一个相对位置关系的表达是不够的，往往需要多个位置来表达运动关系，这就要用到位置表达的内容。它可以记录按运动规律在不同位置或不同时刻，零部件之间的相对位置关系。

可在浏览器中查看设计视图和位置视图，如图 2-50 所示。

1. 设计视图的操作

（1）新建　如图 2-51 所示，在浏览器中的"视图：默认"上单击右键，在弹出的快捷菜单中选择"新建"选项，即可创建"视图 1"。

（2）锁定　在"视图 1"下，调整零部件的视角方向、缩放倍数等，然后在"视图 1"上单击右键，在弹出的快捷菜单中选择"锁定"选项，当前的视图状态即为"视图 1"的状态，如图 2-52 所示。

（3）解锁　如果需要对"视图 1"的状态再进行修改，可以在"视图 1"上单击右键，在弹出的快捷菜单中选择"解锁"选项，然后重新设置"视图 1"的状态，完成后再次锁定即可。

图 2-50　查看视图

图 2-51　新建设计视图

图 2-52　锁定设计视图

（4）激活　要激活某个视图，使其成为视图当前显示状态，只需在相应视图上双击或者在快捷菜单中选择"激活"选项即可。在部件中一次只能激活一个视图。

2. 位置视图的操作

位置视图的操作比较简单，但是创建位置视图必须有两个以上零部件的不同约束状态（不同位置）。下面以球阀为例说明位置视图的创建方法。

（1）建立角度约束　建立扳手与阀盖之间的角度约束，角度为0°，如图2-53所示。在该约束上单击右键，在弹出的快捷菜单中选择"抑制"选项，从而将该约束抑制，如图2-54所示。重复上述过程，再次建立角度约束，角度为 −45°，也将该约束抑制。约束被抑制后，颜色变为灰色，表示该约束已失效，如图2-55所示。

图 2-53　建立角度约束

图 2-54　抑制角度约束

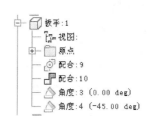

图 2-55　抑制约束后灰显

（2）建立位置视图　在浏览器中视图"表达"下的"位置"上单击右键，在弹出的快捷菜单中选择"新建"选项，如图2-56所示。建立"位置1"视图，然后在"角度：3"上单击右键，将抑制解除，解除后该约束名称变为黑体加粗显示，如图2-57所示。重复上述过程，可在"角度：4"约束位置建立"位置2"视图。

图 2-56　新建位置视图

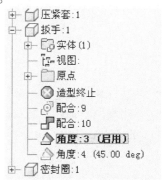

图 2-57　设置"位置1"视图

（3）位置视图激活   位置视图的激活与设计视图的激活方法类似，这里不再赘述。

【任务实施】

1. 项目管理

对光盘中的"模块二\任务二"文件夹创建项目文件，项目名称为"机用虎钳.ipj"，并将该项目文件激活为当前项目文件。

2. 放置零部件

新建部件文件，并将机用虎钳的各个零件装入部件环境，如图2-58所示。解除默认固定零件，将固定钳座零件固定。

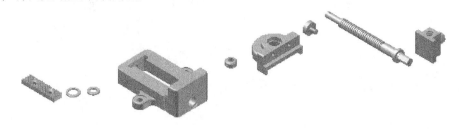

图2-58   装入零件

3. 位置约束

（1）螺母块的位置约束

1）轴线重合约束。将螺母块的横螺纹孔轴线和固定钳座的孔轴线进行重合约束，如图2-59a所示。此时拖动螺母块，发现其能在固定钳座的轴线上移动和绕轴线转动。

2）角度约束。将螺母块的上表面和固定钳座的表面添加角度约束，方式选择"未定向角度"，角度为0°，如图2-59b所示。

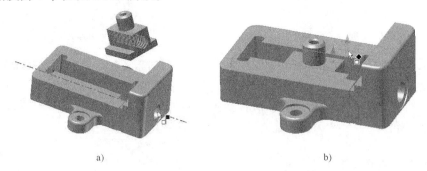

a)   b)

图2-59   螺母块的位置约束

a）轴线重合约束   b）角度约束

添加完以上约束后，拖动螺母块，发现其只能在固定钳座的孔轴线上移动。

（2）活动钳身的位置约束具体内容如下。

1）轴线重合约束。将螺母块的竖螺纹孔轴线和活动钳身的孔轴线进行重合约束，如图2-60a所示。

2）面和面配合约束。将活动钳身的底面和固定钳座的表面进行配合约束，如图2-60b所示。

3）面和面角度约束。将活动钳身的侧面和固定钳座的侧面进行角度约束，约束方式选择"未定向角度"，角度为0°，如图2-60c所示。

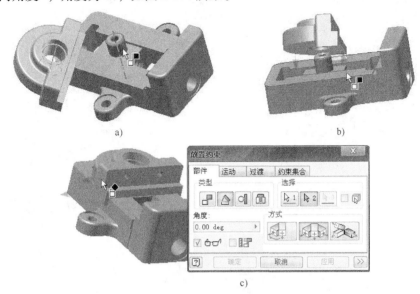

图2-60 活动钳身的位置约束
a）轴线重合约束 b）面和面配合约束 c）角度约束

（3）垫圈1和固定钳座的插入约束 方式选择反向插入约束，如图2-61所示。

图2-61 垫圈1和固定钳座的插入约束

（4）环和垫圈1的插入约束 方式选择反向插入约束，如图2-62所示。

（5）固定钳座和垫圈2的插入约束 方式选择反向约束，如图2-63所示。

图2-62 环和垫圈1的插入约束   图2-63 固定钳座和垫圈2的插入约束

（6）螺杆的位置约束

1）轴线重合约束1 将螺杆的轴线和固定钳座的轴线进行重合约束，如图2-64a所示。

2）轴线重合约束 2　　将螺杆的孔轴线和环的孔轴线进行重合约束，如图 2-64b 所示。

3）角度约束　　将螺杆的端部平面和固定钳座的表面进行角度约束，方式选择"定向角度"，角度为 0°，如图 2-64c 所示。注意，该约束是为将来约束驱动作准备。

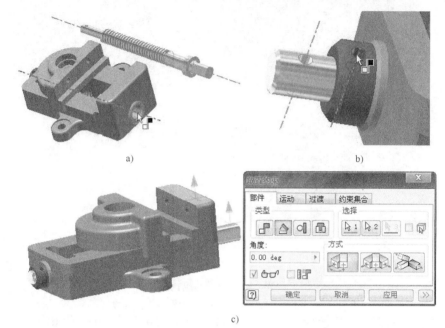

图 2-64　螺杆的位置约束

a）轴线重合约束 1　　b）轴线重合约束 2　　c）角度约束

（7）螺钉的插入约束　　方式选择反向插入约束，如图 2-65 所示。

图 2-65　螺钉的插入约束

a）执行插入约束　　b）约束后效果

（8）钳口板的位置约束　　执行约束之前再装入一个钳口板零件。

1）轴线重合约束　　将钳口板的孔轴线和活动钳身的孔轴线进行重合约束，如图 2-66a、b 所示。

2）面和面配合约束　　将钳口板的底面和活动钳身的前面进行重合约束，如图 2-66c 所示。

重复上述操作，将另一块钳口板和固定钳座进行相同约束，结果如图 2-66d 所示。

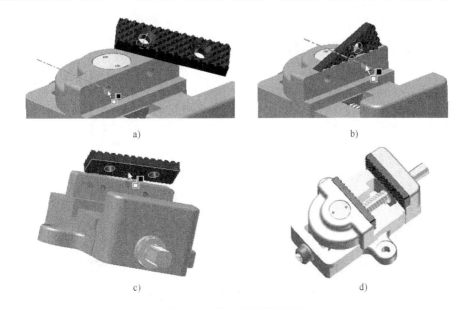

图 2-66　钳口板的位置约束

a）轴线重合约束 1　　b）轴线重合约束 2　　c）面和面配合约束

d）约束后效果

4. 运动约束

在打开的"放置约束"对话框中，选择"运动"选项卡，在该选项卡下选择"转动-平动"运动类型，方式选择"前进"，分别选择螺杆的外圆面和螺母块底面上的一条棱边，如图2-67 所示。

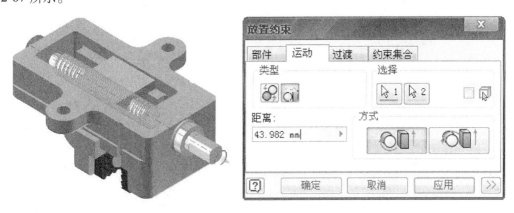

图 2-67　运动约束设置

5. 装入标准件

（1）销的装入

1）销的查找与装入。在打开的"从资源中心放置"对话框的列表中，单击"紧固件"→"销"，在右侧的标准件缩略图区域选择圆柱销，如图 2-68a 所示。单击"确定"按钮后，列出资源库中所有的圆柱销，找到"销 GB/T 119.1—2000 A 型"，如图 2-68b 所示。单击"确定"按钮后，弹出"销 GB/T 119.1—2000 A 型"对话框，在该对话框中，公称直径选择 4mm，公称长度选择 22mm，如图 2-68c 所示。单击"确定"按钮，装入圆柱销零部件，如图 2-68d 所示。

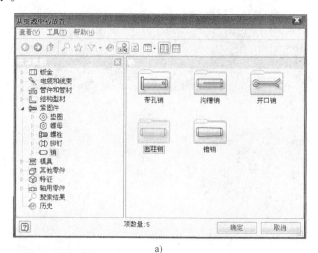

a)

b)

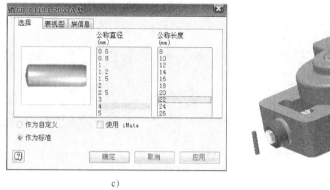

c)   d)

图 2-68　销的查找与装入

a）"从资源中心放置"对话框　b）选择圆柱销标准件　c）选择销的公称直径与公称长度
d）销装入后效果

2）销的轴线重合约束。将圆柱销和环进行轴线重合约束，如图 2-69a 所示。

3）销的相切约束。将圆柱销一端的圆弧面和环的圆弧面进行相切约束，约束方式选择

"内切",如图 2-69b 所示。

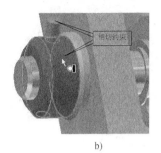

a)　　　　　　　　　　　　　　　b)

图 2-69　销的约束

a)轴线重合约束　b)相切约束

（2）螺钉的装入

1）螺钉的查找与装入。打开"从资源中心放置"对话框，在搜索工具条的"搜索"文本框中输入"GB/T 68—2000"，然后单击"立即搜索"按钮，找到需要装入的标准件，如图 2-70a 所示。选中标准件并单击"确定"按钮，在图形区单击鼠标，弹出"螺钉 GB/T 68—2000"对话框。在该对话框中，螺纹描述选择 M8，公称长度选择 16mm，如图 2-70b 所

a)

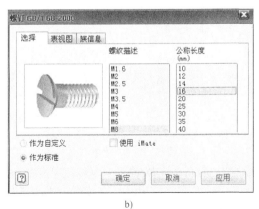

b)　　　　　　　　　　　　　　c)

图 2-70　螺钉的查找与装入

a)搜索标准件　b)选择螺钉　c)螺钉装入后效果

示。单击"确定"按钮后，在图形区适当位置单击 4 次，装入 4 个 GB/T 68—2000 标准螺钉，如图 2-70c 所示。

2）螺钉的轴线重合约束。将螺钉和钳口板进行轴线重合约束，如图 2-71a 所示。

3）螺钉的表面平齐约束。将螺钉端面和钳口板表面进行表面平齐约束，如图 2-71b 所示。

重复操作，将其他 3 个螺钉执行相同约束，最后效果如图 2-71c 所示。

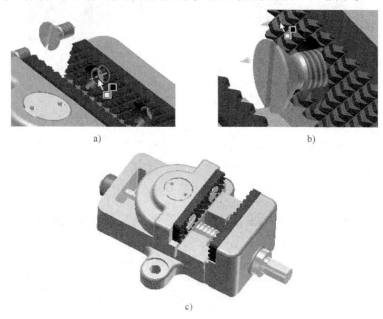

图 2-71   螺钉的约束

a）轴线重合约束   b）表面平齐约束   c）螺钉约束后效果

6. 约束驱动

将螺杆的角度约束名称重命名为"驱动"，如图 2-72 所示。

图 2-72   修改约束名称

a）重命名前   b）重命名后

在修改的驱动约束上单击右键，在弹出的快捷菜单中选择"驱动约束"选项，然后在弹出的"驱动约束"对话框中设置参数，如图 2-73 所示。单击"正向"按钮后随着螺杆的旋转，活动钳身也跟着移动，在运动过程中发现活动钳身超出了其运动范围，如图 2-74 所示。实际操作中是不允许出现这种情况的，那么如何避免这种情况呢？方法就是将"激活接触识别器"激活，具体操作如下。

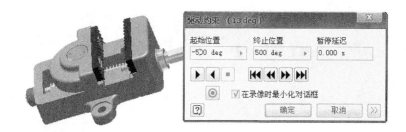

图 2-73　驱动约束设置

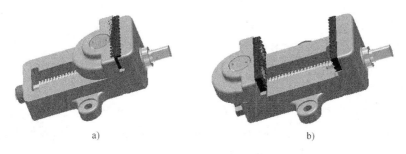

图 2-74　活动钳身超限运动

a）右侧超出　b）左侧超出

首先进入"检验"选项卡，在"过盈"工具面板上单击"激活接触识别器"按钮，如图 2-75a 所示。然后在浏览器的"固定钳座"零件名称上单击右键，在弹出的快捷菜单中选择"接触集合"选项，此时"固定钳座"零件名称上添加了"接触集合"▣图标。重复操作，再将钳口板、螺母块添加"接触集合"，如图 2-75b 所示。

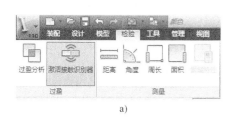

图 2-75　添加接触设别器

a）激活接触识别器　b）将零部件设置为"接触集合"

此时再进行约束驱动，当活动钳身或者螺母块运行到极限位置时，便不再运动，同时弹出驱动警告对话框，如图 2-76 所示。

修改驱动约束的起始位置、终止位置角度，重新进行约束驱动，效果参见光盘中的"模块二＼任务二＼机用虎钳．avi"。

图 2-76　驱动警告对话框

7. 保存文件

将部件文件保存为"机用虎钳. iam"。

【拓展练习】

1）为光盘中的"模块二\任务二（拓展练习）"文件夹建立项目文件。

2）将"模块二\任务二（拓展练习）"文件夹下的零部件进行装配，如图 2-77 所示，具体效果参见"模块二\任务二（拓展练习）\球阀. iam"。

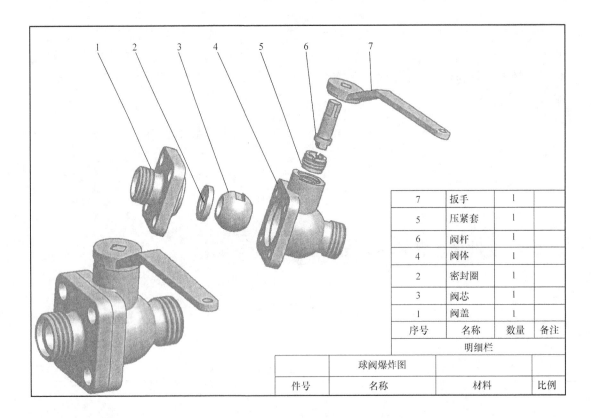

7	扳手	1	
5	压紧套	1	
6	阀杆	1	
4	阀体	1	
2	密封圈	1	
3	阀芯	1	
1	阀盖	1	
序号	名称	数量	备注
明细栏			

| | 球阀爆炸图 | | |
| 件号 | 名称 | 材料 | 比例 |

图 2-77　拓展练习

3）将装配的部件进行约束驱动，效果参见"模块二\任务二（拓展练习）\球阀. avi"。

任务三 弹簧运动模型的绘制

【学习目标】

◆ 了解利用自适应进行关联设计的思想。

◆ 掌握在装配环境下进行在位零件设计的基本操作方法。

◆ 能够熟练制作弹簧运动模型。

【任务导入】

在制作如图 2-78 所示弹簧运动模型的过程中，首先要创建在位零件，然后在装配环境下进行零件设计。下面学习在本任务中用到的新知识。

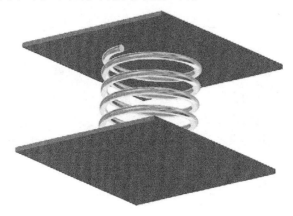

图 2-78 弹簧运动模型

【知识准备】

一、自适应与关联设计

自适应是进行关联设计的有力工具。所谓关联设计，是指根据零部件的关联关系而非具体尺寸进行的设计。例如设计齿轮轴上的平键时，可以不用明确平键的尺寸，而直接利用齿轮轴上与平键配合的键槽，在装配环境下用自适应技术完成平键的设计，设计完成的平键可以恰好放到键槽里。当键槽尺寸发生变化时，平键能够自动适应这种变化，继续保持与键槽的这种关联关系。

利用自适应进行关联设计时，应满足以下两个条件。

1）零部件中的部分几何尺寸没有被完全确定。

2）零部件中尚未确定的几何尺寸可由其他零部件或某种位置关系来确定。

二、在位零部件与自适应的应用

在装配环境中，单击"零部件"工具面板上的"创建"按钮，弹出"创建在位零部件"对话框，如图 2-79 所示。在该对话框中进行零件名称设置，单击"确定"按钮后，即可在当前部件环境中创建新的零部件，并建立它和已有零件的关联关系。

"创建在位零部件"对话框中各项的含义如下。

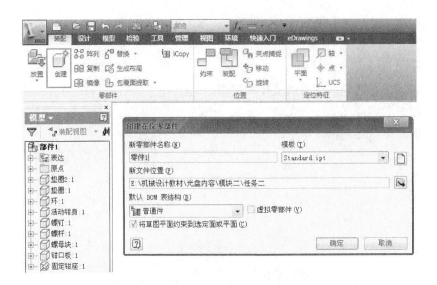

图 2-79　　"创建在位零部件"对话框

（1）模板　设置新创建的零部件的类型，一般选择 Standard. ipt。

（2）新文件位置　设置新创建的零部件的保存位置。

（3）将草图平面约束到选定面或平面　设置新创建的零部件的第一个草图所在的平面，按默认设置即可。

设置完成后单击"确定"按钮，选择新创建零部件的第一个草图所在平面，如图 2-80 所示。

图 2-80　选择草图依附平面

单击如图 2-80 所示的平面后，在位零部件就依附在所选的平面上，并自动进入草图环境，原来的零部件变为透明。利用投影工具投影齿轮轴上的键槽，此时草图和零件前出现了自适应符号　，这说明它是由自适应的方法创建的，如图 2-81 所示。

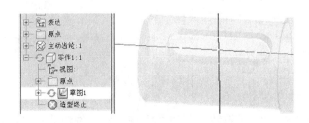

图 2-81　投影建立自适应文件

完成草图后利用拉伸特征创建平键，在这里平键的高度尺寸是不能利用自适应限制的，应该有具体尺寸限制。

【任务实施】

（1）新建文件 新建零件文件并绘制如图 2-82 所示草图，将草图全约束后退出。

（2）创建拉伸特征 将如图 2-82 所示的草图进行拉伸，拉伸距离为 5mm，创建实体后将实体颜色设置为蓝色，结果如图 2-83 所示，将文件保存为"板.ipt"后退出。

（3）新建文件 新建部件文件，并将上一步制作的零件装入两次，如图 2-84 所示。

图 2-82 新建草图

图 2-83 创建拉伸特征

图 2-84 装入零件

（4）添加约束 对两块平板的侧面添加表面平齐约束，如图 2-85a、b 所示。约束后第二次装入的板只能上下平动。然后在两板间添加配合约束，指定两板间的偏移距离为 120mm，如图 2-85c 所示。

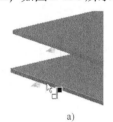

a)

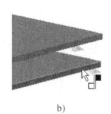

b)

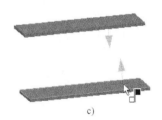

c)

图 2-85 位置约束

a) 表面平齐约束 1 b) 表面平齐约束 2 c) 配合约束

（5）创建在位零件 单击"零部件"工具面板上的"创建"命令按钮，创建在位弹簧，如图 2-86 所示。选择 YZ 面作为弹簧的第一个草图所在平面，如图 2-87 所示。

图 2-86 创建在位弹簧

（6）创建草图 利用投影几何图元工具，将两个板与弹簧相配合的表面投影到当前草图，并标注距离。可发现标注尺寸加了括号，说明该尺寸是一个联动尺寸，其将随着平板之间距离的变化而改变。绘制如图 2-88 所示草图后退出。

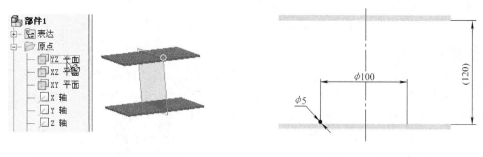

　　图 2-87　选择草图依附平面　　　　　　　　　　　图 2-88　绘制草图

　　(7) 设置尺寸显示方式　在图形区单击右键，在弹出的快捷菜单中选择"尺寸显示"子菜单中的"表达式"选项，如图 2-89a 所示。此时尺寸表现为表达式方式，如图 2-89b 所示。

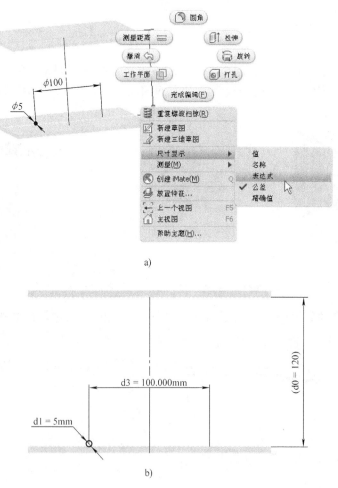

图 2-89　设置尺寸显示方式
a) 选择尺寸显示方式　b) 尺寸以表达式方式显示

（8）创建螺旋扫掠特征　将步骤（6）绘制的草图创建螺旋扫掠特征，"螺旋扫掠"对话框设置如图 2-90 所示。完成螺旋扫掠特征创建后，将弹簧的颜色设置为"铬合金蓝色"。

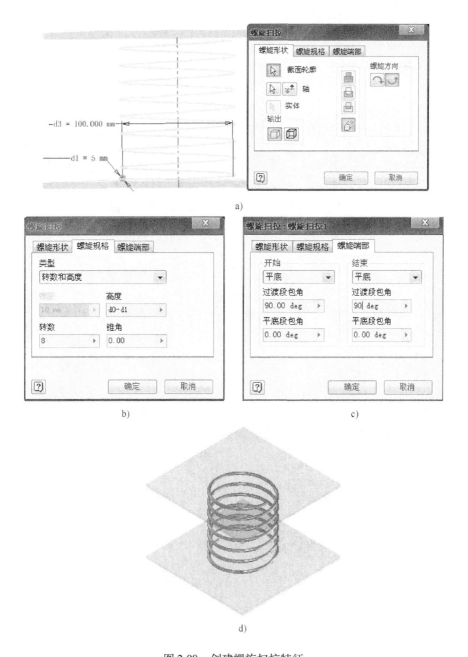

图 2-90　创建螺旋扫掠特征
a）"螺旋形状"选项卡　b）"螺旋规格"选项卡　c）"螺旋端部"选项卡
d）螺旋扫掠后效果

注意：弹簧的规格选"转数和高度"，并且高度为"d0-d1"，也就是说弹簧的高度为两板间的距离与弹簧截面直径的差，由于 d0 是一个联动尺寸，所以弹簧的高度可以随着两板间距离的变化而变化。

（9）返回部件环境　单击"返回"工具面板上的"返回"按钮，如图 2-91a 所示。返回部件环境后，可看到浏览器中自动给弹簧、YZ 平面添加了表面平齐约束，如图 2-91b 所示。

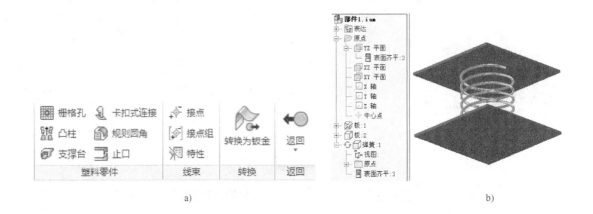

a)　　　　　　　　　　　　　　　　　　　　b)

图 2-91　返回部件环境

a）返回图标位置　b）返回部件环境后效果

（10）驱动约束　将"板"零件的配合约束进行驱动，在"驱动约束"对话框中单击 « 按钮，将对话框展开，勾选"驱动自适应"复选框，如图 2-92 所示。单击"播放"命令按钮，即可进行约束驱动，效果参见光盘中的"模块二 \ 任务三 \ 弹簧运动. avi"。

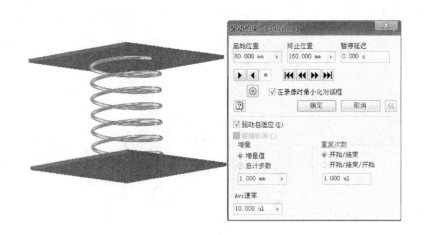

图 2-92　驱动弹簧

（11）保存文件　将文件保存为"弹簧运动. iam"。

【拓展练习】

在光盘的"模块二 \ 任务三（拓展练习） \ "下已经提供了衣服夹的夹板，请在装配环境中创建在位弹簧，如图 2-93 所示。创建完成后，约束驱动效果可参见"模块二 \ 任务三（拓展练习） \ 衣服夹. avi"。

a) b)

图 2-93 拓展练习

a）在位弹簧 b）衣服夹

模 块 小 结

对于机械设计来说，与基础的零件建模功能一样，零件的装配也是最基础、最常用的功能，这是因为几乎没有一个零件是单独来使用的。相对于模块一介绍的单个零件设计，本模块介绍的基于装配的零件设计——关联设计才是直观、符合设计人员需求的工作方式。

本模块通过 3 个实例，从装配的管理即"项目"开始，介绍了如何建立项目文件、如何建立装配文件、零部件如何装配约束，资源中心库的使用，以及在部件环境中创建在位零部件的相关知识。

其中：

1）装配约束是装配中常用的工作内容，零部件之间的相对位置关系主要靠这些约束来创建。

2）通过资源中心，可以调用常用的标准件，这为设计大大节省了时间。

3）设计视图、位置表达等技术为装配运动关系的描述提供了很大帮助。

4）在位零件的设计，为关联设计提供了很好的技术支持，这为设计工作的后期修改提供了很大便利。

通过本模块的介绍，可以应用 Inventor 的装配功能来解决一系列的设计问题。但是 Inventor 的装配功能比较庞大，在这里作者不可能面面俱到。因此读者要想得心应手地运用 Inventor 的装配功能来解决诸多实际问题，仅仅通过本模块介绍的这 3 个实例是远远不够的，除此之外读者还需要通过其他途径的学习来提高 Inventor 应用能力。

综 合 练 习

请读者将光盘中的"模块二\综合练习"下的零部件进行装配，装配效果如图 2-94 所示。装配后并进行约束驱动，将泵体隐藏后的驱动效果参见"模块五\综合练习\齿轮泵. avi"。

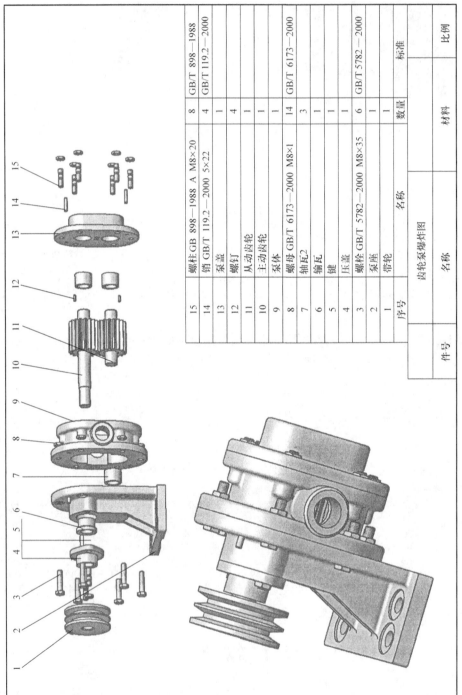

序号	名称	名称	数量	材料	标准
15	螺柱 GB 898—1988 A M8×20		8		GB/T 898—1988
14	销 GB/T 119.2—2000 5×22		4		GB/T 119.2—2000
13	泵盖		1		
12	螺钉		4		
11	从动齿轮		1		
10	主动齿轮		1		
9	泵体		1		
8	螺母 GB/T 6173—2000 M8×1		14		GB/T 6173—2000
7	轴瓦2		3		
6	轴瓦		1		
5	键		1		
4	压盖		1		
3	螺栓 GB/T 5782—2000 M8×35		6		GB/T 5782—2000
2	泵座		1		
1	带轮				
件号		齿轮泵爆炸图			比例

图 2-94 综合练习

模块三　表达视图设计

【学习目标】

◆　了解表达视图设计的基本流程。

◆　掌握表达视图环境下零件位置调整的基本操作方法。

◆　掌握为表达视图添加照相机视角的方法。

◆　能够熟练制作表达视图。

在上一个模块学习了机用虎钳的装配设计，那么这些零件是按照怎样的顺序组装在一起的呢？整个装配过程又如何呈现出来呢？本模块将对这些问题进行详细介绍。在 Inventor 中是用表达视图来表现部件的装配过程，然后在表达视图环境中创建装配过程的动画，来动态演示部件中各零件的装配过程和装配位置，并可以将动画录制成标准 AVI/WMV 格式文件，这样就可以脱离 Inventor 环境而清晰地表达出部件的装配过程。由于表达视图是基于部件的，因此当部件发生改变时表达视图也会自动更新。本模块将通过两个实例来介绍表达视图的设计。

任务一　凸轮传动机构的表达视图设计

【学习目标】

◆　熟悉表达视图的环境。

◆　了解表达视图设计的基本流程。

◆　掌握表达视图环境下零件的基本操作方法。

◆　能够熟练制作凸轮传动机构的表达视图。

【任务导入】

在图 3-1 所示凸轮传动机构表达视图的制作过程中，首先需要认识 Inventor 的表达视图环境以及在表达视图环境中分解零部件的操作。下面进入表达视图环境来学习在本任务中

图 3-1　凸轮传动机构的表达视图

用到的新知识。

【知识准备】

一、表达视图环境

（1）进入表达视图环境　进入表达视图环境的方法有 3 种。

1）依次单击"应用程序菜单"图标上的下拉箭头，然后在弹出的下拉菜单中选择"新建"子菜单中的"表达视图"选项，如图 3-2a 所示。

2）单击快速访问工具栏上的"新建"按钮旁边的下拉箭头，然后在弹出的下拉菜单中选择"表达视图"选项，如图 3-2b 所示。

3）单击"启动"工具面板上的"新建"按钮，在弹出的"新建文件"对话框的"默认"选项卡中选择"Standard. ipn"，如图 3-2c 所示。

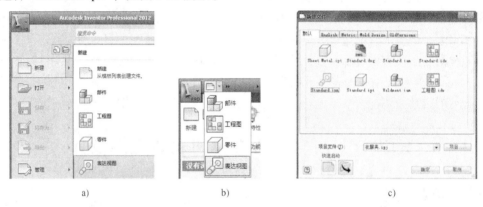

a)　　　　　　　　　　b)　　　　　　　　　　c)

图 3-2　进入表达视图环境的方法

a）方法 1　b）方法 2　c）方法 3

（2）用户界面　表达视图环境下的用户界面如图 3-3 所示。

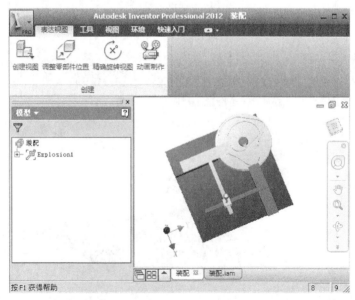

图 3-3　表达视图环境下的用户界面

二、"表达视图"功能选项卡

可以看到在"表达视图"选项卡中有"创建视图""调整零部件位置""精确旋转视图"和"动画制作"4个命令按钮，下面依次介绍各个命令按钮的功能及应用。

1. 创建视图

初次进入表达视图环境后，表达视图的"创建"工具面板上只有"创建视图"命令按钮 可用，其他按钮均显示灰色，如图3-4所示。单击该按钮，弹出"选择部件"对话框，如图3-5所示。该对话框中各项的含义如下：

图3-4　表达视图初始环境　　　　　　　　　　　　图3-5　选择部件

（1）"文件"下拉列表框　选择制作表达视图的部件文件。单击"浏览"命令按钮 ，弹出"打开"对话框，如图3-6所示，找到要创建表达视图的部件文件后单击"打开"按钮即可。

（2）"选项"按钮　单击"选项"命令按钮 选项...，弹出"文件打开选项"对话框，如图3-7所示。在该对话框中，可对"位置表达"等选项进行选择。

图3-6　"打开"对话框　　　　　　　　　　　　图3-7　"文件打开选项"对话框

（3）"分解方式"选项组　有"手动"和"自动"两种方式。

1）"手动"方式　是指用户自行调整零部件的位置。在该方式下，"距离""创建轨迹"选项均不可用。

2）"自动"方式是指用户通过设定"距离"选项，让 Inventor 自动完成零部件位置的调整。

（4）"距离"选项　"自动"分解方式下，分解零部件时各零部件之间的距离。

（5）"创建轨迹"选项　用来生成零件移动的路径轨迹。

提示：由于"自动"分解方式生成的爆炸图往往杂乱无章，而且没有先后顺序，所以"自动"分解方式很少用，一般选择"手动"分解方式。

2. 调整零部件位置

选择了需要制作表达视图的部件文件以后，单击"创建"工具面板上的"调整零部件位置"命令按钮，弹出"调整零部件位置"对话框，如图 3-8 所示。该对话框中各项的含义如下：

（1）"方向"选项　用来设定零部件的分解方向，选择此项后可以单击零部件的不同表面来确定其调整方向。单击选择面后会显示坐标系，如图 3-9 所示。

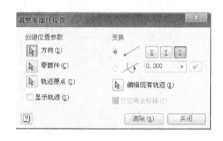
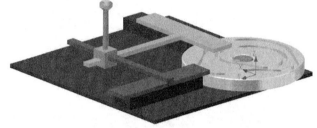

图 3-8　"调整零部件位置"对话框　　　　　图 3-9　选择零部件调整方向

（2）"零部件"选项　选择需要调整位置的零部件，"方向"确定后"零部件"自动激活，此时可以选择一个或多个零部件，选择多个零部件时不用按 Ctrl 键。

（3）"轨迹原点"选项　指定生成轨迹时轨迹的开始点。这个按钮一般不用，而是用系统自动确定的轨迹原点。

（4）"显示轨迹"复选框　用来决定表达视图中是否显示运动轨迹。

（5）"变换"选项组　有平移和旋转两种分解方式，每种分解方式又有 3 个坐标方向可以定义，可以通过选择 X、Y、Z 来定义方向，可在文本框中输入数值来确定线性分解的距离和旋转分解的角度。

（6）"编辑现有轨迹"选项　对已经制作的零部件的运动轨迹进行编辑，例如修改移动距离、旋转的角度等。

（7）"仅空间坐标轴"复选框　在旋转方式下，"仅空间坐标轴"复选框可用。它是用来旋转坐标系的，一般情况下不会用到。

3. 精确旋转视图

在表达视图中，除了可以通过前面学习的多种方法来旋转视图外，系统还提供了更加精确的旋转观察工具，即"精确旋转视图"按钮。单击"创建"工具面板上的"精确旋转视图"命令按钮，弹出"按增量旋转视图"对话框，如图 3-10 所示。

图 3-10　"按增量旋转视图"对话框

在"按增量旋转视图"对话框中，"增量"文本框用于输入旋转一次的角度数值，在这里可进行精确角度的旋转，旋转方向从左至右分别是向下旋转、向上旋转、向左旋转、向右旋转、逆时针旋转和顺时针旋转。

4. 动画制作

Inventor 的动画功能可以创建部件表达视图的装配动画，并可将动画录制为视频文件，以便在脱离 Inventor 环境下动态重现部件的装配过程。方法是单击"创建"工具面板上的"动画制作"命令按钮 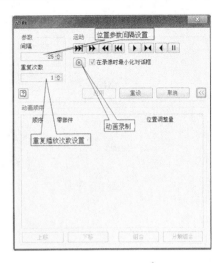，弹出"动画"对话框，如图 3-11 所示。

在"动画"对话框中，"间隔"选项是设定每个分解动作需要分成多少步来执行，分得越多动作越清晰，但执行时间越长；"重复次数"选项用来设定整套动作的播放次数；录像按钮是用来录制零部件的分解过程。

图 3-11　动画对话框

【任务实施】

1. 创建表达视图文件

打开光盘选择要创建表达视图的部件文件："模块二 \ 任务一 \ 凸轮传动机构装配 . iam"，进行表达视图文件的创建。

2. 调整零部件的位置

（1）调整 X 杆、Y 杆和滑块的位置　在打开的"调整零部件位置"对话框中，先单击"方向"选项，选择支架建立坐标系，再单击对话框中的"零部件"选项，选择 X 杆、Y 杆和滑块。根据坐标轴方向，在对话框的"变换"选项组中单击"Z 轴"按钮 ，输入 100，取消对"显示轨迹"复选框的勾选，如图 3-12 所示。完成设置后，先单击 按钮，再单击"清除"按钮，完成位置调整。

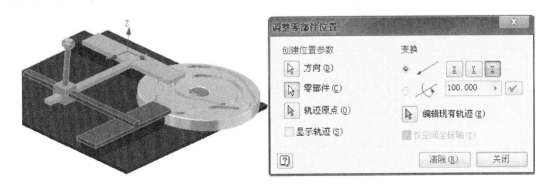

图 3-12　调整 X 杆、Y 杆和滑块位置

（2）调整 X 杆的位置　在同一坐标系中选择 X 杆，在 Y 方向移动 120mm，设置如图 3-13 所示。

（3）调整 Y 杆的位置　在同一坐标系中选择 Y 杆，在 X 方向移动 –120mm，设置如图 3-14 所示。

（4）调整凸轮的位置　在同一坐标系中选择凸轮，在 Z 方向移动 60mm，设置如图 3-15

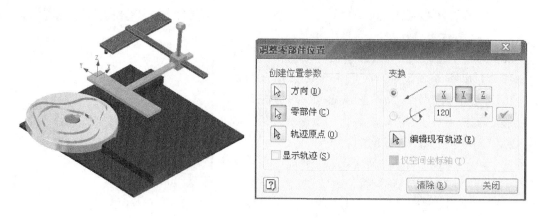

图 3-13   调整 X 杆位置

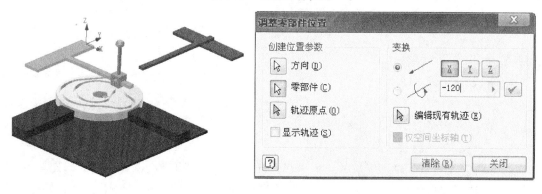

图 3-14   调整 Y 杆位置

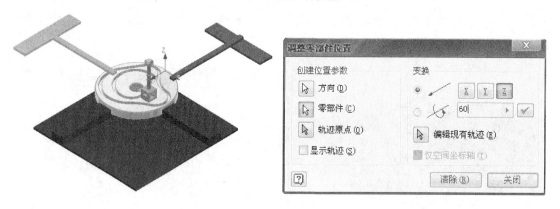

图 3-15   调整凸轮的位置

所示。

（5）调整平键的位置   在同一坐标系中选择平键，在 Y 方向移动 30mm，设置如图 3-16 所示。

（6）调整轴的位置   在同一坐标系中选择轴，在 Z 方向移动 30mm，设置如图 3-17 所示。

3. 保存文件

将文件保存为"凸轮传动机构 . ipn"，装配效果参见光盘的"模块三 \ 任务一 \ 凸轮传动机构装配过程 . avi"。

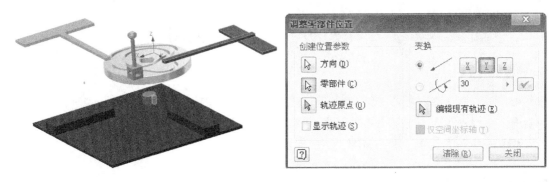

图 3-16　调整平键的位置

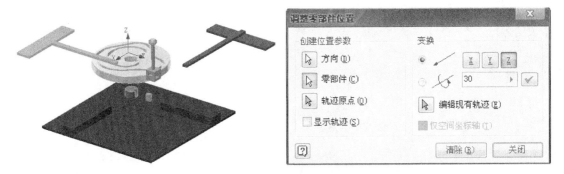

图 3-17　调整轴的位置

【拓展练习】

　　将光盘"\ 模块二\ 任务一(拓展练习)\ 凸轮传动机构 . iam"进行表达视图设计，如图 3-18 所示。具体效果参见"模块三\ 任务一(拓展练习)\ 凸轮传动机构 . ipn"。

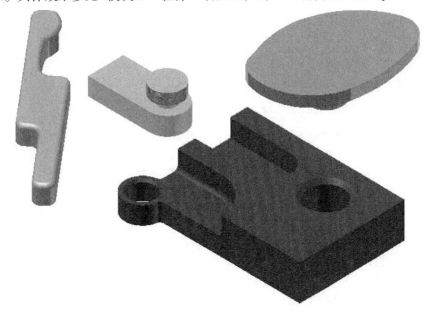

图 3-18　拓展练习

任务二　机用虎钳的表达视图设计

【学习目标】

◆　掌握表达视图中调整动画顺序的操作方法。

◆　掌握表达视图环境下添加照相机视角的操作方法。

◆　能够熟练制作机用虎钳的表达视图。

【任务导入】

在如图 3-19 所示机用虎钳的表达视图制作过程中，首先复习 Inventor 的表达视图环境及相关的操作，然后学习如何逼真地表现装配过程，其中包括动画顺序的调整和相机视角的添加。下面进入表达视图环境来学习在本任务中用到的新知识。

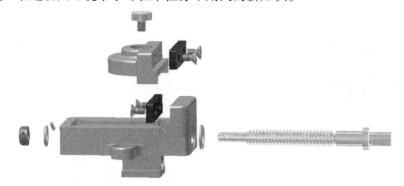

图 3-19　机用虎钳表达视图

【知识准备】

一、调整动画顺序

完成零部件的位置调整后，可对零部件的动作顺序进行设置。单击"创建"工具面板上的"动画制作"按钮，弹出"动画"对话框，在对话框中单击右下角的 《 按钮将其展开，如图 3-20 所示。利用该对话框，可对各步动作进行顺序调整以及组合操作。

在该对话框中选中某一动作，单击"上移"或"下移"按钮可以调整其与其他动作的先后顺序；同时选中两个或两个以上的动作，单击"组合"按钮可以使它们同时进行，例如螺钉的移出和旋转动作的组合。如果创建分解动作时一次选择了多个零部件，这些零部件的动作也将默认是一个组合，例如凸轮传

图 3-20　"动画"对话框

动机构表达视图中的对 X 杆、Y 杆和滑块的调整。

二、照相机设置

在播放装配动画时，由于播放视角不能转换，有些动作由于被遮挡而不能清楚地看到。要解决这个问题，就需要对表达视图添加照相机视角，方法如下。

单击浏览器中的"浏览器过滤器"命令按钮 ▽，选择"顺序视图"选项，如图 3-21 所示。此时浏览器上有很多序列，即前面添加的分解动作的序列，然后在浏览器需要添加照相机视角的"序列 1"上单击右键，在弹出的快捷菜单中选择"编辑"选项，如图 3-22 所示。系统弹出"编辑任务及顺序"对话框，如图 3-23 所示。在该对话框中单击"设置照相机"按钮，然后在工作窗口中调整视图视角位置，完成视角调整后单击对话框中的"应用"按钮，即可完成该序列的照相机设置。

提示：在顺序视图中选择需要调整位置的序列，在浏览器下面出现的编辑文本框中输入修改的数值，如图 3-24 所示，即可重新调整零部件的位置。

图 3-21　选择视图类型

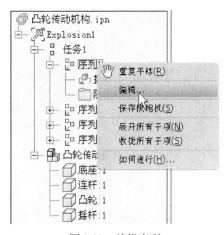

图 3-22　编辑序列

图 3-23　"编辑任务及顺序"对话框

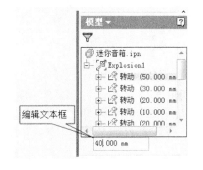

图 3-24　编辑位置

【任务实施】

1. 创建表达视图文件

选择要创建表达视图的部件文件"模块二 ＼ 任务二 ＼ 机用虎钳 .iam"，完成表达视图文件的创建。

2. 调整零部件的位置

（1）调整销的位置　选择销的顶面，建立坐标系，设置如图 3-25 所示。

（2）调整环的位置　选择螺杆的端面，建立坐标系，在 Z 方向上平移 40mm，如图 3-26 所示。

（3）调整垫圈的位置　选择螺杆的端面，建立坐标系，在 Z 方向上平移 30mm，如图 3-27 所示。

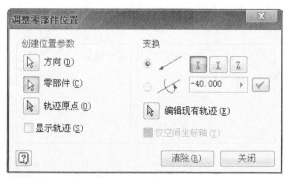 

图 3-25　调整销的位置

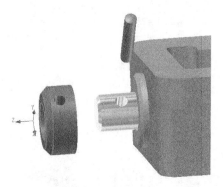 

图 3-26　调整环的位置　　　　　　图 3-27　调整垫圈的位置

（4）调整螺杆的位置　选择螺杆上的外圆面，建立坐标系，绕 Z 轴旋转 -1080°，然后在 Z 方向上平移 -200mm，如图 3-28 所示。

图 3-28　调整螺杆的位置

（5）调整垫圈 2 的位置　选择垫圈 2，建立坐标系，在 Z 方向上平移 –20mm，如图 3-29 所示。

（6）调整螺钉的位置　选择螺钉上表面的圆边，建立坐标系，绕 Z 轴旋转 –1080°后再在 Z 方向上平移 –100mm，如图 3-30 所示。

（7）调整活动钳座及附在上面的钳口板和螺钉的位置　选择活动钳座上表面，建立坐标系，在 Z 方向上平移 60mm，如图 3-31 所示。

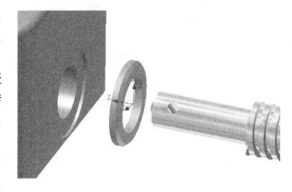

图 3-29　调整垫圈 2 的位置

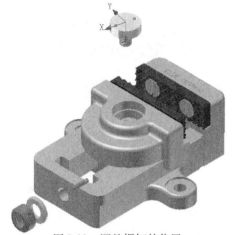

图 3-30　调整螺钉的位置

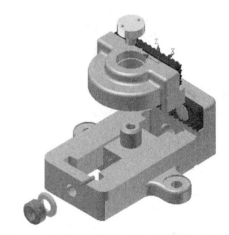

图 3-31　调整活动钳座、钳口板和螺钉的位置

（8）调整螺钉标准件的位置　选择螺钉标准件，建立坐标系，绕 Z 轴旋转 –720°后再在 Z 方向上平移 –40mm，如图 3-32 所示。用同样方法调整另一螺钉标准件。

（9）调整钳口板的位置　选择钳口板，建立坐标系，在 Y 方向上平移 20mm，如图 3-33 所示。

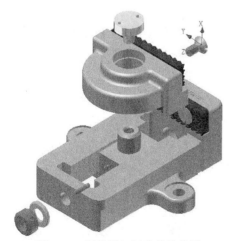

图 3-32　调整螺钉标准件的位置

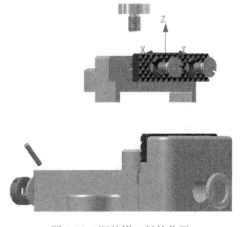

图 3-33　调整钳口板的位置

（10）调整螺母块的位置　选择螺母块，建立坐标系，在 Z 方向上平移 40mm，如图 3-34 所示。

重复步骤(8)、步骤(9)操作，调整其他螺钉标准件和另一钳口板的位置，如图 3-35 和图 3-36 所示。

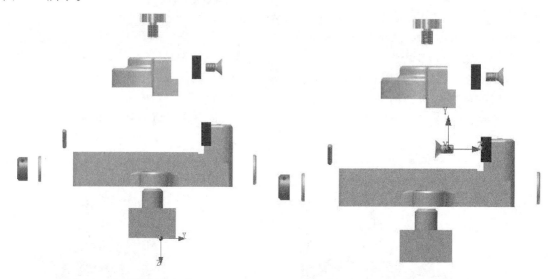

图 3-34　调整螺母块的位置 　　　　　　　图 3-35　调整固定钳座钳口板上螺钉的位置

3. 设置动作顺序

将螺钉 GB/T 68—2000 M8×16:4 的旋转和平移动作组合在一起，如图 3-37 所示。用类似的方法将所有螺钉和螺杆的旋转和平移动作组合在一起。

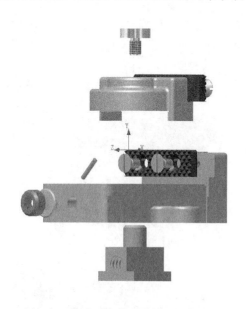

图 3-36　调整固定钳座上钳口板的位置

图 3-37　设置动作顺序

4. 照相机视角设置

（1）设置销的位置照相机　视角位置如图 3-38 所示。

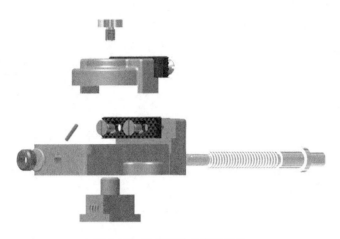

图 3-38　设置销的位置照相机

（2）设置螺杆的位置照相机　视角位置如图 3-39 所示。

其他位置的照相机设置参考光盘中的"模块三＼任务二＼机用虎钳装配过程．avi"文件。

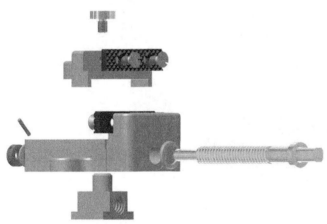

图 3-39　设置螺杆的位置照相机

5. 录制视频文件

单击"创建"工具面板上的"动画制作"按钮，弹出"动画制作"对话框，在对话框中单击"录像"命令按钮◉，弹出"另存为"对话框，保存类型选择"AVI 文件"格式，文件名输入"机用虎钳装配过程"，选择保存路径，如图 3-40 所示。单击"保存"按钮后弹出"视频压缩"对话框，在该对话框的"压缩程序"下拉列表中选择"Microsoft Video 1"，如图 3-41 所示。

单击"确定"按钮，回到"动画制作"对话框，单击"播放"命令按钮▶，完成动画录制。效果见光盘中的"模块三＼任务二＼机用虎钳装配过程．avi"文件。

【拓展练习】

为光盘中的"模块二＼任务二（拓展练习）＼球阀．iam"创建表达视图文件，如图 3-42 所示；并录制动画，效果参见"模块三＼任务二（拓展练习）＼球阀装配过程．avi"。

图 3-40   "另存为"对话框   图 3-41   "视频压缩"对话框

图 3-42   拓展练习

模 块 小 结

对于机械设计来说，一个机械产品是由很多零件组成的，一个机械产品的性能也与零件的组装质量有很大关系，所以如何让一线的组装工人正确组装机械设备是提高一个机械产品设计质量的保证。在实际生产中，工人往往是按照装配图的要求进行装配，装配图相对比较复杂，需要有一定经验的人才能明白设计者的意图。如果装配图非常复杂，即使有看图经验也要花费很长时间，Inventor 的表达视图就是为了满足这个需求而产生的。

本模块通过两个实例，介绍了如何在表达视图环境中调整零部件的位置，如何调整零部件的组装顺序，如何调整观察零部件的视角以及如何录制动画等内容。由于通过动态的形式演示部件的装配过程和装配位置，所以可以大大节省读装配图的时间，从而提高工作效率。

通过本模块的介绍，读者可以应用 Inventor 的表达视图功能来解决一系列的设计问题。但是要想让自己制作的表达视图更合理，则必须进行大量的练习。

综 合 练 习

1. 将光盘中的"模块二 \ 综合练习 \ 齿轮泵 . iam"文件进行表达视图设计，并进行动画录制，部件分解如图 3-43 所示，具体装配效果参见" \ 模块三 \ 综合练习 \ 齿轮泵 . ipn"。动画效果参见"模块三 \ 综合练习 \ 齿轮泵装配过程 . avi"。

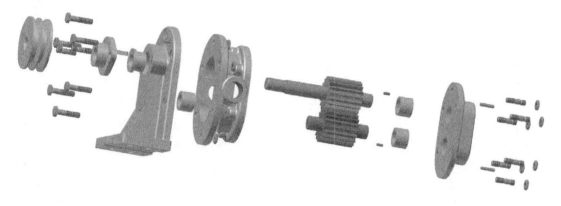

图 3-43　综合练习 1

2. 将光盘中的"模块三 \ 综合练习 \ 挖掘机臂 \ 挖掘机臂 . iam"文件进行表达视图设计，并进行动画录制，部件分解如图 3-44 所示，具体装配效果参见"模块三 \ 综合练习 \ 挖掘机臂 \ 挖掘机臂 . ipn"。动画效果参见"模块三 \ 综合练习 \ 挖掘机臂 \ 挖掘机臂装配过程 . avi"。

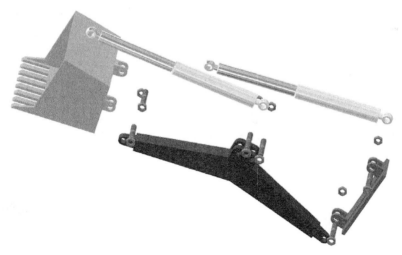

图 3-44　综合练习 2

模块四　工程图设计

【学习目标】

◆　了解工程图环境及基本设置。

◆　掌握各种视图的创建方法。

◆　掌握工程图尺寸的标注方法。

◆　掌握各种工程图注释的标注方法。

目前国内的加工制造水平还不能完全满足无图化生产加工的条件，因此工程图仍然是表达产品信息的主要媒介，是设计者与生产制造者交流的载体。如图 4-1 所示为固定钳座的工程图。Inventor 为用户提供了比较成熟和完善的工程图处理功能，可以实现二维工程图和三维实体零件模型之间的关联更新，方便了设计过程的修改。本章将通过几个实例来介绍二维工程图的创建和编辑等相关知识。

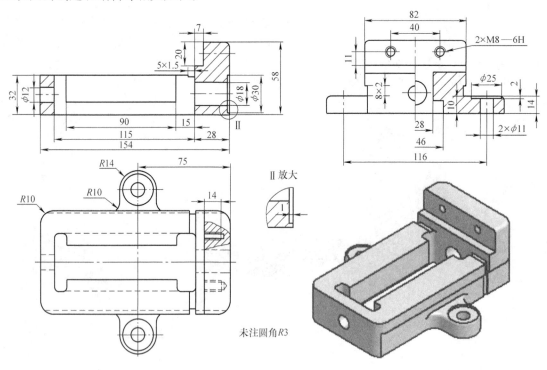

图 4-1　固定钳座的工程图

任务一　环的工程图设计

【学习目标】

◆　了解工程图环境及基本设置。

◆ 掌握基础视图和投影视图的创建方法。

◆ 掌握工程图尺寸和中心线的标注方法。

◆ 能够熟练制作环的工程图。

【任务导入】

在如图 4-2 所示环的工程图创建过程中，用到的知识有工程图环境的基本设置、基础视图与投影视图的创建、工程图的尺寸标注等相关知识。下面进入 Inventor 的工程图环境来学习在本任务中用到的新知识。

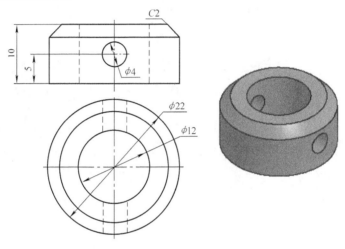

图 4-2 环的工程图

【知识准备】

一、工程图环境

1. 进入工程图环境

进入工程图环境的方法有 3 种，与前面类似，这里不再重复。

2. 用户界面

用户界面主要包括"放置视图"功能选项卡和"标注"功能选项卡，如图 4-3 所示。

3. 工程图环境设置

为了更好地创建工程图，往往需要先对工程图环境进行设置。工程图的设置主要包括以下内容。

（1）图纸设置 在工程图环境下的浏览器中，在图纸上单击右键，然后在弹出的快捷菜单中选择"编辑图纸"选项，如图 4-4a 所示。弹出"编辑图纸"对话框，在该对话框中可对图纸大小、图纸方向、标题栏位置等进行设置，如图 4-4b 所示。

（2）尺寸样式设置 在工程图环境中，单击"管理"功能选项卡下的"样式编辑器"命令按钮，弹出"样式和标准编辑器"对话框。在该对话框左侧的列表中，单击"尺寸"选项，并选择"默认（GB）"，如图 4-5 所示。该对话框中常用选项卡的设置如下。

1）"单位"选项卡。将"线性"栏的"精度"选项设置为"0"，将"角度"栏的"精度"选项设

a)

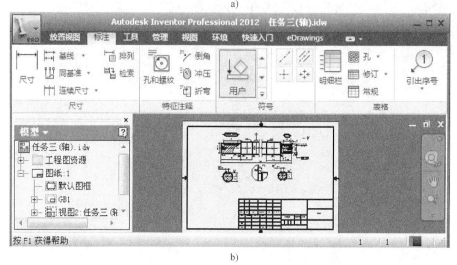

b)

图4-3　工程图环境的用户界面

a)"放置视图"功能选项卡　b)"标注"功能选项卡

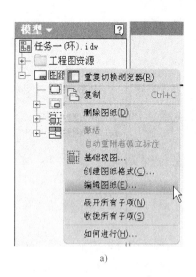

a)

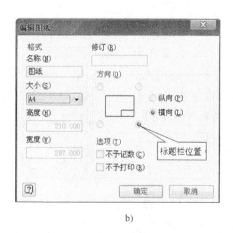

b)

图4-4　图纸设置

a) 编辑图纸　b)"编辑图纸"对话框

置为"DD"，如图4-6所示。单击对话框上方的"保存"按钮，完成"单位"选项卡的设置。

2）"显示"选项卡。将尺寸标注样式"A：延伸(E)"的值改为2mm，如图4-7所示。单击"保存"按钮，完成"显示"选项卡的设置。

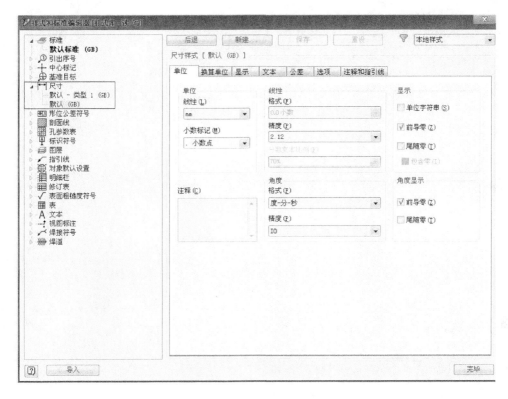

图 4-5 "样式和标准编辑器"对话框

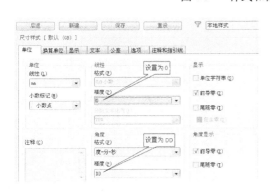

图 4-6 "单位"选项卡

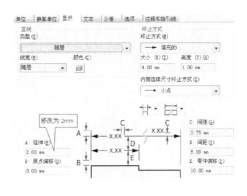

图 4-7 "显示"选项卡

3）"文本"选项卡。在"基本文本样式"下拉列表中选择"标签文本（ISO）"，在"公差文本样式"下拉列表中选择"注释文本（ISO）"，排列样式选择"底端对齐"，在"角度尺寸"栏选择"平行-水平"，"直径"样式选择"水平"，"半径"样式选择"水平"，如图 4-8 所示。单击"保存"按钮，完成"文本"选项卡的设置。

4）"公差"选项卡。公差方式选择"偏差"，在"显示选项"栏中选择"无尾随零-无符号"，在"基本单位"栏的"线性精度"下拉列表中选择"3.123"，如图 4-9 所示。单击"保存"按钮，完成"公差"选项卡的设置。

5）"注释和指引线"选项卡。指引线文本样式选择"水平"，如图 4-10 所示。单击"保存"按钮，完成"注释和指引线"选项卡的设置。

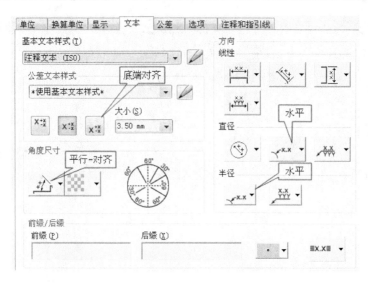

图 4-8　"文本"选项卡

（3）基准标识符号设置　在"样式和标准编辑器"对话框的列表中，选择"标识符号"，然后在右边的"名称"栏中双击"基准标识符号（GB）"选项，如图 4-11a 所示。展开"基准标识符号（GB）"选项，在对话框右边的"符号特性"栏中将"形状（S）"设置为"圆形"，如图 4-11b 所示。

（4）局部视图边界线的线宽设置　在"样式和标准编辑器"对话框的列表中，选择"图层"下的"折线（ISO）"，在对话框右边的"符号特性"栏，将"折线（ISO）"的线宽改为 0.25mm 或者 0.18mm，如图 4-12 所示。单击"保存"按钮，将折线图层设置保存。

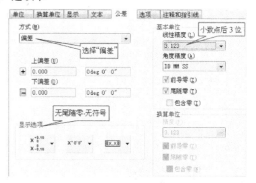

图 4-9　"公差"选项卡

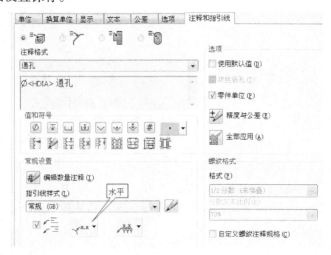

图 4-10　"注释和指引线"选项卡

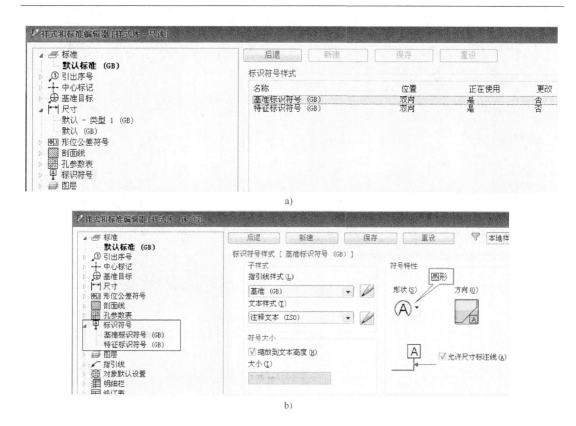

图 4-11 基准标识符号设置

a)"标识符号"选项 b)"基准标识符号"选项

图 4-12 局部视图边界线的线宽设置

(5)局部剖视图边界线的图层设置 在"样式和标准编辑器"对话框的列表中,选择"对象默认设置"下的"Unnamed Style",在对话框右边的"对象类型"栏中选中"局部剖线",将其图层由"可见(ISO)"改为"折线(ISO)",如图 4-13 所示。

4. 创建工程图模板

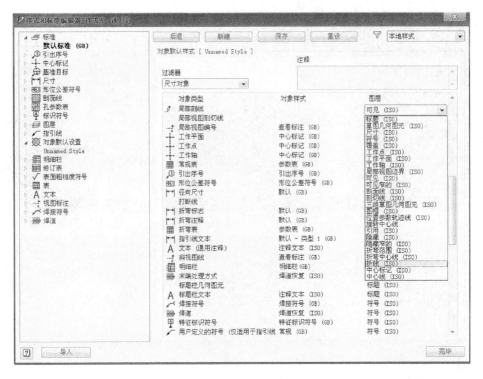

图 4-13　局部剖视图边界线的图层设置

完成上述设置后，单击"应用程序"图标上的下拉箭头，然后在弹出的下拉菜单中选择"另存为"子菜单中的"保存副本为模板"选项，如图 4-14a 所示。弹出"将副本另存为模板"对话框，文件名输入"模板 . idw"，如图 4-14b 所示，单击"保存"按钮，完成模板的创建。这时打开"新建文件"对话框，发现增加了"模板 . idw"项，如图 4-14c 所示。

二、基础视图

基础视图是工程视图的第一个视图，是其他视图的基础。在工程视图中的"放置视图"选项卡下，单击"创建"工具面板上的"基础视图"命令按钮■，弹出"工程视图"对话框，如图 4-15 所示。在该对话框中有 3 个选项卡，这里重点介绍"零部件"选项卡，其他保持默认设置。"零部件"选项卡中各项的含义如下。

（1）文件　选择用于生成基础视图的零部件文件，可以单击"打开现有文件"命令按钮■，在弹出的对话框中找到要创建基础视图的零部件文件。

（2）方向　在 Inventor 给出的多种方向中选择基础视图的方向。

（3）视图标签的可见性　用于控制视图标签（比例、标记符等）是否在工程图中显示。

（4）比例　设置视图的显示比例，可选择现有比例，也可以自行输入所需的比例。

（5）视图标识符　用于指定视图的名称，一般按默认即可。

（6）显示方式　包含"显示隐藏线"按钮、"不显示隐藏线"按钮和"着色"按钮，前两者均可和后者配合，共同确定 4 种显示方式，如图 4-16 所示。设置好以后，在视图区将鼠标移动到合适位置单击，然后单击右键，在弹出的快捷菜单中选择"完成"选项，即可完成基础视图的创建。

三、投影视图

利用投影视图可从已有视图中生成其他正交视图以及轴测视图。单击"创建"工具面板

图 4-14 创建工程图模板
a) 另存为模板 b) "将副本保存为模板"对话框 c) "新建文件"对话框

上的"投影视图"命令按钮 ，将鼠标移动到视图区，单击基础视图，移动鼠标即可在相应的方向上生成投影视图，如图 4-17a 所示。最后单击右键，在弹出的快捷菜单中选择"创建"选项，完成投影视图的创建，如图 4-17b 所示。

说明：默认状态下，由投影得到的正交视图，其比例、显示方式与父视图相同，并且与父视图对齐。如需更改，可在需更改的视图上单击右键，在弹出的快捷菜单中选择"编辑视图"选项，如图 4-18a 所示。随后弹出"工程视图"对话框，将对话框中的两个勾选去掉即可，如图 4-18b 所示。同时可以重新设置图形显示方式等。如图 4-18c 所示为更改轴测视图显示方式后的效果。

四、尺寸标注

在 Inventor 2012 中，工程图的尺寸可以通过模型尺寸和工程图尺寸来标注。

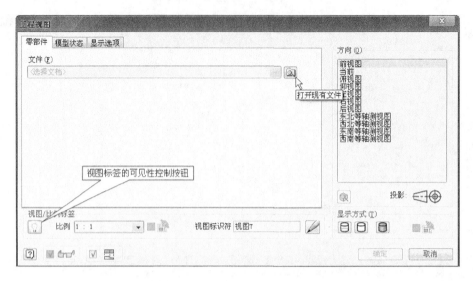

图 4-15   "工程视图"对话框

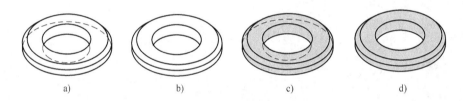

图 4-16   视图显示方式
a) 显示隐藏线不着色   b) 不显示隐藏线不着色
c) 显示隐藏线着色   d) 不显示隐藏线着色

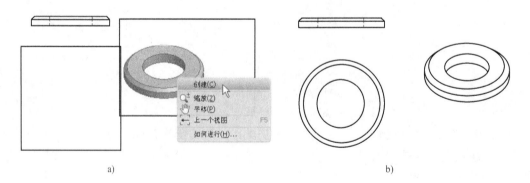

图 4-17   创建投影视图
a) 投影视图   b) 投影视图后结果

1. 模型尺寸

模型尺寸是与模型紧密联系的, 其与零件模型双向关联, 即更改工程图中的模型尺寸, 零件模型相应发生更改; 而更改零件模型, 则工程图中的尺寸也相应发生改变。在每个视图中, 只有与视图平面平行的模型尺寸才在该视图中可用。可以用"检索"工具获得模型尺寸。

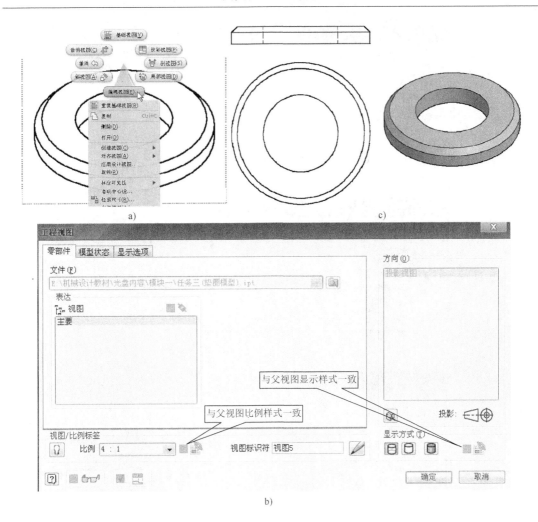

图 4-18　更改视图显示方式

a）编辑视图　b）"工程视图"对话框　c）编辑后效果

在"标注"功能选项卡下，单击"尺寸"工具面板上的"检索"命令按钮 检索，弹出"检索尺寸"对话框。在该对话框中，单击"选择视图"按钮，在视图区选择视图，如图 4-19a 所示。

选择视图后，对话框中的"选择来源"选项可用，选择"选择零件"单选按钮，再次在视图区单击视图，视图显示平行尺寸，如图 4-19b 所示。单击对话框中的"选择尺寸"按钮，在视图区选择所需尺寸，如图 4-19c 所示。单击对话框中的"确定"按钮，完成模型尺寸的检索。

2. 工程图尺寸

工程图尺寸和模型是单向关联的，即更改零件模型中的尺寸，工程图尺寸会发生变化，但是更改工程图尺寸，零件模型不会发生变化。因此工程图尺寸只是用来标注零件模型，而不能用来控制零件模型。添加工程图尺寸的工具有"通用尺寸"、"孔和螺纹标注"、"倒角标注"等。

（1）通用尺寸　"通用尺寸"命令按钮 尺寸 位于"标注"功能选项卡下的"尺寸"工具面板

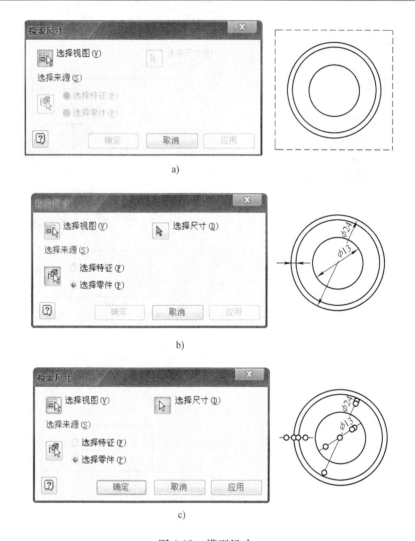

图 4-19　模型尺寸

a）选择视图　b）选择零件　c）选择尺寸

上，可用来进行线性尺寸标注、圆弧标注、角度标注等，其标注方法与草图中标注方法相同，这里不再赘述。

（2）孔和螺纹标注　"孔和螺纹"命令按钮 位于"标注"功能选项卡下的"特征注释"工具面板上。应用时，先单击"孔和螺纹"按钮，再在视图区选择需要标注的孔或者螺纹，将鼠标引导到合适位置后单击，即可完成孔和螺纹的标注，如图 4-20 所示。

（3）倒角标注　"倒角"命令按钮 倒角 位于"标注"功能选项卡下的"特征注释"工具面板上。应用时，先单击"倒角"按钮，再在视图区需要标注的倒角上分两次拾取倒角边，如图 4-21 所示。

五、中心线标注

在机械制图中离不开中心线标注，可以通过"中心线"按钮给图形添加中心线标注。"中心线"按钮位于"符号"工具面板的右侧，包括中心线、对称中心线、中心标记和中心阵列标记，如图 4-22 所示。

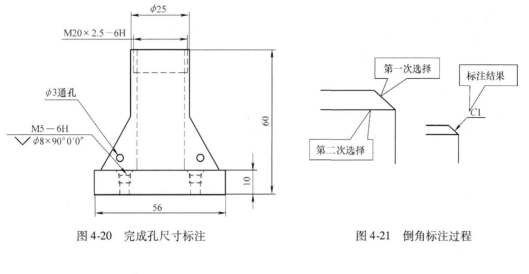

图 4-20　完成孔尺寸标注　　　　　　　　　　　图 4-21　倒角标注过程

图 4-22　"中心线"按钮

（1）中心线　单击"中心线"命令按钮 ✎ 后，在需要注释中心线的位置用鼠标感应中心线的第一个点（绿色）后单击，然后再感应第二个点后单击，将鼠标引导到合适位置，单击右键，在弹出的快捷菜单中选择"创建"选项，完成中心线的绘制，如图 4-23 所示。

图 4-23　中心线添加过程

（2）对称中心线　单击"对称中心线"命令按钮 ✎ 后，在视图上先后单击需要对称中心线注释的两条边，然后单击右键，在弹出的快捷菜单中选择"完毕"选项，完成对称中心线的注释，如图 4-24 所示。单击中心线，用鼠标拖动夹持点可将其拉长或缩短，如图 4-25 所示。

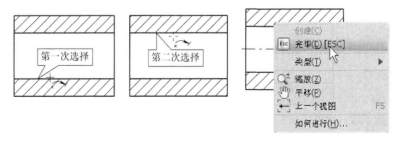

图 4-24　对称中心线添加过程

（3）中心标记　单击"中心标记"命令按钮 ⊞ 后，在视图上单击需要注释中心标记的圆或者圆弧，即可添加中心标记，如图 4-26 所示。

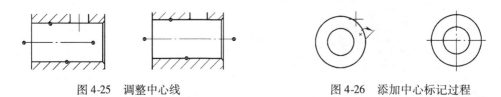

　　图 4-25　调整中心线　　　　　　　　　　　　　　图 4-26　添加中心标记过程

　　（4）中心阵列标记　单击"中心阵列标记"命令按钮⊞后，先单击阵列中心圆，再依次单击阵列对象，最后单击右键，在弹出的快捷菜单中选择"创建"选项，完成中心阵列标记的注释，如图 4-27 所示。

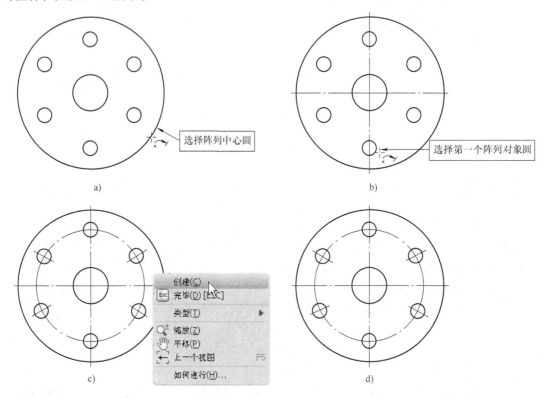

图 4-27　中心阵列标记添加过程

【任务实施】

　　（1）创建基础视图　利用前面创建的模板新建工程图文件，选择 A4 图纸并创建基础视图，零件文件选择光盘中的"模块二＼任务二＼环.ipt"，视图比例设置为"3∶1"，视图方向选择"仰视图"，显示方式选择"显示隐藏线"，结果如图 4-28 所示。

　　（2）创建投影视图　选择上一步创建的基础视图创建投影视图，如图 4-29 所示。

　　（3）添加中心线　利用"对称中心线"和"中心标记"工具为视图添加中心线，如图 4-30 所示。

　　（4）尺寸标注　利用"通用尺寸"工具、"倒角注释"工具为视图添加尺寸标注，如图 4-31 所示。

　　（5）创建轴测图　利用投影视图创建轴测图，如图 4-32 所示。

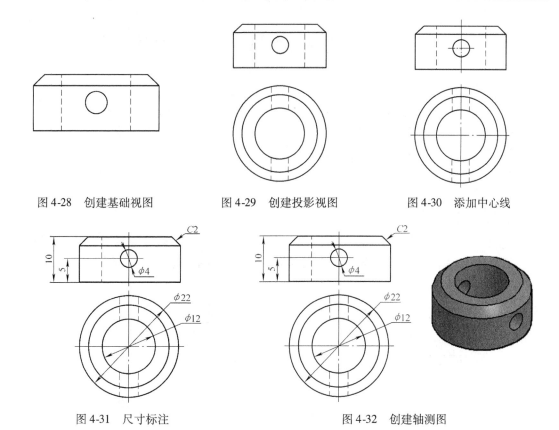

图 4-28 创建基础视图　　图 4-29 创建投影视图　　图 4-30 添加中心线

图 4-31 尺寸标注　　　　图 4-32 创建轴测图

【拓展练习】

绘制如图 4-33 所示零件并制作工程图。

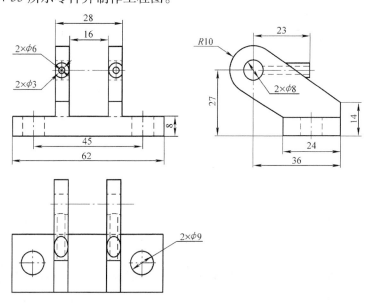

图 4-33 拓展练习

任务二　活动钳身的工程图设计

【学习目标】

◆　掌握工程图中剖视图、局部剖视图、斜视图和局部视图的制作方法。
◆　掌握尺寸标注的修改方法。
◆　掌握文本工具的使用方法。
◆　能够熟练制作活动钳身的工程图。

【任务导入】

在如图4-34所示活动钳身的工程图制作过程中，用到的知识有剖视图、局部视图、局部剖视图、斜视图、尺寸标注的编辑、文本工具等。在创建活动钳身工程图之前，先来学习在本任务中用到的新知识。

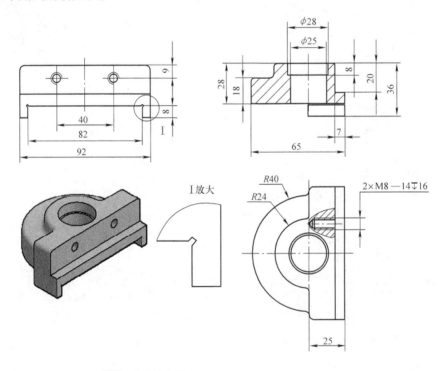

说明：未注圆角R3。

图 4-34　活动钳身工程图

【知识准备】

一、剖视图

剖视图用来表达零部件的内部形状结构。机械制图标准中剖切面有单一剖切面、多个平行剖切面和多个相交剖切面3种。在Inventor中是利用"剖视"命令按钮 来制作剖视图，制作的剖视图分别对应如下3种。

（1）全剖视图　单击"创建"工具面板上的"剖视"命令按钮，在视图区单击视图，用鼠标感应如图 4-35a 所示边线中点，不要单击鼠标，将鼠标向左水平移动，出现一条过中点的虚线，移动鼠标到合适位置并单击，得到剖切面的第一个点，如图 4-35b 所示。向右移动鼠标，出现剖切线，移动鼠标至合适位置并单击，得到剖切面的第二个点，向下引导光标至合适位置，单击右键并在弹出的快捷菜单中选择"继续"选项，如图 4-35c 所示。弹出"剖视图"对话框（在此对话框中可以设置比例、显示方式等，与前面类似），如图 4-35d 所示，选择默认设置。在视图区，引导光标到合适位置，如图 4-35e 所示，单击鼠标，完成剖视图创建，结果如图 4-35f 所示。

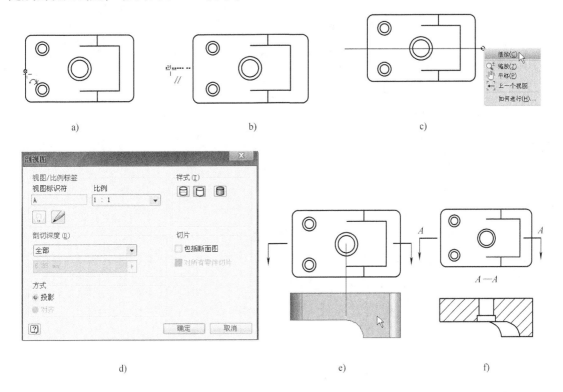

图 4-35　创建全剖视图
a）剖切面位置　b）找到剖切面的第一个点　c）找到剖切面的第二个点
d）"剖视图"对话框　e）创建剖视图过程　f）剖视结果

（2）旋转剖视图　步骤跟全剖视图差不多，区别是剖切面的引导。旋转剖视图的剖切面引导如图 4-36a 所示，最后结果如图 4-36b 所示。

（3）阶梯剖视图　剖切面引导如图 4-37a 所示，最后结果如图 4-37b 所示。

说明：制作剖视图后会在视图中产生剖切线标记和视图标签，如果不需要可以去除。方法是双击剖视图，在弹出的"工程视图"对话框的"显示选项"选项卡中取消对"在基础视图中显示投影线"复选框的勾选，并且关闭"切换标签的可见性"，如图 4-38 所示。

二、局部剖视图

局部剖视图是指用剖切面局部剖开零部件所得到的视图，用来表达指定区域的内部结构。制作局部剖视图的步骤如下。

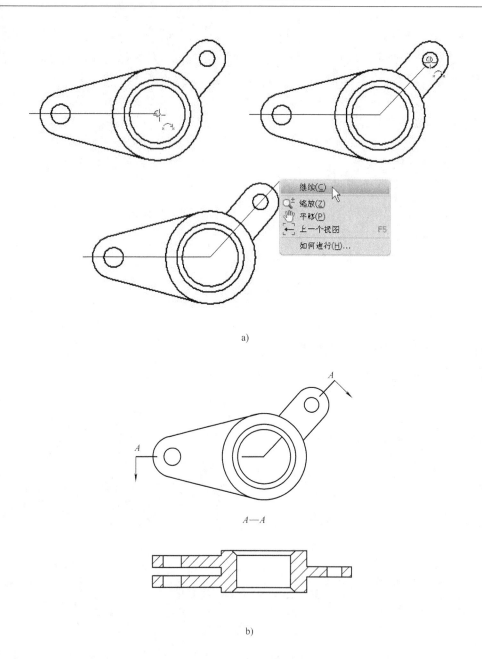

图 4-36 创建旋转剖视图

a）旋转剖过程 b）旋转剖结果

（1）绘制草图 选择需要局部剖视的视图后，单击"草图"工具面板上的"创建草图"按钮，用样条曲线绘制如图 4-39a 所示草图，完成草图后退出草图环境。

（2）制作局部剖视图 单击"修改"工具面板上的"局部剖视图"命令按钮 后，再单击需要局部剖视的视图，绘制的草图亮显，同时弹出"局部剖视图"对话框。在该对话框的"深度"下拉列表中选择"自点"选项，在俯视图中找到如图 4-39b 所示点并单击，最后单击对话框中的"确定"按钮，完成局部剖视图的创建，结果如图 4-39c 所示。

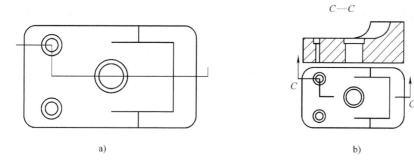

图 4-37　创建阶梯剖视图

a）阶梯剖的剖切面线　b）阶梯剖结果

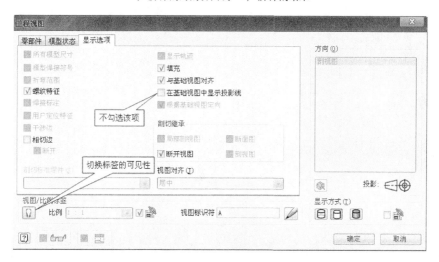

图 4-38　隐藏视图投影线及标签

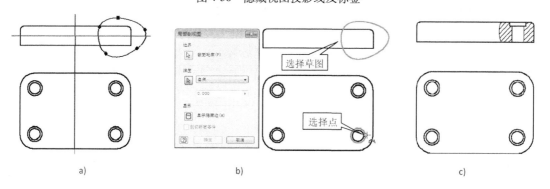

图 4-39　创建局部剖视图

a）绘制草图　b）局部剖视图创建过程　c）局部剖视结果

三、斜视图

斜视图一般用于表达零部件上不平行于基本投影面的结构，适合表达零部件上的斜表面的实形，也可用来制作某一方向上的向视图。

单击"创建"工具面板上的"斜视图"命令按钮，然后在视图区单击视图，弹出

"斜视图"对话框（在此对话框中可以设置比例、显示方式等，与前面类似）；在该对话框的"样式"栏，选择"不显示隐藏线"，如图 4-40a 所示。在视图上选择一条边作为斜视图的投影方向，然后在垂直于选择边或平行于选择边的方向上移动鼠标，来创建不同方向上的斜视图，如图 4-40b 所示。在合适位置单击，完成斜视图的创建。可用鼠标将父视图中的投影线以及斜视图中的标签拖动到合适位置，结果如图 4-40c 所示。

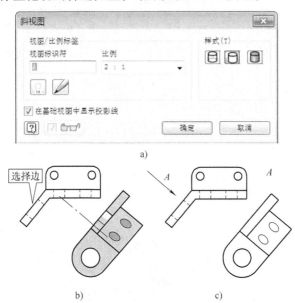

图 4-40　创建斜视图

a）"斜视图"对话框　b）选择斜视图方向　c）投影斜视图结果

四、局部视图

Inventor 中的局部视图是局部放大视图，它将零部件的部分结构用大于原图形所采用的比例绘出，以更好地表达零部件上尺寸相对较小的结构。局部视图的创建方法如下。

单击"创建"工具面板上的"局部视图"命令按钮 ，在视图区单击需要局部放大的视图，弹出"局部视图"对话框。在该对话框中，将"视图标识符"设为"Ⅰ"；"比例"设为"4∶1"；轮廓形状选择"圆形" ；切断形状选择"平滑过渡"，如图 4-41a 所示。

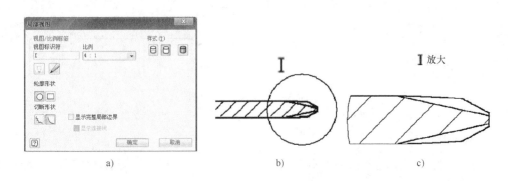

图 4-41　创建局部视图

a）"局部视图"对话框　b）需局部放大的位置　c）局部放大视图

在视图上需要放大的区域单击，拖动鼠标至合适位置并单击，如图4-41b所示。拖动鼠标将放大视图移动到合适位置后，单击鼠标，完成局部放大视图的创建，结果如图4-41c所示。

提示：创建局部放大视图后，其剖面线密度也被同比例放大，需要进行修改。方法是在剖面线上单击右键，在弹出的快捷菜单中选择"编辑"选项，如图4-42a所示。系统弹出"编辑剖面线图案"对话框，在该对话框中将剖面线的比例修改为0.25，如图4-42b所示，然后单击"确定"按钮完成修改。

a)　　　　　　　　　　　　　　　　　b)

图4-42　修改剖面线比例

a）编辑剖面线　b）"编辑剖面线图案"对话框

五、尺寸标注的编辑

尺寸标注以后，有时自动标注的尺寸不是用户所需要的，这就需要对尺寸进行编辑。尺寸的编辑包括尺寸的删除、尺寸的位置调整和尺寸的修改等。

（1）尺寸标注的删除　单击需要删除的尺寸，然后在键盘上按下Delete键或者在需要删除的尺寸上单击右键，然后在弹出的快捷菜单中选择"删除"选项。

（2）尺寸的位置调整　将需要调整的尺寸用鼠标拖动到合适位置松开即可。

（3）尺寸标注的修改　以图4-43为例介绍尺寸的修改方法。

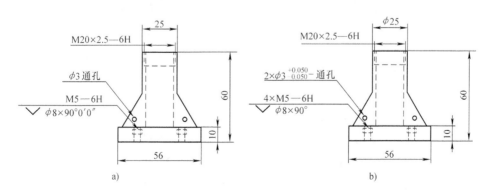

a)　　　　　　　　　　　　　　　　　b)

图4-43　尺寸标注修改前后比较

a）修改前　b）修改后

1）直径 φ25 的修改。双击需要修改的尺寸，弹出"编辑尺寸"对话框。在该对话框的"文本"选项卡中，移动光标至标注尺寸的前面，单击"插入符号"命令按钮 ▪ ▪ 上的箭头，展开符号列表，选择直径符号 φ，如图 4-44 所示。最后单击对话框中的"确定"按钮，完成尺寸的修改。

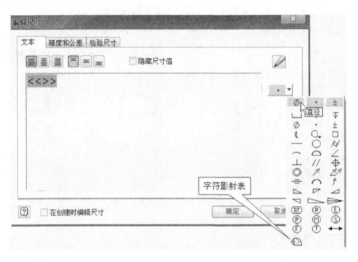

图 4-44　　直径 φ25 的修改

2）φ3 通孔的修改。双击需要修改的尺寸，弹出"编辑孔注释"对话框，将光标移动到文本前面，输入"2 \ U + 00d7"，其中" \ U + 00d7"是乘号的代码（也可通过字符影射表查询得到），在插入常用符号列表里没有乘号，因此需要用户记住乘号的代码。然后在"通孔"文本前面加上"－"字符。单击"编辑孔注释"对话框中的"精度与公差"按钮，弹出"精度与公差"对话框。在该对话框中，勾选"使用零件公差"复选框，如图 4-45 所示。先单击"精度与公差"对话框中的"确定"按钮，再单击"编辑孔注释"对话框中的"确定"按钮，完成尺寸的修改。

3）螺纹孔尺寸的修改。双击需要修改的尺寸，弹出"编辑孔注释"对话框。在该对话框中，单击"精度与公差"按钮，弹出"精度与公差"对话框。在该对话框中，取消对

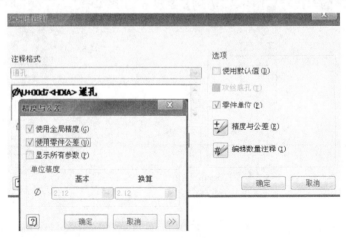

图 4-45　φ3 通孔的修改

"使用全局精度"复选框的勾选，找到"倒角孔"选项的"基本"栏，将其精度设置为整数，即选择"0"选项，如图 4-46 所示。单击"确定"按钮，完成尺寸的修改。

六、文本工具

文本工具常用来填写标题栏、书写技术要求。单击"文本"工具面板上的"文本"命令按钮 A，在视图区适当位置单击并拖曳一方框，释放左键后弹出"文本格式"对话框（该对话框的设置与 Word 类似）。在该对话框的"字体"下拉列表中选择"仿宋_GB2312"选项，输入如图 4-47 所示文本，然后单击"确定"按钮，完成文本创建。如果要编辑文本，只需在文本上双击，即可重新打开"文本格式"对话框进行编辑操作。

图 4-46 精度与公差设置

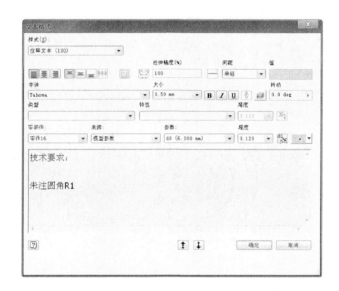

图 4-47 输入文本

【任务实施】

（1）创建基础视图 利用前面创建的模板新建工程图文件，创建基础视图。零件文件选择光盘中的"模块二 \ 任务二 \ 活动钳身 . ipt"文件，视图比例设置为"1∶2"，视图方向选择"前视图"，显示方式选择"不显示隐藏线"，结果如图 4-48 所示。

（2）创建剖视图 选择上一步创建的基础视图，过圆心创建剖视图，然后去掉视图标签和剖视符号，结果如图 4-49 所示。

（3）创建投影视图 选择上一步创建的剖视图，创建其投影视图，结果如图 4-50 所示。

（4）创建局部剖视图 首先在基础视图上创建如图 4-51 所示草图，然后单击"修改"工具面板上的"局部剖视图"按钮，弹出"局部剖视图"对话框。在对话框中，深度选择"至孔"方式，并选择投影右视图中的孔，如图 4-52 所示。完成局部剖视图的创建后，将局部剖视图的剖面线比例设置为 0.5，最终结果如图 4-53 所示。

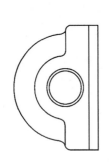

图 4-48　创建基础视图

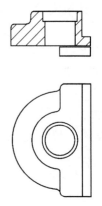

图 4-49　创建剖视图

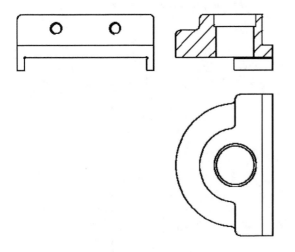

图 4-50　创建投影视图

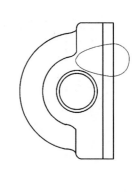

图 4-51　创建草图

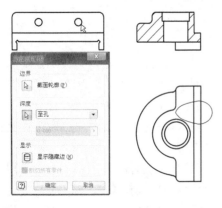

图 4-52　创建局部剖视图

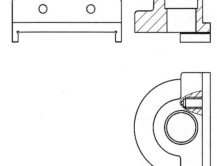

图 4-53　创建局部剖视图结果

（5）创建局部视图 为投影的右视图添加局部视图，如图 4-54 所示。

（6）添加中心线 为视图添加中心线标注，如图 4-55 所示。

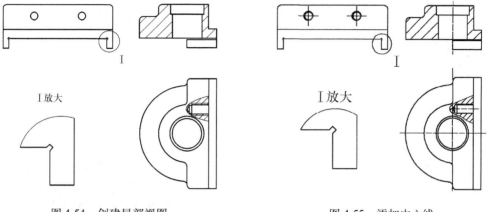

图 4-54 创建局部视图   图 4-55 添加中心线

（7）添加尺寸标注和技术要求 为视图添加尺寸标注和技术要求，如图 4-56 所示。

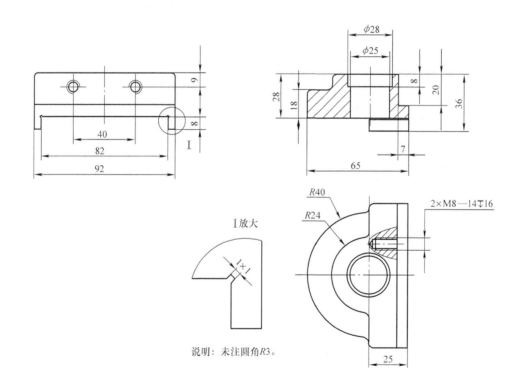

图 4-56 添加尺寸标注和技术要求

（8）创建轴测图 为视图创建轴测图，最终结果如图 4-34 所示。

【拓展练习】

为机用虎钳中的固定钳座零件制作工程图，如图 4-57 所示。

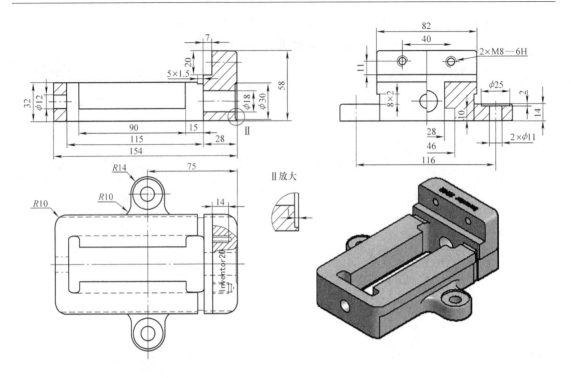

图 4-57　拓展练习

任务三　轴的工程图设计

【学习目标】

◆　掌握断面图和断裂画法的操作方法。

◆　掌握常用机械技术要求的添加方法。

◆　能够熟练制作轴的工程图。

【任务导入】

在如图 4-58 所示轴类零件的工程图制作过程中，由于轴一般比较长，并且轴上都有键槽，再用原来的办法往往不能准确表达出设计要求。在此可以用断面图和断裂画法来实现设计表达。下面学习在本任务中用到的新知识。

【知识准备】

一、断裂画法

当零部件视图超出工程图的长度，而调整比例以适合工程图后，又会使零部件视图变得过小，影响其他部分的表达。这种情况下，采用将零件结构相同部分的某一段删除，以符合工程图大小，这种方法就是工程图表达中的"断裂画法"。

单击"创建"工具面板上的"断裂画法"命令按钮，在视图区单击需要断裂画法的视图，弹出"断开视图"对话框，选择默认设置，如图 4-59a 所示。在视图区的视图的合适

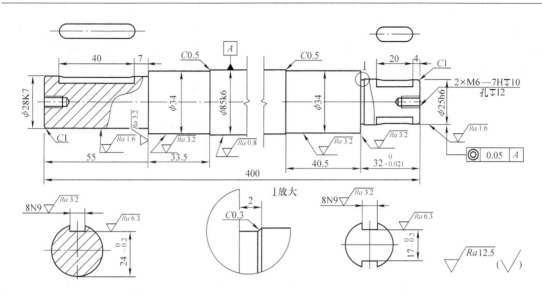

图 4-58　轴的工程图

位置单击，然后移动鼠标，如图 4-59b 所示。将鼠标移动到合适位置再次单击，完成断裂视图的创建，最后结果如图 4-59c 所示。

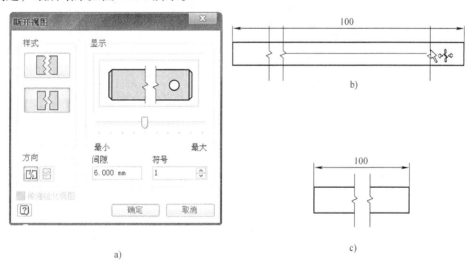

图 4-59　创建断裂视图

a）"断开视图"对话框　b）选择断裂位置　c）断裂视图

二、断面图

创建零件某一点的断面图，是机械工程图中常见的表达方式，特别是杆类和轴类零件的工程图。在 Inventor 中制作断面图需要如下 3 个步骤。

（1）创建草图　选择主视图，单击"创建草图"按钮，在图示位置绘制一条直线，如图 4-60a 所示，完成草图后退出草图环境。

（2）制作断面图　单击"修改"工具面板上的"断面图"命令按钮，先单击需要断面显示的视图（左视图），弹出"切片"对话框，再单击绘制的草图，如图 4-60b 所示。最后单击"确定"按钮，完成断面图的创建，如图 4-60c 所示。

（3）调整断面图位置　此时完成的断面图位置不符合机械制图标准，需要调整。在完成的断面图上单击右键，然后在弹出的快捷菜单中，选择"对齐视图"子菜单中的"断开"选项，如图 4-60d 所示。拖动该视图到主视图下方，如图 4-60e 所示。移动视图后，视图中多了向视图的符号与视图标签，需要将其去掉，最终结果如图 4-60f 所示。

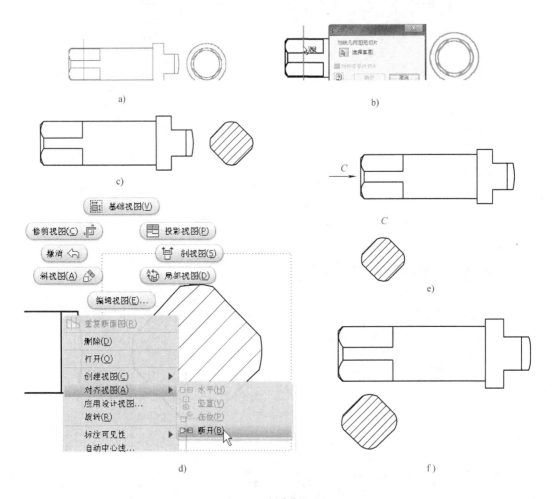

图 4-60　创建断面图

a）创建断面图草图　b）断面图创建过程　c）初步创建断面图　d）断开断面图
e）移动断面图　f）断面图完成后效果

三、视图的修剪

创建工程图时，在个别情况下不需要显示整个投影，而是其中的一部分，这时可以用"修剪"命令来完成。视图的修剪需要以下两个步骤。

（1）创建草图　单击"草图"工具面板上的"创建草图"命令按钮 ，进入草图环境，利用样条曲线绘制如图 4-61a 所示封闭图形。单击"退出"工具面板上的"完成草图"按钮，完成草图的创建。

（2）修剪视图　单击"修改"工具面板上的"修剪"命令按钮 ，选择视图中的草图，草图变为红色后单击，完成视图的修剪，结果如图 4-61b 所示。

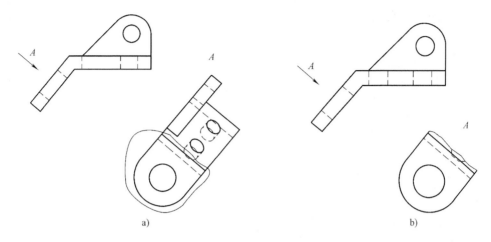

图 4-61　视图的修剪

a）创建草图　b）修剪视图后结果

说明：修剪视图的方法，除了上面提到的用草图修剪外，还可以直接单击"修剪"命令后，再单击需要修剪的视图，然后在视图上采用框选的方法指定修剪范围，如图 4-62 所示。

另外，视图的修剪也可通过设置视图图元的可见性来完成。方法是在需要修剪的视图上用右键单击，然后在弹出的快捷菜单中将"可见性"前面的对号去掉，如图 4-63 所示。

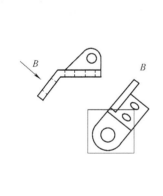

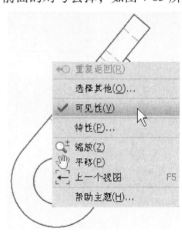

图 4-62　栏选方式修剪视图　　　　　图 4-63　隐藏视图图元

四、常用符号的标注

为保证零件的加工质量，通常在零件的工程图中有零件的表面粗糙度、形位公差等技术要求，这些技术要求在 Inventor 中是通过"标注"功能选项卡下的"符号"功能面板上的各按钮来进行标注的。单击"符号"工具面板上的箭头，展开常用符号按钮，如图 4-64 所示。下面讲解常用的几个符号。

注意：按照国家标准，形位公差应改为几何公差，但为与软件一致，本书仍用形位公差。

（1）表面粗糙度　它是描述零件表面的光滑程度的参数。标注时先单击"表面粗糙度符号"命令按钮，并选择需要标注的几何要素，如图 4-65a 所示；单击右键并在弹出的快捷菜单中选择"继续"选项，如图 4-65b 所示，系统弹出"表面粗糙度符号"对话框；在该对话框中按表面粗糙度要求输入数值，如图 4-65c 所示；然后单击"确定"按钮完成标注，结果如图 4-65d 所示。

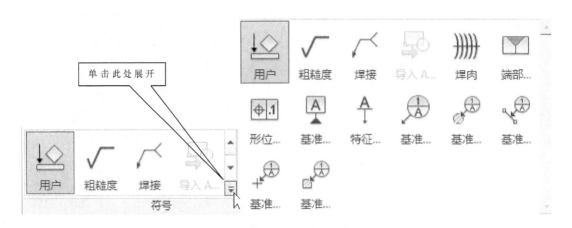

图 4-64　常用符号注释

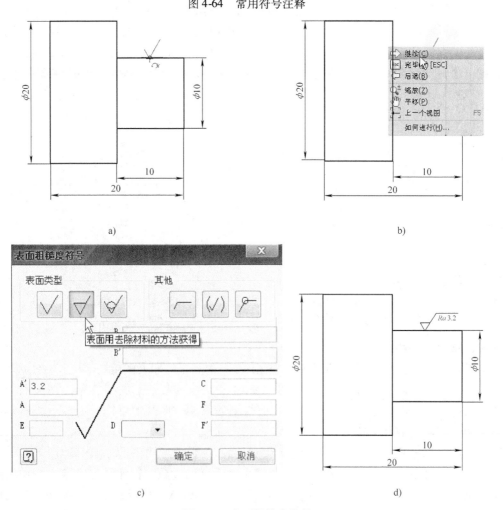

图 4-65　表面粗糙度注释

a）选择标注要素　b）选择"继续"选项　c）"表面粗糙度符号"对话框　d）完成表面粗糙度设置

（2）形位公差　它是描述构成零件几何特征的点、线、面的实际形状或相互位置与理想零件的形状或位置之间差异的参数。标注时先单击"形位公差符号"命令按钮，并选择需要标注的几何要素，如图 4-66a 所示；单击右键并在弹出的快捷菜单中选择"继续"选项，弹出"形位公差符号"对话框，在对话框中按相应要求输入数值，如图 4-66b 所示；然后单击"确定"按钮完成标注，如图 4-66c 所示。

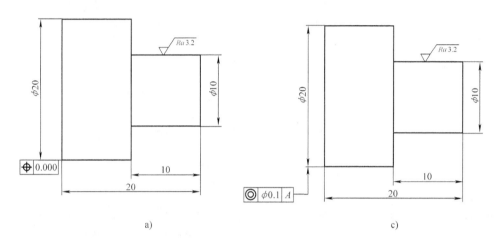

a)　　　　　　　　　　　　　　c)

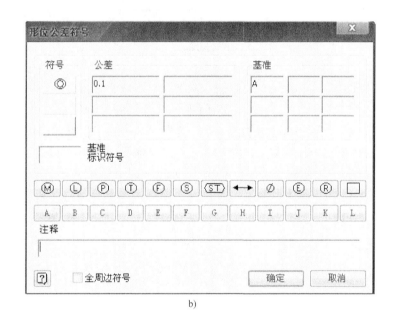

b)

图 4-66　标注形位公差

a）选择标注要素　b）"形位公差符号"对话框　c）完成形位公差标注

（3）基准标识符号　它是确定形位公差的参考对象。标注时先单击"基准标识符号"命令按钮，并选择需要标注的几何要素，如图 4-67a 所示；单击右键并在弹出的快捷菜单中选择"继续"选项，弹出"文本格式"对话框，在对话框中按相应要求输入 A，然后单击"确定"按钮完成标注，适当调整位置，如图 4-67b 所示。

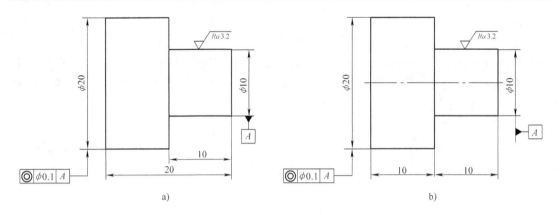

图 4-67   基准标识符号

a）选择标注要素   b）完成基准标识符号设置

【任务实施】

（1）创建视图   利用前面创建的模板新建工程图文件，创建基础视图。零件文件选择光盘中的"模块四＼轴．ipt"文件，视图比例设置为"1:2"，视图方向选择"仰视图"，显示方式选择"不显示隐藏线"。完成基础视图创建后，投影俯视图，结果如图 4-68 所示。

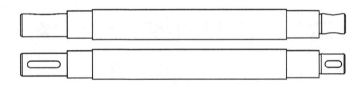

图 4-68   创建基础视图和投影视图

（2）视图修剪   用框选的方法修剪视图，如图 4-69a 所示。将矩形框隐藏后调整视图位置。然后再次投影俯视图，重复上述操作，最终视图结果如图 4-69b 所示。

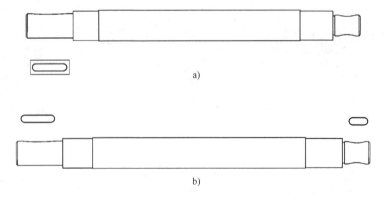

a)

b)

图 4-69   视图修剪

a）框选方式修剪视图   b）调整视图位置

（3）创建断面图   首先投影左、右两个视图，然后在主视图上创建两个草图，即分别在键槽位置画一条直线，如图 4-70a 所示。将两个投影视图分别创建断面图，完成后断开视图，去掉视图标签，将其调整到如图 4-70b 所示位置。

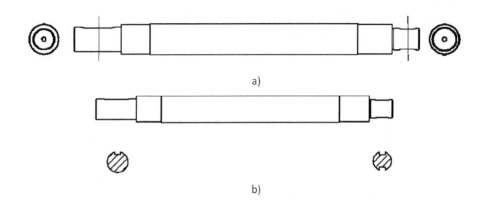

图 4-70 创建断面图

a）投影视图并创建草图 b）创建断面图并调整位置

（4）创建断裂视图 由于轴比较长，需要制作断裂画法，如图 4-71a 所示。此时发现后面的图形位置没动，说明断裂画法只是改变了图形显示，并没有改变原零件的尺寸。将后面的图形断开视图连接并调整位置，如图 4-71b 所示。

图 4-71 创建断裂视图

a）断裂画法 b）调整视图位置

（5）创建局部剖视图 首先绘制如图 4-72a 所示的草图，在"局部剖视图"对话框中，

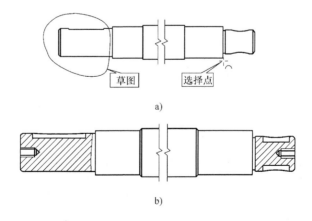

图 4-72 创建局部剖视图

a）局部剖视图设置 b）创建轴左、右两端局部剖视图

剖视图深度选"自点",选择如图 4-72a 所示的点。重复上一步操作,在轴的另一端创建局部剖视图,结果如图 4-72b 所示。

（6）创建局部视图　创建如图 4-73 所示的局部视图。

（7）添加中心线　为视图添加中心线,如图 4-74 所示。

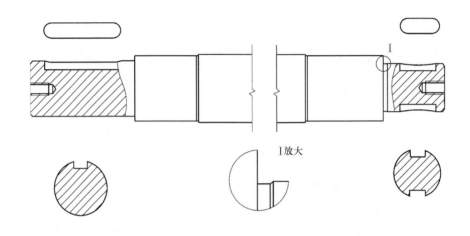

图 4-73　创建局部视图

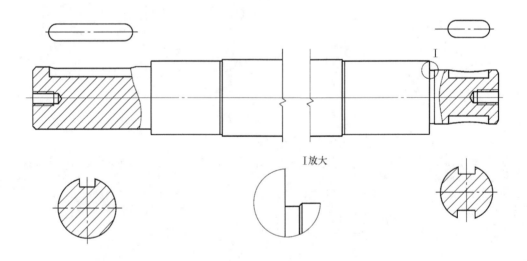

图 4-74　添加中心线

（8）添加尺寸标注　为视图添加尺寸标注和相应工程图注释,最终结果如图 4-58 所示。

【拓展练习】

为光盘中的"模块一\综合练习\阀杆.ipt"零件创建工程图,如图 4-75 所示。

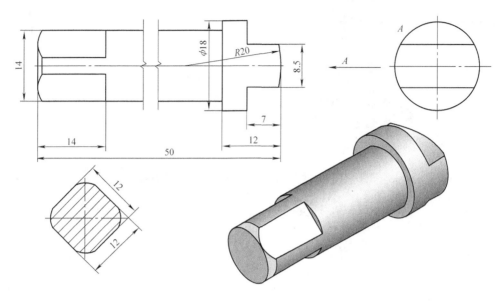

图 4-75 拓展练习

任务四 机用虎钳的爆炸图设计

【学习目标】

◆ 掌握工程图中引出序号的创建与编辑方法。
◆ 掌握工程图环境下明细栏的创建与编辑方法。
◆ 能够熟练制作机用虎钳的爆炸图。

【任务导入】

在机械设计中，工程技术人员往往需要将三维的数字化零部件转换成二维的工程图，以便全面地表达产品的设计思想、装配方法等信息，并指导生产制造。这其中能准确表达装配信息的当属爆炸图，图 4-76 所示是机用虎钳的爆炸图。爆炸图中除了包含各零部件之间的装配关系外，还包含了零部件的引出序号、明细栏。下面来学习相关知识。

【知识准备】

创建部件的工程图后，需要向该视图中的零部件添加引出序号和明细栏。明细栏在部件记录过程中具有非常重要的作用，它显示构成部件的零部件以及它们的数量、材料和其他一些需要传达的特性。引出序号就是一个标注标记，用来标示明细栏中列出的每一个项目，引出序号的编号对应于明细栏中的部件序号，如图 4-76 所示。下面介绍如何制作引出序号和明细栏。

一、引出序号

（1）添加引出序号 引出序号的添加有"手动方式"和"自动方式"两种，如图 4-77 所示。由于采用手动方式添加引出序号，一次只能给一个零部件添加引出序号，比较繁琐，

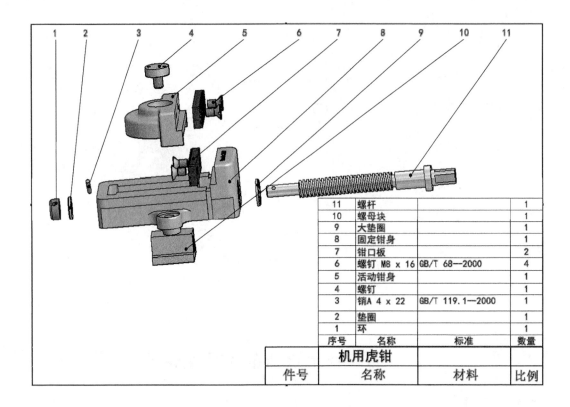

11	螺杆		1
10	螺母块		1
9	大垫圈		1
8	固定钳身		1
7	钳口板		2
6	螺钉 M8 x 16	GB/T 68—2000	4
5	活动钳身		1
4	螺钉		1
3	销A 4 x 22	GB/T 119.1—2000	1
2	垫圈		1
1	环		1
序号	名称	标准	数量
	机用虎钳		
件号	名称	材料	比例

图 4-76　机用虎钳的爆炸图

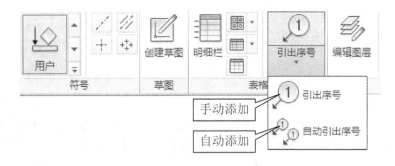

图 4-77　引出序号图标

所以一般使用自动方式添加引出序号。对于手动引出序号，本书不作介绍。

采用自动方式添加引出序号，可以一次将所有零部件都添加引出序号。单击"自动引出序号"命令按钮，弹出"自动引出序号"对话框，如图 4-78a 所示。先选择视图，再栏选已选视图中的所有零部件，在对话框的"放置尺寸"栏中选择"竖直"单选按钮，单击 命令按钮，在视图区将引出序号控制点引导至合适位置后单击，释放引出序号，最后单击对话框中的"确定"按钮，完成引出序号的自动创建，过程如图 4-78b ~ e 所示。

（2）更改引出序号的箭头　拖动引出序号的起点箭头引导至零部件内部，释放鼠标左键后引出序号的箭头会自动变为圆点，如图 4-79a 所示。此时的圆点为大圆点，在视图中不协调，通过编辑引出序号将其变为小圆点。

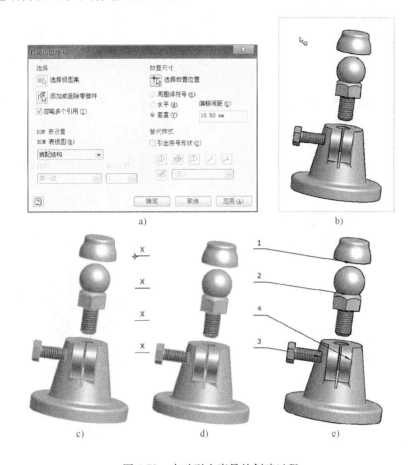

图 4-78　自动引出序号的创建过程

a)"自动引出序号"对话框　b) 选择视图集　c) 选择零部件　d) 释放引出序号

e) 完成引出序号的创建

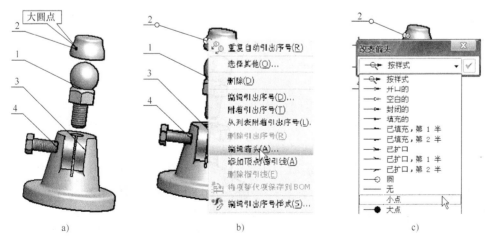

图 4-79　更改引出序号的箭头

a) 引出序号的箭头以大圆点显示　b) 编辑箭头　c) 选择"小点"选项

　　方法是：首先将鼠标悬停在引出序号的圆点处，待其变为红色时单击右键，在弹出的快捷菜单中选择"编辑箭头"选项，如图 4-79b 所示。系统弹出"改变箭头"对话框，单击对话框中的下拉箭头，在弹出的下拉列表中选择"小点"选项，如图 4-79c 所示。然后单击下拉列表右边的 按钮，完成箭头的编辑。重复命令完成其他引出序号的箭头编辑。

　　（3）从左至右按顺序排列引出序号　在需要编辑的引出序号上单击右键，然后在弹出的快捷菜单中选择"编辑引出序号"选项，弹出"编辑引出序号"对话框，在"引出序号值"栏的"项目"文本框中将原来的数值"2"改为"1"，如图 4-80a 所示。单击"确定"按钮，完成引出序号的编辑。重复操作，完成其他引出序号的编辑，结果如图 4-80b 所示。

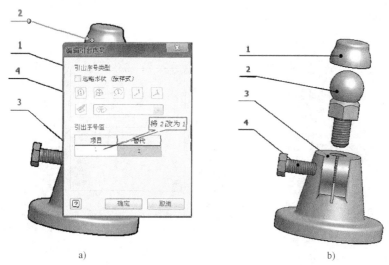

图 4-80　按顺序排列引出序号
a) 更改引出序号值　b) 编辑其他引出序号

　　（4）将引出序号对齐　对引出序号调整位置后，一般要将引出序号对齐。方法是：从右下至左上栏选引出序号，注意不要选择视图，图 4-81a 为视图、引出序号同时选中的情况；图 4-81b 为只选中引出序号的情况；在选中的引出序号上单击右键，然后在弹出的快捷菜单的"对齐"子菜单中选择"竖直"选项，如图 4-81c 所示；最后结果如图 4-81d 所示。

　　注意：将引出序号对齐只适用于水平或竖直对齐，不适用于环形分布的引出序号。

二、明细栏

　　（1）创建明细栏　单击"表格"工具面板上的"明细栏"命令按钮 ，弹出"明细栏"对话框，在视图区选择视图，如图 4-82a 所示。然后单击对话框中的"确定"按钮，在视图区合适位置单击，创建明细栏，结果如图 4-82b 所示。

　　（2）编辑明细栏　在明细栏上单击右键，然后在弹出的快捷菜单中选择"编辑明细栏"选项，如图 4-83 所示。系统弹出"明细栏：支顶.iam"对话框，如图 4-84 所示。在该对话框中单击"列选择"命令按钮 ，弹出"明细栏列选择器"对话框，如图 4-85 所示。

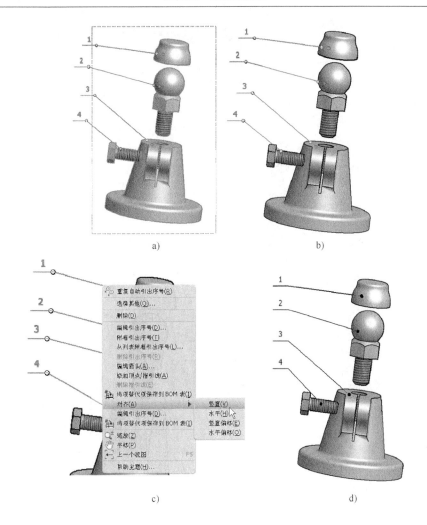

图 4-81　对齐引出序号

a）引出序号、视图都选择　b）只选择引出序号　c）竖直对齐引出序号

d）引出序号对齐后效果

在"明细栏列选择器"对话框的"所选特性"栏中选中"名称"，单击中间的 <-- 删除(R) 按钮，将"名称"删除。重复操作，再将"注释"列删除。在"可用的特性"栏，选择"零件代号"，单击中间的 添加(A) --> 按钮，将其添加到"所选特性"栏。选择添加后的"零件代号"列，多次单击下面的 上移(U) 按钮，将"零件代号"向上移动到第二行，即"项目"的下面，结果如图 4-86 所示。单击"确定"按钮，完成"明细栏列选择器"对话框的设置。

在"明细栏：支顶.iam"对话框的"项目"列表上单击右键，然后在弹出的快捷菜单中选择"格式化列"选项，如图 4-87 所示。系统弹出"格式化列：项目"对话框，在该对话框中将"表头"由原来的"项目"修改为"序号"，如图 4-88 所示。单击"确定"按钮，完成列名称的修改。重复操作，将"零件代号"列的名称修改为"名称"，完成修改后的明细栏如图 4-89 所示。

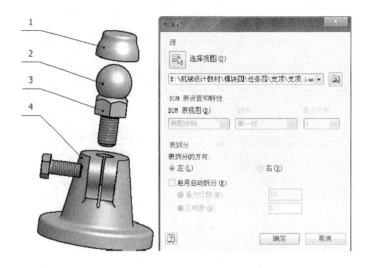

a）

项目	标准	名称	数量	材料	注释
3	GB/T 5781—2000		1	低碳钢	
4			1	默认	
1			1	默认	
2			1	默认	
项目	标准	名称	数量	材料	注释
明细栏					

b）

图 4-82　创建明细栏

a）选择创建明细栏的视图　b）明细栏

图 4-83　编辑明细栏　　　　　　　图 4-84　"明细栏：支顶.iam"对话框

在明细栏的任何一列上单击右键，然后在弹出的快捷菜单中选择"表布局"选项，如图 4-90 所示，弹出"明细栏布局"对话框，如图 4-91 所示。取消对"标题"复选框的勾选，在该对话框中还可以对明细栏的文本样式、明细栏方向、明细栏表头以及明细栏表的拆分进行设置，这里不作详细介绍，单击"确定"按钮，完成表头设置。

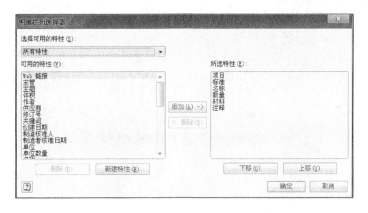

图 4-85 "明细栏列选择器"对话框

图 4-86 列选择器所选特性

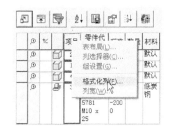

图 4-87 格式化列

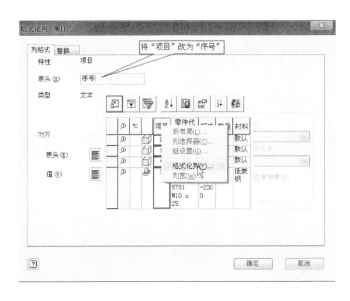

图 4-88 "格式化列：项目"对话框

图 4-89　修改列名称后的明细栏

图 4-90　进入表布局

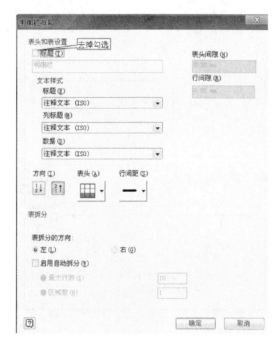

图 4-91　"明细栏布局"对话框

　　在"明细栏：支顶.iam"对话框中，单击"排序"命令按钮，弹出"对明细栏排序"对话框，在"第一关键字"栏中的下拉列表中选择"序号"，顺序选择"升序"，如图 4-92 所示，单击"确定"按钮，完成对"序号"的排序。最后单击"明细栏：支顶"对话框中的"确定"按钮，完成明细栏的编辑。将鼠标移到明细栏上，明细栏上出现几个夹持

图 4-92　"对明细栏排序"对话框

4	顶座		1	默认
3	六角螺栓 GB/T 5781 M10×25	GB/T 5781—2000	1	低碳钢
2	顶杆		1	默认
1	顶碗		1	默认
序号	名称	标准	数量	材料

夹点

图 4-93　调整明细栏

点，如图 4-93 所示。单击右下角的一个夹持点，拖动明细栏至合适位置，再拖动其他夹持点进行明细栏的调整，调整后结果如图 4-94 所示。

4	顶座		1	默认
3	六角螺栓 GB/T 5781 M10×25	GB/T 5781—2000	1	低碳钢
2	顶杆		1	默认
1	顶碗		1	默认
序号	名称	标准	数量	材料

图 4-94　调整后结果

【任务实施】

（1）创建基础视图　打开光盘中的"模块三＼任务二＼机用虎钳．ipn"文件，并将视图调整至合适视角。利用创建的模板新建工程图文件，并创建基础视图。在"工程视图"对话框中将比例选择"1:4"；显示方式选择"着色"和"不显示隐藏线"；方向选择"当前"。完成基础视图的创建，结果如图 4-95 所示。

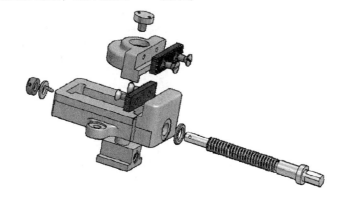

图 4-95　创建基础视图

（2）添加爆炸视图的引出序号　采用"自动引出序号"方式添加引出序号，选择视图并栏选所有零部件，采用水平放置方式，然后在视图中合适位置单击，完成引出序号的创建，如图 4-96 所示。

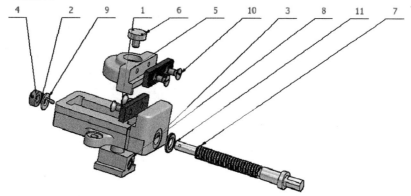

图 4-96　添加引出序号

（3）编辑引出序号　将引出序号的箭头全部设置为"小点"形式，并将引出序号数字按从左到右的顺序进行修改，最后如图 4-97 所示。

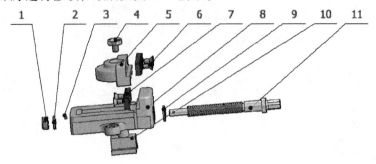

图 4-97　编辑引出序号

（4）创建明细栏　选择视图创建明细栏，如图 4-98 所示。

6	GB/T 68—2000		4	低碳钢	
3	GB/T 119.1—2000		1	低碳钢	
10			1	Default	
11			1	默认	
4			1	Default	
5			1	Default	
1			1	默认	
8			1	Default	
2			2	Default	
7			2	默认	
项目	标准	名称	数量	材料	注释
明细栏					

图 4-98　明细栏初始状态

（5）编辑明细栏　具体内容如下。

1）将明细栏上的"注释"、"材料"、"名称"删除，添加"零件代号"列，并将其上移至第二行，此时明细栏显示如图 4-99 所示。

6	螺钉 M8×16	GB/T 68—2000	4
3	销 A4×22	GB/T 119.1—2000	1
10	螺母块		1
11	螺杆		1
4	螺钉		1
5	活动钳身		1
1	环		1
8	固定钳身		1
2	垫圈		2
7	钳口板		2
项目	零件代号	标准	数量
明细栏			

图 4-99　修改列后的明细栏

2）将明细栏的"表头"中的"项目"修改为"序号"，将"零件代号"修改为"名称"，并且去掉标题，同时将部分零件的名称进行修改，如图 4-100 所示。

3）将明细栏的序号按照升序进行排列。最后单击"确定"按钮完成明细栏的修改，如图 4-101 所示。

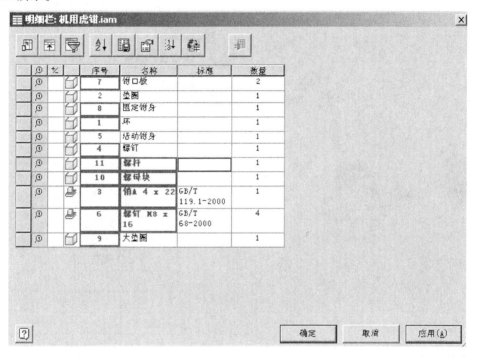

图 4-100　编辑明细栏设置

11	螺杆		1
10	螺母块		1
9	大垫圈		1
8	固定钳身		1
7	钳口板		2
6	螺钉 M8×16	GB/T 68—2000	4
5	活动钳身		1
4	螺钉		1
3	销 A4×22	GB/T 119.1—2000	1
2	垫圈		1
1	环		1
序号	名称	标准	数量

图 4-101　编辑后的明细栏

4）调整明细栏的列宽、行高，最后将明细栏底端和标题栏对齐，右边和图纸边框对齐。部件中零部件较多时，明细栏会和视图发生重叠现象，这种情况可适当修改标题栏。或者将标题栏拆分，这里不作介绍，感兴趣的读者可自行操作，最后结果如图 4-76 所示。

（6）保存文件　保存文件后退出。

【拓展练习】

根据光盘中的"模块三 \ 任务二（拓展练习）\ 球阀.ipn"文件制作爆炸图，如图 4-102 所示。

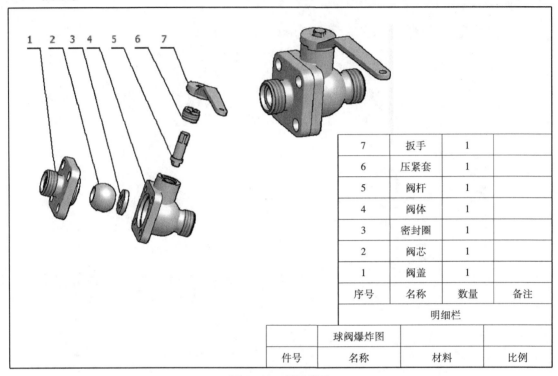

7	扳手	1	
6	压紧套	1	
5	阀杆	1	
4	阀体	1	
3	密封圈	1	
2	阀芯	1	
1	阀盖	1	
序号	名称	数量	备注
明细栏			

| | 球阀爆炸图 | | |
| 件号 | 名称 | 材料 | 比例 |

图 4-102　拓展练习

模 块 小 结

对于机械设计来说，如何将设计者的设计意图传达给制造工人，进行更好的制造，工程图的功劳功不可没。工程图的绘制在机械设计中是相当重要的工作，也是任务比较庞大的工作。

本模块针对初次接触 Inventor 工程图处理功能的用户来说，主要讲解了 Inventor 中工程图处理的一些基本功能，主要包括工程视图的创建、工程图的标注、引出序号、明细栏、工程图资源的定制等功能。通过本模块的学习，读者能够体验到 Inventor 工程图处理功能的以下优点。

1）功能界面人性化、操作简单、方便，易学易用。

2）相对于 AutoCAD，Inventor 的工程图绘制直接依托三维模型，三维模型是设计，而工程图则是设计表达，这比 AutoCAD 中的绘图快得多，也有趣得多。

3）Inventor 的工程图与三维设计模型关联变化，设计修改时只需要修改模型，这使得工程图绘制工作一劳永逸。

作为一款三维设计软件，Inventor 在工程图的处理上算是佼佼者，这得益于它与 AutoCAD 系出同门。尽管如此，读者要想完美地创建出完全符合规定的工程图，除了对 Inventor 工程图处理功能运用自如外，还应了解自己所在行业、设计部门对工程图的要求。通过本模块的学习，相信读者能够完全独立地绘制出符合国家制图标准的工程图。

综 合 练 习

1. 将光盘中的"模块一 \ 综合练习"文件夹下的各个零件创建工程图，工程图如图 1-249 所示。

2. 将光盘中的"模块四 \ 综合练习 \ 托架 . ipt"文件创建工程图，如图 4-103 所示。

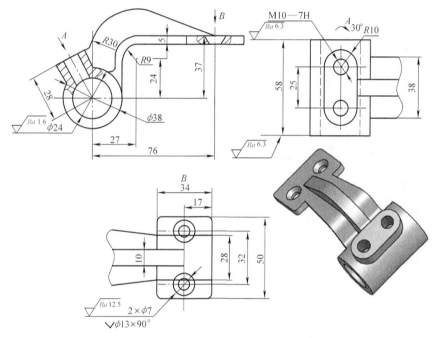

图 4-103　托架

3. 将光盘中的"模块四 \ 综合练习 \ 轴 . ipt"文件创建工程图，如图 4-104 所示。

4. 将光盘中的"模块三 \ 综合练习 \ 齿轮泵 . ipn"文件创建爆炸图，爆炸图参见图 2-94。

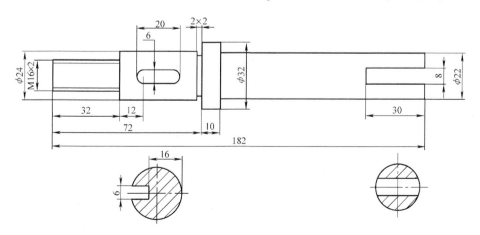

图 4-104　轴

模块五　动画与渲染

【学习目标】

◆ 熟悉 Inventor Studio 环境。

◆ 掌握静态渲染的设置方法。

◆ 掌握动画时间轴的使用方法。

◆ 掌握常用的几种动画制作方法。

◆ 能够对零部件进行静态渲染、动画制作。

在机械设计过程中，为了达到更好的设计效果，往往需要对设计的产品进行渲染，生成具有真实效果的渲染图片以及装配动画效果的多媒体文件。图 5-1 所示为螺钉旋具的渲染效果图。在 Inventor 中能够完成这个任务的就是 Inventor Studio 模块。Inventor Studio 能够对 Inventor 创建的零件以及装配进行渲染和动画制作。也就是说，通过 Inventor Studio 能直接在设计环境中生成较为真实的图像和动画，让客户看到最终的效果。本模块将通过两个实例，分别从静态渲染、动画制作两方面进行详细介绍。

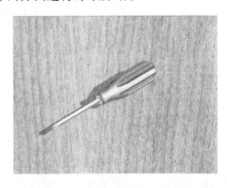

图 5-1　螺钉旋具的渲染效果图

任务一　齿轮泵的静态渲染

【学习目标】

◆ 熟悉 Inventor Studio 环境。

◆ 掌握表面样式、场景样式、光源、照相机等的设置方法。

◆ 能够对齿轮泵进行静态渲染。

【任务导入】

在图 5-2 所示齿轮泵的静态渲染过程中，需要对齿轮泵的表面样式、场景样式、照相机等进行设置。下面进入 Inventor Studio 环境学习在本任务中用到的新知识。

图 5-2　齿轮泵的渲染效果图

【知识准备】

一、Inventor Studio 环境

首先打开一个零件或者部件文件，然后进入"环境"功能选项卡，单击"开始"工具面板上的 Inventor Studio 命令按钮，如图 5-3 所示。

进入 Inventor Studio 环境后，直接进入"渲染"选项卡，"渲染"选项卡包括"渲染""场景""动画制作""管理"和"退出"工具面板。在 Inventor Studio 浏览器中提供了访问对象，以及动画渲染的一些基本操作，如图 5-4 所示。

图 5-3　进入 Inventor Studio 环境

二、静态渲染设置

静态渲染设置包括：零件表面样式设置、场景样式设置、光源样式设置、照相机设置和局部光源设置。通过以上设置，在渲染模型时便可以得到具有真实效果的图片。下面对静态渲染的各项设置进行简单介绍。

（1）表面样式　在"渲染"选项卡下，单击"场景"工具面板上的"表面样式"命令按钮，弹出"表面样式"对话框。在该对话框的初始状态下，默认显示"基本"选项卡，并且在该选项卡下的工具栏中只有"新建表面样式"按钮可用，如图 5-5 所示。

给模型添加材质：首先选中需要添加材质的零件表面或者零件（对于零件环境，只能

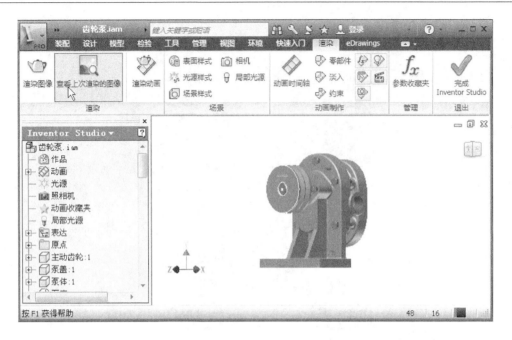

图 5-4　Inventor Studio 渲染环境

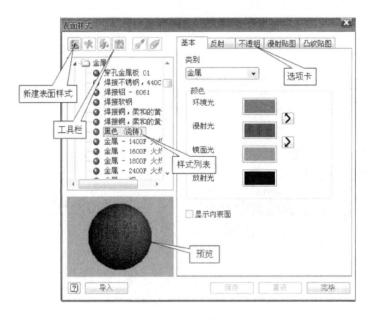

图 5-5　"表面样式"对话框

选择零件的一个或者多个表面；对于部件环境，可以选择一个或者多个零件），然后在"样式列表"中选取所需要的材质，接着单击工具栏上的"指定表面样式"命令按钮 ，完成材质的添加，如图 5-6 所示。单击"完毕"按钮，完成指定零件的材质添加。

对话框中其他选项卡的设置，本书不作介绍，有兴趣的读者可以通过其他途径进行学习。

（2）光源样式　光源样式即光照样式，指对象在渲染时的灯光效果。单击"场景"工

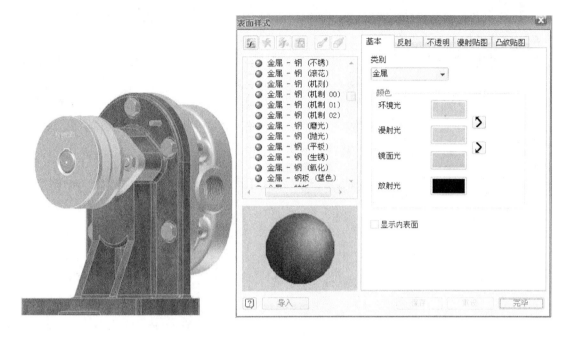

图 5-6　添加材质

具面板上的"光源样式"命令按钮 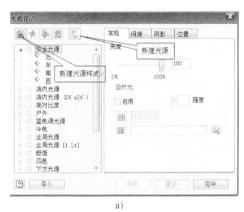，弹出"光源样式"对话框，如图 5-7a 所示。在对话框左侧是 Inventor 预设的光源样式，每种光源样式下都有不同的光源。在列表中选择光源后，对话框右侧的选项卡会发生改变。图 5-7b 所示为选择"安全光源"→"北"时的选项卡状态。

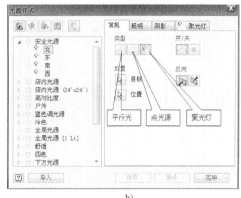

图 5-7　"光源样式"对话框

a）光源样式　b）光源类型

　　光源类型有平行光、点光源和聚光灯 3 种，一个光源样式就是由多个光源组合在一起形成的光照效果。在列表中尽管有多个光源样式，但一次只能有一个激活的光源样式。

　　（3）场景样式　场景样式是对场景的颜色、背景的层次以及背景图片进行设置，设置后的实际效果在渲染后方可表现。单击"场景"工具面板上的"场景样式"命令按钮 场景样式，即可打开"场景样式"对话框，如图 5-8 所示。在该对话框的左侧列表中给出了

Inventor 默认的几种场景样式，可以修改默认的场景样式，也可以单击"新建样式"命令按钮创建新的场景。具体操作步骤如下：

单击"新建样式"按钮后，在对话框的列表中新增"默认1"场景样式，对于新建的场景样式，其背景可以是单一颜色，也可以是某一幅图片。若单击对话框右侧的颜色按钮■■■■，可弹出"颜色"对话框，如图 5-9 所示。在该对话框中选择颜色后单击"确定"按钮，可将场景的背景设置为单一颜色，可以通过单击"类型"选项中的回或回按钮将背景颜色设置为纯色或者渐变色，浏览窗口显示如图 5-10 所示。

图 5-8　"场景样式"对话框

图 5-9　"颜色"对话框

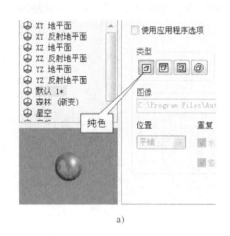

a)

b)

图 5-10　单色背景设置

a）纯色背景　b）渐变色背景

若单击"类型"选项中的"图像"按钮回或"图像球体"命令按钮回后，再单击"浏览"命令按钮🔍，弹出"打开"对话框，在该对话框中选择作为场景背景的图片，如图 5-11所示。单击"打开"按钮，即可将该图片设置为场景的背景，浏览窗口显示如图 5-12 所示。

完成设置后，单击"保存"按钮保存场景样式，然后单击"完毕"按钮关闭对话框。

说明：除了 Inventor 提供的场景背景图片以外，若想选择其他图片作为场景背景，只需将选择的图片复制到场景背景默认目录下即可。

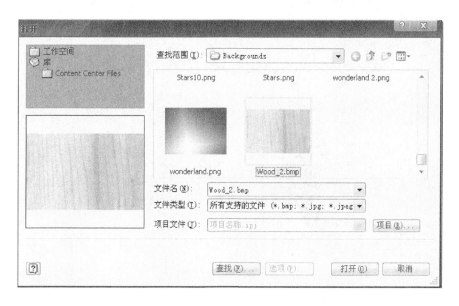

图 5-11　"打开"对话框

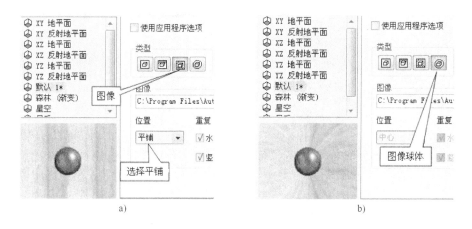

图 5-12　图像背景设置
a）图像背景　b）图像球体背景

（4）照相机　创建照相机实际上就是创建一个观察视角。若要新建照相机，单击"场景"工具面板上的"相机"命令按钮，即可打开"照相机"对话框。然后在模型上单击鼠标，确定观察视角目标，引导光标至合适位置单击，确定照相机的位置，如图 5-13 所示。

另外还有一种更简单的创建照相机的方法，就是在视图区调整模型视角，然后在空白处单击右键，并在弹出的快捷菜单中选择"从视图创建照相机"选项，即可快速创建照相机，如图 5-14 所示。

要编辑或删除照相机，只需在浏览器中的照相机名称上单击右键，在弹出的快捷菜单中选择相应选项即可。

（5）局部光源　局部光源相当于光源样式中的单个光源，不过光源样式中的平行光源在这里不起作用。建立局部光源的方法：在"场景"工具面板上单击"局部光源"命令按钮，即打开"局部光源：光源 1"对话框，如图 5-15 所示。在该对话框中，"平行光源"按钮灰显。

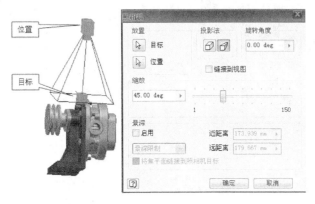

图 5-13　　"照相机"对话框

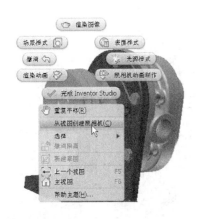

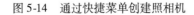

图 5-14　　通过快捷菜单创建照相机

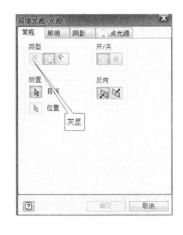

图 5-15　　"局部光源：光源 1"对话框

三、渲染图像

在对视角、光照、场景等设置完成后，接下来就可以对一个零件或部件进行渲染，从而得到一个逼真的图像。在"渲染"工具面板上单击"渲染图像"命令按钮，弹出"渲染图像"对话框，同时图形区出现一个红色线框，表示渲染范围只能在红色线框内，如图5-16所示。该对话框中各选项卡的含义如下。

1."常规"选项卡

"常规"选项卡如图 5-17a 所示。在该选项卡下，可对渲染图像的尺寸大小进行自定义，也可以按照列表进行选择，另外照相机、光源样式、场景样式、渲染类型均可在该选项卡下进行一些简单设置。

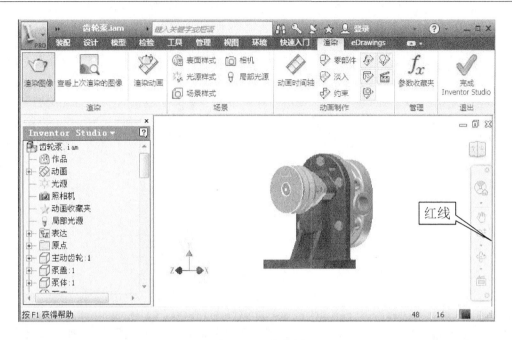

图 5-16　渲染范围

2. "输出"选项卡

"输出"选项卡如图 5-17b 所示。若勾选"保存渲染的图像"复选框，会弹出"保存"对话框。在"保存"对话框中可对保存图像的路径、类型、文件名进行设置。"反走样"选项表示渲染图像质量的高低，从左至右渲染质量依次提高。

3. "样式"选项卡

选择不同的渲染类型，"样式"选项卡是不同的。

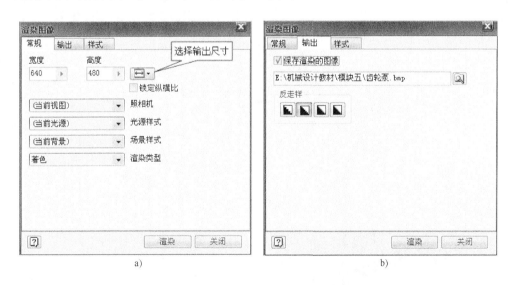

图 5-17　"渲染图像"对话框
a) "常规"选项卡　b) "输出"选项卡

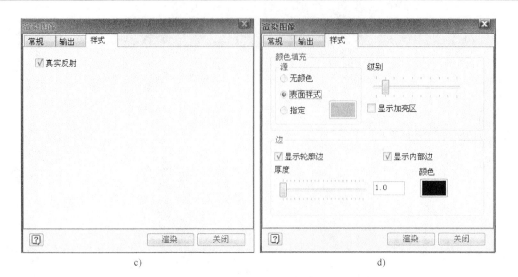

c)   d)

图 5-17   "渲染图像"对话框（续）

c）着色渲染类型下的"样式"选项卡   d）插图渲染类型下的"样式"选项卡

（1）着色渲染类型   该类型下，"样式"选项卡只有"真实反射"一项，勾选该复选框，将反射场景中的对象；不勾选该复选框，将使用在"表面样式"或"场景样式"中指定的图像映射，而且渲染时间也少，如图 5-17c 所示。

（2）插图渲染类型   该类型下，"样式"选项卡可对插图的颜色填充、边进行设置，如图 5-17d 所示。

完成设置后，单击"渲染"按钮，即可对图像进行渲染，渲染输出如图 5-18 所示。

图 5-18   渲染输出

说明：渲染时在图形区将模型调整到合适大小，否则渲染的对象模型会很小。渲染测试时，应选择低质量的反走样设置，这样在渲染预览时可节省时间，提高工作效率。对于最终渲染，应使用最高质量的反走样设置，以提高渲染质量。

【任务实施】

（1）打开装配文件 打开光盘中的"模块二 \ 综合练习 \ 齿轮泵.iam"装配文件，然后进入 Inventor Studio 环境。

（2）添加材质

1）设置泵座的材质。首先打开"表面样式"对话框，在对话框的列表中找到"金属"文件夹并将其展开，在展开的列表中找到"金属-钢（氧化）"。选择"齿轮泵"模型中的"泵座"零件，然后单击"指定表面样式"命令按钮，完成泵座材质的添加，如图 5-6 所示。

2）重复上述操作，将带轮的材质设置为"金属-钛（抛光）"，如图 5-19 所示。

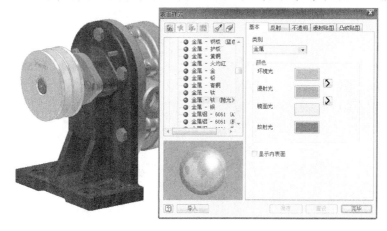

图 5-19 带轮材质添加

（3）场景样式设置 打开"场景样式"对话框，在对话框的列表框中选择"森林（渐变）"，在右侧"类型"选项中单击"图像"按钮，通过"浏览"按钮找到"Concrete_Precast Structural Concrete_Smooth.bmp"图片作为场景背景图片，在"位置"下拉列表中选择"平铺"选项，如图 5-20 所示。

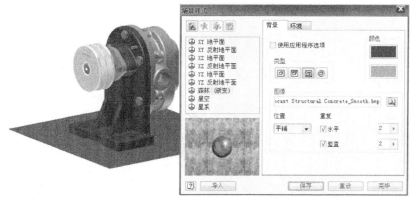

图 5-20 场景样式设置

（4）新建照相机　调整模型视角，如图 5-21a 所示。在空白处单击右键，然后在弹出的快捷菜单中选择"从视图创建照相机"命令。此时浏览器中新增了"照相机 1"，如图 5-21b 所示。

a)　　　　　　　　　　　b)

图 5-21　照相机设置

a）调整模型视角　b）新建照相机 1

（5）渲染图像　打开"渲染图像"对话框，在"常规"选项卡中的设置如图 5-22a 所示；在"输出"选项卡中，勾选"保存渲染的图像"复选框，将渲染图像保存到指定位置。在"反走样"选项中单击"最高反走样"按钮，如图 5-22b 所示。设置完后单击"渲染"按钮，即可对模型进行渲染，效果如图 5-2 所示。

a)　　　　　　　　　　　b)

图 5-22　渲染图像设置

a）"常规"选项卡　b）"输出"选项卡

【拓展练习】

1）将光盘中的"模块二 \ 任务三（拓展练习）\ 衣服夹 . iam"进行静态渲染，如图 5-23 所示。效果参见光盘中的"模块五 \ 任务一 \ 衣服夹 . jpg"。

2）将光盘中的"模块五 \ 任务一 \ 垃圾篓 . ipt"进行静态渲染，如图 5-24 所示。效果参见光盘中的"模块五 \ 任务一 \ 垃圾篓 . jpg"。

图 5-23　拓展练习 1

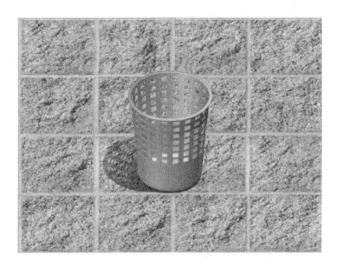

图 5-24　拓展练习 2

任务二　机用虎钳的运动动画渲染

【学习目标】

◆　掌握动画时间轴的使用方法。

◆　掌握几种常用的动画制作方法。

◆　能够熟练对机用虎钳进行动画渲染。

【任务导入】

　　前面学习了零件的静态渲染，接下来学习 Inventor Studio 的另一主要功能：动画特征。图 5-25 所示为机用虎钳的动画渲染截图，详细运动过程可参见光盘中的"模块五 \ 任务二 \ 机用虎钳 . avi"。下面结合机用虎钳的动画特征渲染实例来学习动画特征创建的相关知识。

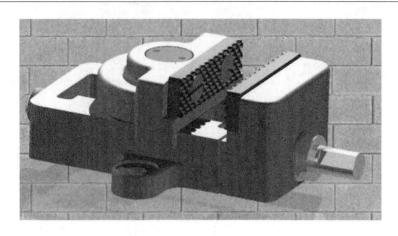

图 5-25　机用虎钳的动画渲染截图

【知识准备】

在 Inventor 中动画特征由零部件动画、淡显动画、约束动画、参数动画、位置表达动画以及照相机动画组成。将几种动画特征与渲染特征结合使用，就可以真实地模拟出物体的运动效果，下面分别进行介绍。

1. 动画时间轴

在 Inventor Studio 环境下，单击"动画制作"工具面板上的"动画时间轴"命令按钮 ，在屏幕下方会弹出"动画时间轴"界面，单击界面上的"展开操作编辑器"命令按钮 ，可将整个动画时间轴展开，如图 5-26 所示。整个动画时间轴可分为 4 个部分：回放控件、时间轴、时间栅格和浏览器。

2. 零部件动画

零部件动画用于为一个或多个零部件制作移动或旋转的动画。在动画制作过程中，装配环境中添加的约束可能会与零部件动画造成冲突，因此需要对冲突的约束进行抑制。在"动画制作"工具面板上单击"零部件动画制作"命令按钮 ，弹出"零部件动画制作"对话框，如图 5-27 所示。下面举例说明零部件动画制作的步骤。

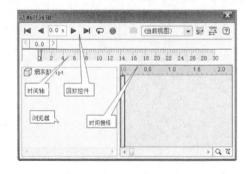

图 5-26　展开的动画时间轴

图 5-27　"零部件动画制作"对话框

（1）打开文件　打开光盘中的"模块二 \ 任务三 \ 弹簧运动 . iam"文件，进入 Inventor Studio 环境，打开"零部件动画制作"对话框。

（2）抑制约束　在浏览器中，将"板：2"零部件展开，在"配合：1"上单击右键，然后在弹出的快捷菜单中选择"抑制"选项，如图 5-28 所示。抑制后，该约束名称灰显。

（3）零部件动画制作设置　在"动画制作"工具面板上单击"零部件动画"按钮，弹出"零部件动画制作"对话框。在图形区单击"板：2"零部件，再单击对话框中的"位置"命令按钮，这时在图形区的"板：2"零部件上出现空间坐系，同时弹出"三维移动/旋转"对话框，如图 5-29 所示。单击蓝色的 Z 轴箭头向"板：1"方向拖动，也可以在选中坐标轴方向箭头或单击"重定义对齐或位置"命令按钮后，直接在坐标轴对应的文本框中输入移动的距离，如图 5-30 所示。

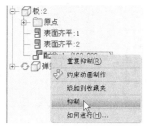

图 5-28　抑制约束

图 5-29　移动或旋转零部件

图 5-30　移动零部件后效果

上述操作也可直接在"零部件动画制作"对话框中设置，即在"距离"文本框中输入相应数值。将结束时间设置为 3s，时间方式选择"自上一个开始"，如图 5-31a 所示。在"加速度"选项卡中，参数设置如图 5-31b 所示，然后单击"确定"按钮完成设置。

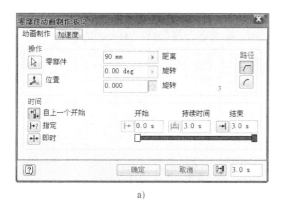
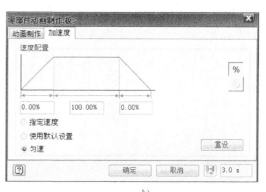

a)　　　　　　　　　　　　　　　　b)

图 5-31　零部件动画制作对话框设置

a)"动画制作"选项卡　b)"加速度"选项卡

（4）动画时间轴调整 完成动画制作设置后，动画时间轴显示如图 5-32 所示，拖动时间轴上的滑块可查看某一时间的模型状态。如果要重新编辑零部件动画，只需在时间轴的动画条上单击右键，然后在弹出的快捷菜单中选择"编辑"选项，弹出"零部件动画制作"对话框，进行重新设置即可，如图 5-33 所示。

（5）播放动画 单击动画时间轴上的"播放"命令按钮 ▶，即可对零部件动画进行播放，效果参见光盘中的"模块五 \ 任务二 \ 弹簧的零部件动画 . avi"文件。

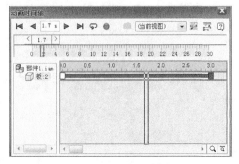

图 5-32 动画时间轴

图 5-33 编辑动画

（6）录制动画 单击动画时间轴上的"录制动画"命令按钮 ●，弹出"渲染动画"对话框，该对话框的"常规"选项卡、"样式"选项卡与"渲染图像"对话框类似，这里不再介绍。在"输出"选项卡中，选择保存路径和文件类型；时间范围选择"指定的时间范围"，与前动画制作时间一致"0 ~ 3s"；格式选择"视频格式"；选择"最高反走样"选项，如图 5-34 所示。单击"渲染"按钮后，即可对动画进行渲染。

3. 淡显动画

淡显动画是通过对零部件透明度的控制，使得一个或多个对象在一段时间内改变其本身的透明度的动画效果。打开光盘中的"模块二 \ 任务三 \ 弹簧运动 . iam"文件，进入 Inventor Studio 环境，在"动画制作"工具面板上单击"淡显动画制作"命令按钮 淡入，弹出"淡显动画制作"对话框，如图 5-35 所示。选中所有零件并在该对话框中将动画结束时的透明度设置为 50%，时间选"指定"方式，从 3s 开始至 6s 结束。单击"确定"按钮后，在时间轴上即可进行播放，效果参见光盘中的"模块五 \ 任务二 \ 弹簧的淡显动画 . avi"文件。

图 5-34 "渲染动画"对话框的"输出"选项卡

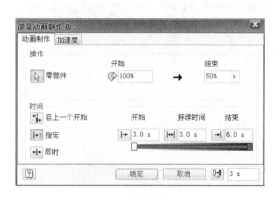

图 5-35 "淡显动画制作"对话框

4. 约束动画

约束动画是通过改变约束的值或者约束状态来制作动画。在"动画制作"工具面板上单击"约束动画制作"命令按钮 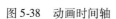 ，弹出"约束动画制作"对话框，如图 5-36 所示。然后在浏览器中选择要建立动画的约束，即可建立约束动画。除此之外，也可直接在浏览器中的约束名称上单击右键，然后在弹出的快捷菜单中选择"约束动画制作"选项，如图 5-37 所示。下面举例说明约束动画制作的步骤。

图 5-36　"约束动画制作"对话框

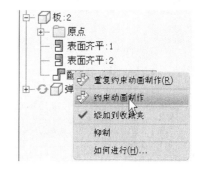

图 5-37　浏览器中创建约束动画

（1）打开文件　打开光盘中的"模块二\任务三\弹簧运动.iam"文件，进入 Inventor Studio 环境，打开"约束动画制作"对话框。

（2）对话框设置　在"约束动画制作"对话框中单击"选择"按钮后，在浏览器中选择并单击"配合：1"。在对话框中的"结束"文本框中输入 200mm，在时间的"结束"文本框中输入 3s，时间方式选择"自上一个开始"，设置如图 5-36 所示。单击"确定"按钮完成设置，动画时间轴如图 5-38 所示。

（3）播放动画　在动画时间轴上单击"播放"按钮，即可播放约束动画，效果参见光盘中的"模块五\任务二\弹簧的约束动画.avi"文件。

5. 参数动画

参数动画是通过改变零件或者装配参数的数值，使模型受参数影响的部分发生变化而产生的动画效果。用于制作动画的参数既可以是模型参数，也可以是用户参数。区别是：如果是模型参数，必须将其设置为输出状态，用户参数则不需要。同样以"弹簧运动.iam"文

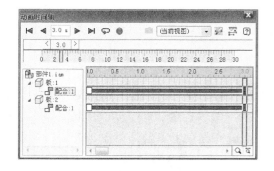

图 5-38　动画时间轴

图 5-39　打开 f_x 参数表

件为例介绍。

　　输出模型参数的方法是：首先退出 Inventor Studio 环境，在"管理"功能选项卡中单击"参数"工具面板上的 f_x 按钮，如图 5-39 所示。打开 f_x 参数表，在参数表中将相应参数的"导出参数"栏勾选即可，如图 5-40 所示，然后单击"完毕"按钮，关闭 f_x 参数表。

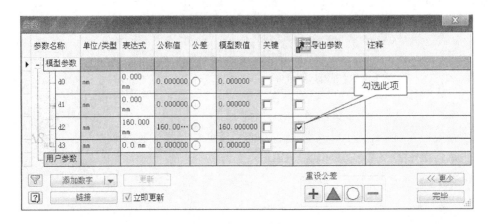

图 5-40 　f_x 参数表

　　回到 Inventor Studio 环境，在"动画制作"工具面板上单击"参数动画制作"命令按钮 f_x 参数，弹出警告对话框，如图 5-41 所示，说明在制作参数动画之前没有将参数添加到参数收藏夹。将参数添加到收藏夹的方法是：单击"管理"工具面板上的"参数收藏夹"命令按钮 f_x，弹出"参数收藏夹"对话框，在该对话框中对需要添加到收藏夹的参数的"收藏夹"栏进行勾选即可，如图 5-42 所示。单击"确定"按钮，完成参数添加。

图 5-41 　警告对话框 　　　　　　　　　　　　　图 5-42 　"参数收藏夹"对话框

　　再次单击"参数动画制作"按钮，弹出"参数动画制作"对话框，在浏览器中将"动画收藏夹"展开，选择参与动画制作的参数"f_x d2"，然后在对话框中进行设置，如图 5-43 所示。单击"确定"按钮后，完成动画设置。在动画时间轴上单击"播放"按钮，可预览动画效果，具体效果参见光盘中的"模块五 \ 任务二 \ 弹簧的参数动画 . avi"文件。

　　6. 位置表达动画

　　位置表达动画是指将装配环境下创建的两个不同的位置表达，作为动画开始与结束的关

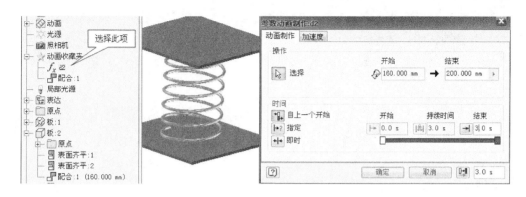

图 5-43　"参数动画制作"对话框

键帧来制作动画。因此要想制作此类动画，装配环境中必须有两个以上的位置表达，否则会弹出警告对话框。

　　打开光盘中的"模块二\任务三\弹簧运动.iam"文件后，首先将"弹簧"零件抑制掉，然后将两个夹板之间的配合约束添加两个位置表达，并将添加的位置表达重命名为"上"、"下"，如图 5-44 所示。在位置"上"，将板间距离设置为 160mm；在位置"下"，将板间距离设置为 80mm。

　　进入 Inventor Studio 环境，单击"制作位置表达动画"命令按钮 ，弹出"位置动画制作"对话框，"动画制作"选项卡设置如图 5-45 所示。完成设置后，单击动画时间轴上的"播放"按钮，即可播放位置表达动画。效果参见光盘中的"模块五\任务二\弹簧的位置表达动画.avi"文件。

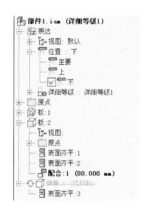

图 5-44　添加位置表达

图 5-45　"动画制作"选项卡

7. 照相机动画

　　照相机动画其实就是我们平常所说的视角动画，是通过视角变换的控制来进行动画设置，从而生成视角变换的动画效果。要制作该动画，必须先创建一个或者多个照相机，否则会弹出警告对话框。

　　新建照相机的方法是：调整视角位置，在视图的空白位置单击右键，然后在弹出的快捷菜单中选择"从视图创建照相机"选项，即可新建照相机，如图 5-46 所示。

　　单击"照相机动画制作"命令按钮 ，弹出"照相机动画制作"对话框，如图

5-47 所示。在该对话框的"动画制作"选项卡下，单击"定义"命令按钮 ▣，弹出"照相机"定义对话框，同时在视图中可对照相机的位置、旋转角、焦距进行设置，如图 5-48 所示。单击"确定"按钮，完成照相机的设置。单击动画时间轴上的"播放"按钮，即可播放照相机动画。

图 5-46 　从视图创建照相机

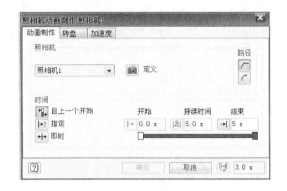

图 5-47 　"照相机动画制作"对话框

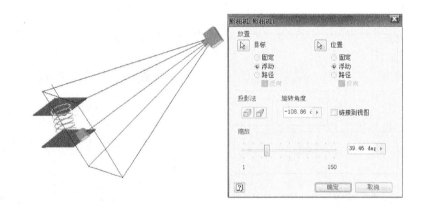

图 5-48 　定义照相机

8. 渲染动画

渲染动画指定用于渲染动画的常规设置。单击"渲染"工具面板上的"渲染动画"命令按钮 ▣，弹出"渲染动画"对话框，该对话框中的"常规"选项卡、"样式"选项卡和"渲染图像"对话框基本类似，这里不再赘述，"输出"选项卡如图 5-34 所示。

【任务实施】

（1）打开装配文件　打开光盘中的"模块二 ＼ 任务二 ＼ 机用虎钳 . iam"装配文件，然后进入 Inventor Studio 环境。

（2）制作淡显动画　在图形区的活动钳身零件上单击右键，然后在弹出的快捷菜单中选择"淡显动画制作"选项，同时弹出"淡显动画制作"对话框和动画时间轴。在"淡显动画制作"对话框中，设置如图 5-49a 所示，在"加速度"选项卡中，将速度配置设置为"匀速"。再次对活动钳身设置淡显动画，时间选择"指定"方式，设置如图 5-49b 所示，

"加速度"选项卡设置与前面相同。

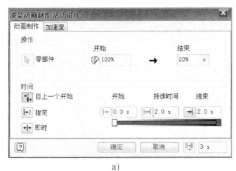

图 5-49　淡显动画制作

a）创建淡显动画 1　b）创建淡显动画 2

（3）创建驱动约束动画　打开"约束动画制作"对话框，在浏览器中展开"螺杆"零部件，选择"驱动（0.00deg）"，在"约束动画制作"对话框的"加速度"选项卡中，速度配置选择"匀速"，"动画制作"选项卡的设置如图 5-50a 所示。时间同样选择"指定"模式单击"确定"按钮完成设置。重复操作，再次创建驱动约束动画，设置如图 5-50b 所示。

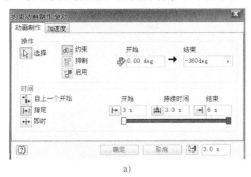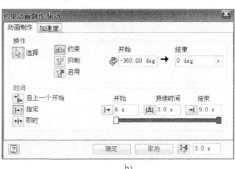

图 5-50　约束动画制作

a）约束动画 1　b）约束动画 2

（4）制作零部件动画　首先将螺钉零件的插入约束"插入：4"抑制掉，并重新添加轴-轴重合约束。打开"零部件动画制作"对话框，单击"位置"命令按钮后，弹出坐标系和"三维移动/旋转"对话框，如图 5-51 所示。选择红色的 X 轴，输入 - 720°让其绕 X 轴逆时针转动两圈，然后向上拖动红色 X 轴箭头，向上移动距离 50mm，再单击"确定"按钮，关闭"三维移动/旋转"对话框。在"零部件动画制作"对话框中，设置参数如图 5-52

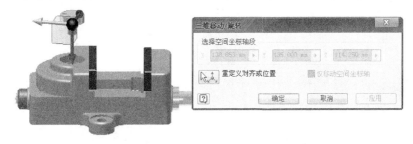

图 5-51　移动零部件位置

所示。

（5）场景设置　打开"场景样式"对话框，在列表中选择"XY 反射地平面"，类型选择"图像"，通过"浏览"按钮找到"CMU_Running_200×400_Gray.bmp"作为场景背景，位置选择"平铺"，如图 5-53 所示。单击"完毕"按钮，将场景样式保存并关闭对话框。

（6）渲染动画　打开"渲染动画"对话框，设置如图 5-54 所示。在"输出"选项卡中若勾选"预览：无渲染"复选框，则可以

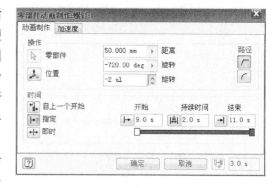

图 5-52　零部件动画设置

在不渲染的情况下快速查看将要渲染的动画动作过程，以便节省时间。单击"渲染"按钮后开始渲染，如图 5-55 所示。具体效果参见光盘中的"模块五 \ 任务二 \ 机用虎钳 . avi"文件。

图 5-53　场景设置

a)

b)

图 5-54　"渲染动画"对话框设置

a)"常规"选项卡设置　b)"输出"选项卡设置

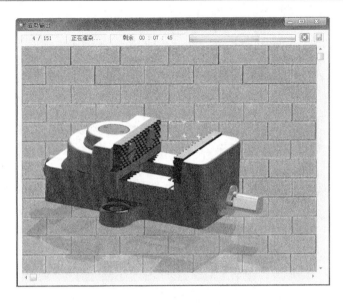

图 5-55　渲染动画过程

【拓展练习】

将光盘中的"模块五 \ 任务二 \ 飞机 . iam"进行动画渲染，如图 5-56 所示为动画截图。具体效果参见光盘中的"模块五 \ 任务二 \ 飞机 . avi"。

图 5-56　拓展练习

模 块 小 结

Inventor Studio 模块作为机械设计的最后一个模块，可以称为机械展示。对于一个完整的机械设计来说，其设计流程如下。

（1）设备制作　制作零部件，并按照一定的约束关系进行装配约束。

（2）场景设置　进入 Inventor Studio 环境，根据机械设备的整体情况设置设备的表面样式、场景样式、光源样式等相关内容。

（3）动画设置　根据设备的运动关系进行相应的动画设置。

（4）渲染　根据需要渲染相对应的图像和动画。

通过本模块的学习，利用 Inventor Studio 能够渲染出比较逼真的图片和动画，其渲染效果已经能够满足机械行业的基本要求。但是要想掌握 Inventor Studio 强大的渲染功能，仅仅通过本模块介绍的这两个实例是远远不够的，因此读者还要通过大量的练习与实践来提高对产品的渲染能力。

由于 Inventor Studio 中各种参数的设置都要靠用户去调整，特别是灯光、照相机的调整。因此，一个产品的渲染质量的高低除了与用户对软件的掌握能力有关外，还与很多因素有关系。

另外，可以将 Inventor 设计的产品导入到 3Ds Max 中，利用 3Ds Max 的强大渲染功能进行渲染，从而得到更加真实的效果图。

综 合 练 习

1. 将光盘中的"模块一\任务十（风罩模型）.ipt"文件进行静态渲染，如图 5-57 所示。具体效果参见光盘中的"模块五\综合练习\风罩模型.jpg"文件。

2. 将光盘中的"模块一\任务十（拓展练习）.ipt"文件进行静态渲染，如图 5-58 所示。具体效果参见光盘中的"模块五\综合练习\吹风机.jpg"文件。

图 5-57　综合练习 1

图 5-58　综合练习 2

3. 将光盘中的"模块二\任务一\凸轮传动机构装配.iam"文件进行动画渲染。具体效果参见光盘中的"模块五\综合练习\凸轮传动机构动画.avi"文件。

4. 将光盘中的"模块二\综合练习\齿轮泵.iam"文件进行动画渲染。具体效果参见光盘中的"模块五\综合练习\齿轮泵.avi"文件。

拓 展 篇

模块六　多实体零件设计

任务　MP3 的设计

【学习目标】

◆ 掌握由实体类特征创建实体的方法。

◆ 掌握实体的拆分与合并方法。

◆ 掌握基于多实体的零件设计方法。

◆ 能够对 MP3 进行多实体零件设计。

【任务导入】

　　在前面学习的几个模块中，机械设计过程都是由零件开始，然后根据需要将零件进行逐级装配，这种设计方法称为自底向上的设计方式。而在比机械产品设计范围更广一些的工业产品设计中，还经常有另外一种不同的设计方式，这种设计方式是由完整产品的概念开始，逐步将设计细化到最终的零件，称为自顶向下的设计方式，该设计方式广泛应用于消费类产品的设计中。

　　在 Inventor 中，自顶向下的设计方式有 4 种，分别是：基于概念草图的设计、基于概念模型的设计、基于布局的设计和基于多实体的设计。

　　在本模块中，将以如图 6-1 所示的 MP3 为例来介绍基于多实体的设计方式。其他 3 种设计方式，读者可参考相关资料自行学习。

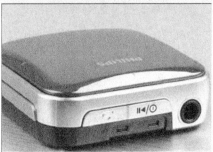

图 6-1　MP3 产品

在 MP3 的设计过程中需要用到的知识有：由实体类特征创建多实体、实体的拆分与合并、零部件的生成等相关知识。在制作实例之前，先来学习在本模块中用到的新知识。

【知识准备】

一、由实体类特征创建多实体

在 Inventor 2012 中可以创建多实体的特征有拉伸、旋转、扫掠、螺旋扫掠、放样、加厚/偏移、灌注等。下面以加厚/偏移和灌注特征为例，介绍由实体类特征创建多实体的方法。

（1）加厚/偏移特征创建多实体　利用该特征可以在零件上添加或去掉一定的厚度，也可以从零件的表面或其他曲面创建偏移曲面。输出方式和前面学习的拉伸特征相似，也有曲面输出、特征输出、新建实体输出。其中新建实体输出可以创建多实体，下面介绍相关操作。

1）新建零件文件。新建零件文件并绘制如图 6-2a 所示实体模型。

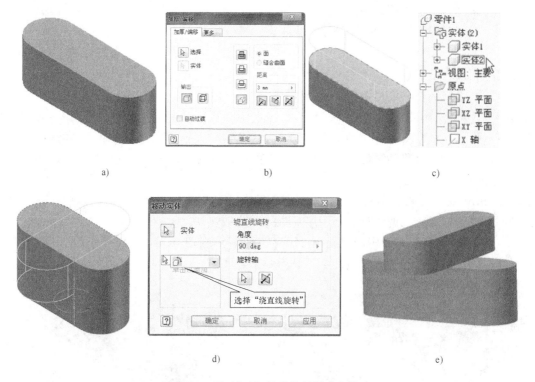

a)　　　　　　　　　　b)　　　　　　　　　　c)

d)　　　　　　　　　　　　　　　　　e)

图 6-2　通过加厚/偏移特征创建实体
a）新建实体模型　b）新建实体　c）浏览器变化
d）旋转新建实体　e）旋转实体后效果

2）新建实体。单击"曲面"工具面板上的 加厚/偏移 命令按钮，弹出"加厚/偏移"对话框。在该对话框中，取消对"自动过渡"复选框的勾选，单击"新建实体"命令按钮，设置加厚距离为 3mm，其他保持默认设置，如图 6-2b 所示。单击"确定"按钮，完成新实体的创建。这时查看浏览器，发现浏览器中新增了"实体 2"，如图 6-2c 所示。

提示：可以看到创建多实体的关键在于"新建实体"命令按钮的使用。

3）移动实体。现在将新建的实体旋转 90°，观察新建的实体和原来的实体是否相互独立。单击"修改"工具面板上的 移动实体 命令按钮，弹出"移动实体"对话框，选择新建的"实体2"后，单击对话框左侧的 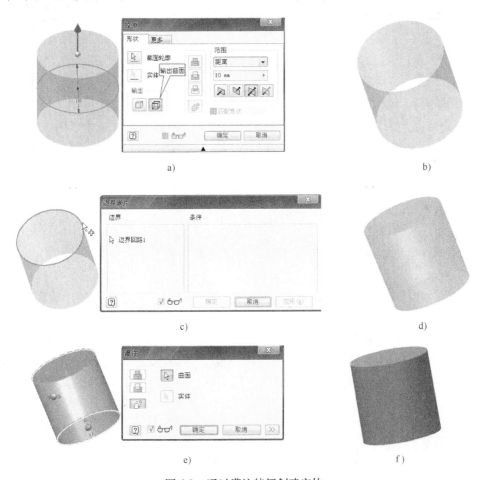 按钮右边的下拉箭头▼，选择"绕直线旋转"选项，并在对话框中输入旋转角度90°。单击对话框中的"旋转轴"命令按钮，然后选择浏览器中原始坐标系下的Z轴，如图6-2d所示。单击"确定"按钮，完成实体的旋转，结果如图6-2e所示。

（2）灌注特征创建实体　根据边界、自由曲面几何图元，在实体模型或曲面中添加和删除材料。下面以添加材料为例举例说明。

1）新建零件文件。新建零件文件并在草图中绘制直径为10mm的圆，完成后将草图拉伸，在"拉伸"对话框中选择"输出曲面"，如图6-3a、b所示。

2）嵌片操作。拉伸后的曲面只有圆柱面，没有上、下底面，要想将曲面灌注为实体，曲面必须是封闭的。下面采用"嵌片"功能将曲面封闭，操作如下：单击"曲面"工具面板上的 嵌片 命令按钮，弹出"边界嵌片"对话框，边界回路选择圆柱曲面底面上的圆，如图6-3c所示。单击"确定"按钮，完成一个底面的创建。重复操作，完成另一个底面的创建，效果如图6-3d所示。

3）灌注生成实体。单击"曲面"工具面板上的 灌注 命令按钮，弹出"灌注"对话

图 6-3　通过灌注特征创建实体

a）拉伸曲面　b）曲面效果　c）边界嵌片　d）嵌片效果　e）灌注　f）灌注效果

框，曲面选择圆柱面、两个底面，如图 6-3e 所示。单击"确定"按钮，完成实体创建，效果如图 6-3f 所示。同样在"灌注"对话框中选择"新建实体"就可以创建多实体了。

二、由实体分割创建多实体

分割就是将一个实体分成多个实体，Inventor 中的分割功能有 3 种方式，分别是分割面、修剪实体和分割实体，其中在创建多实体时主要是利用它的分割实体功能，介绍如下。

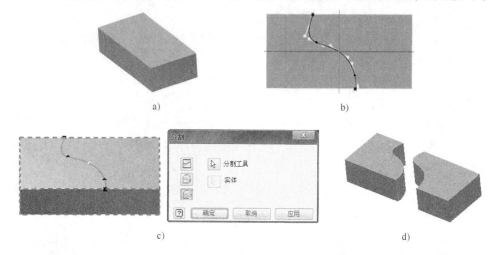

a）   b）

c）   d）

图 6-4　利用分割特征创建实体

a）新建实体模型　b）创建分割草图　c）分割实体　d）分割并移动实体后的效果

1）新建零件文件。新建零件文件并绘制如图 6-4a 所示实体。

2）绘制草图。在顶面上创建草图，利用样条曲线绘制如图 6-4b 所示草图，完成后退出草图环境。

3）单击"修改"工具面板上的 分割 命令按钮，弹出"分割"对话框，分割工具选择"样条曲线"，分割类型选择"分割实体"，如图 6-4c 所示，单击"确定"按钮，完成实体分割，将实体移动后效果如图 6-4d 所示。

三、多实体的相关操作

除了前面介绍的移动多实体等操作外，还有以下经常使用的针对多实体的操作。

1. 合并

在零件建模时如果零件比较复杂，可以将其拆分为几部分来建模，完成后再合并为一个实体。

单击"修改"工具面板上的"合并"命令按钮 合并，弹出"合并"对话框，如图 6-5a 所示，"基本体"选择"实体 1"、"工具体"选择"实体 2"，单击"确定"按钮，完成实体合并，"实体 2"的颜色变成"实体 1"的颜色，即工具体的颜色变为基本体的颜色，如图 6-5b 所示。实体的合并方式有求并、求差和求交 3 种方式，如图 6-6 所示。在"合并"对话框中如果勾选了"保留工具体"复选框，则合并后"实体 2"和"实体 1"合并为"实体 1"，同时"实体 2"仍然保存，如图 6-7 所示。

说明：合并特征至少需要两个实体，一个基础体，一个工具体，区别就在于哪个实体能够留存下来。合并特征完成后，需要保留下来的实体通常作为基础体，而不需要保留下来的实体通常作为工具体。当然在使用求并方式时，哪个作为基础体，并不影响最终几何形状，

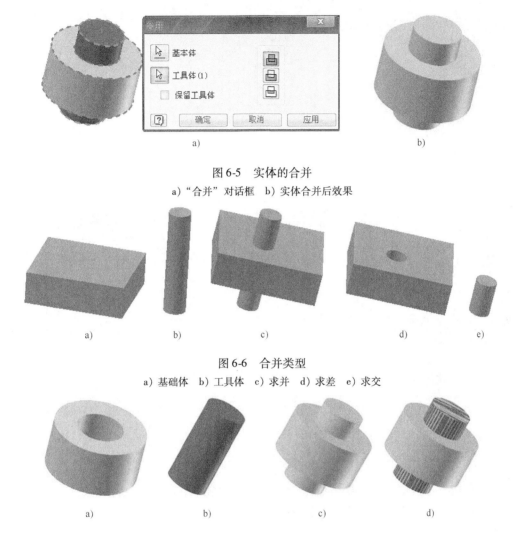

图6-5　实体的合并

a)"合并"对话框　b)实体合并后效果

图6-6　合并类型

a)基础体　b)工具体　c)求并　d)求差　e)求交

图6-7　保留工具体的实体合并

a)合并前的实体1　b)合并前的实体2　c)实体合并（不保留工具体）　d)实体合并（保留工具体）

而只决定哪个保留在模型中。

2. 重新命名实体

在多实体环境中，实体的默认名称是"实体1、"实体2"、"实体3"等，通常情况下需要每个实体都有比较明确的名字，实体名字的修改方法与Windows中修改文件名称的方法一样，在浏览器中找到需要修改名称的实体，单击实体名称两次，然后输入新实体名即可，如图6-8所示。还可以用右键单击需要修改名称的实体，在弹出的快捷菜单中选择"特性"选项，然后在弹出的"曲面体特性"对话框中修改实体的名称，在该对话框中还可以单击颜色窗口右边的下拉箭头来修改实体的颜色等内容，如图6-9所示。

3. 可见性控制

在设计的过程中，由于很多实体是紧密相连的，或者它们之间的空间非常狭小，这样在继续对每个实体添加新的建模特征时，由于所有实体都是可见的，因此很难准确选择需要选

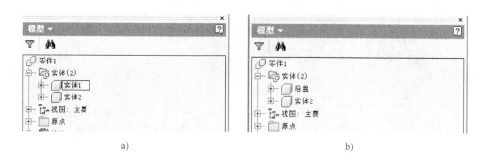

图 6-8　重新命名实体 1

a）修改前　b）修改后

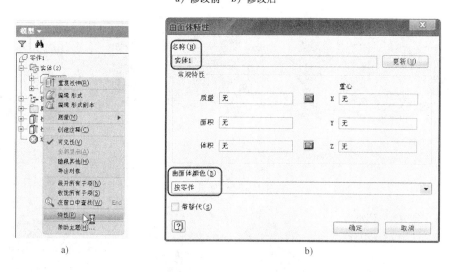

图 6-9　重新命名实体 2

a）选择"特性"选项　b）"曲面体特性"对话框

中的点、线或面，使得设计变得非常困难。为了解决这个问题，Inventor 提供了控制实体可见性的快捷菜单，介绍如下。

　　只要在图形显示或者浏览器中的某一个实体上单击鼠标右键，就可以看到如图 6-10 所示的快捷菜单。快捷菜单中控制实体可视性的选项有"可见性""全部显示"和"隐藏其他"。

　　首先需要指出，在设置实体可见性时支持单选和多选，按住 Ctrl 或者 Shift 键可以选中多个实体。

　　（1）可见性　设置所选零件是否可见，可见性包括 3 个状态。

　　1）如果所选中的实体当前全部可见，菜单前面将会显示一个对勾，并且对勾框配以明亮背景。这时如果单击菜单，所有选中实体将会变为不可见。

　　2）若选中的实体有可见和不可见的，菜单前面会显示一个对勾，并且对勾框配以灰暗背景。这时如果单击菜单，所有选中实体将会变为不可见。

　　3）若选中实体都不可见，菜单前面没有对勾，这时如果单击菜单，则所有选中实体将会变为可见。

　　（2）全部显示　将当前所有零件全部显示。"全部显示"选项只有在一个或几个实体处

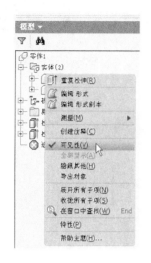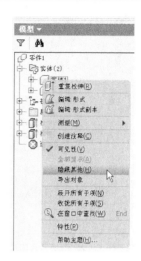

图 6-10 可见性设置

于不可见的状态时才会被激活。只要选择"全部显示"选项，所有实体都会变为可见而该选项也会随之变为被屏蔽的状态。

（3）隐藏其他 只显示被选择的零件而隐藏其他所有零件，是在只需要针对某个实体工作时，最为有用的一个功能。被选中的实体，不论当前可见与否，在选择"隐藏其他"选项后，都变成可见。而其他没有选中的实体都会立刻变为不可见。"隐藏其他"选项的功能类似于部件设计中的"隔离"命令。

四、自动生成零部件

在制作的多实体中包含了最终产品的多个单一的零件，而生产加工和安装时所需的工程图纸需要根据单一零件以及由它们组装的部件文件来组织。所以需要将多实体生成单一零件和部件文件。在 Inventor 2012 中，有两种方法可以帮助用户直接从多实体零件生成所有的单一零件和完整部件的所有文件，介绍如下。

（1）多实体零件环境下生成零件的方法 这是在零件环境中逐个创建零件的方法。首先打开光盘中的"模块六\加厚偏移特征创建实体. ipt"文件。在零件环境中，进入"管理"功能选项卡，单击"布局"工具面板上的"生成零件"命令按钮，弹出"生成零件"对话框，选中并单击"实体 1"后，弹出 Inventor 提示框，然后单击"确定"按钮关闭提示框，如图 6-11 所示。单击"生成零件"对话框中的"确定"按钮，完成零件创建，并自动进入部件环境。

返回到加厚偏移特征创建实体环境，重复上述操作，可将实体 2 生成零件。进入到自动生成的部件文件，单击"保存"按钮，弹出"保存"对话框，如图 6-12 所示。保持默认设置，然后单击"确定"按钮，将多实体环境下的实体特征生成零件。

利用该方法创建的零件，都自动放在一个部件里，而且每个零件都是按照其在多实体零件中的位置重新摆好，并且进行了固定。在浏览器中，可以看到在每个零部件名称上均有一个小图钉图标，如图 6-13 所示。要改变其约束位置，只需将固定解除，重新添加约束即可。

说明：采用该方法创建的零件的材质都是默认的，尽管在多实体零件中已经设置了零件材质。例如进入多实体零件"加厚偏移特征创建实体. ipt"，单击"应用程序"图标上的下拉箭头，在弹出的下拉菜单中选择 iProperty 选项，如图 6-14 所示。弹出如图 6-15 所示对话

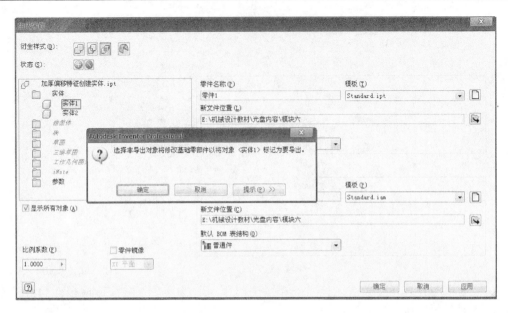

图 6-11　"生成零件"对话框

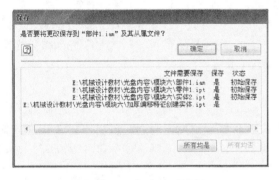

图 6-12　"保存"对话框

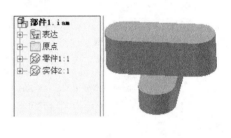

图 6-13　自动生成部件文件

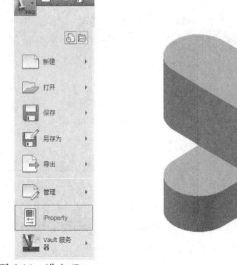

图 6-14　进入 iProperty

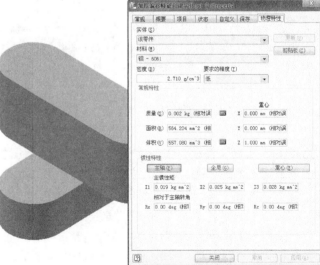

图 6-15　多实体零件的物理特性

框，单击"物理特性"选项卡，在"材料"下拉列表中发现实体材料是"铝-6061"。单击"关闭"按钮，关闭 iProperty 对话框，打开刚才生成的"零件1. ipt"。打开 iProperty 对话框，单击"物理特性"选项卡，在"材料"下拉列表中看到零件1的材料是"默认"，如图6-16所示。因此采用此种方法衍生的零件的材质是不能传承的。

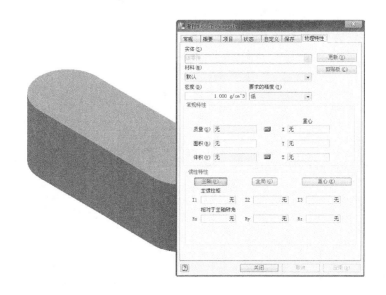

图 6-16　生成零件的 iProperty 对话框

（2）多实体零件环境下生成零部件的方法　这是在零件环境中自动、成批地创建零件的方法。该方法不需要对生成的零件重新命名，它会按照多实体零件中实体名称自动进行命名。下面进行举例说明。

首先打开光盘中的"模块六 \ 分割特征创建实体. ipt"文件，在零件环境中，进入"管理"功能选项卡，单击"布局"工具面板上的"生成零部件"命令按钮，弹出"生成零部件：选择"对话框，在浏览器中选中几个实体，在"生成零部件：选择"对话框的列表中就添加相对应的几个实体，如图6-17a所示。

单击"下一步"按钮，弹出"生成零部件：实体"对话框，如图6-17b所示。单击"确定"按钮，完成零部件的创建，并自动进入部件环境，如图6-18所示，将部件保存，这样就一次生成了多个零件。

说明：

1）对比这两个命令，发现它们非常相似。简单来说，生成零部件功能所提供的选项少，可以让用户快速转换，并基本保存多实体零件原貌，是常用的命令。

2）由多实体生成零件和部件后，多实体零件源文件与拆分后的零件必须同时存在，修改多实体零件源文件中的参数及特征结构，这些变化都将映射到拆分的实体零件上。反过来，在拆分的实体零件上后期发生的变化则不会映射到源文件上，同样拆分零件的材质也不会传承源文件的材质。

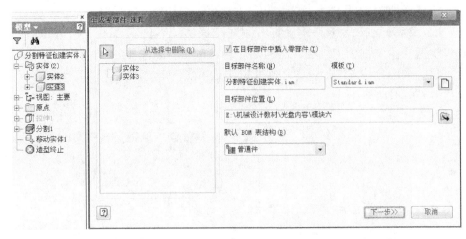

a)

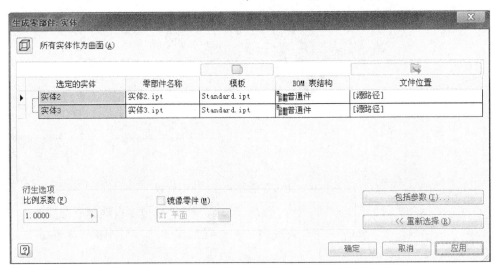

b)

图 6-17　生成零部件

a) "生成零部件：选择" 对话框　b) "生成零部件：实体" 对话框

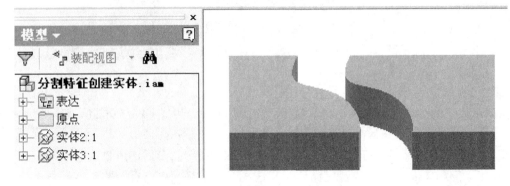

图 6-18　生成零部件后自动生成的部件文件

【任务实施】

1. 新建文件

新建零件文件。

2. 创建边框实体

(1) 绘制草图 绘制如图 6-19 所示草图，并将草图全约束后退出。

(2) 创建拉伸特征 将上一步创建的草图进行拉伸，拉伸距离为 12mm，拉伸方向选择"对称"拉伸，如图 6-20 所示。

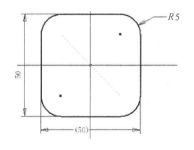

图 6-19 绘制草图

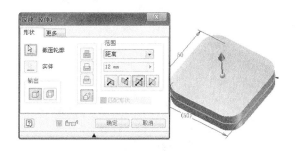

图 6-20 创建拉伸特征

(3) 圆角处理 实体的后表面（单击 View Cube 的"后"）进行圆角处理，圆角半径为 5mm，如图 6-21 所示。

(4) 设置实体材质 在浏览器中选择"实体 1"，然后在快速访问工具条的"颜色替代"下拉列表中选择"铬合金"，单击列表下面的"颜色"命令按钮 颜色...，如图 6-22 所示。打开"样式和标准编辑器"对话框，进入"凸纹贴图"选项卡，勾选"使用凸纹图像"复选框，弹出"纹理选择器"对话框。在该对话框中选择第一个贴图，如图 6-23 所示。单击"确定"按钮，关闭"纹理选择器"对话框。在"样式和标准编辑器"对话框中，将标准外观的缩放比例调整到 15%。最后单击"确定"按钮完成材质设置，效果如图 6-24 所示。

图 6-21 圆角处理

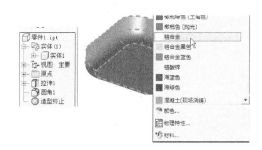

图 6-22 设置材质

3. 创建后壳

(1) 绘制草图 1 在 XZ 平面上新建草图 1，按 F7 键进入切片观察方式，绘制如图 6-25 所示草图 1，完成草图后退出。

(2) 分割实体 单击"修改"工具面板上的"分割"按钮，以上一步创建的草图为分割工具将实体进行分割，分割类型选择"分割实体"，如图 6-26 所示。单击"确定"按钮，

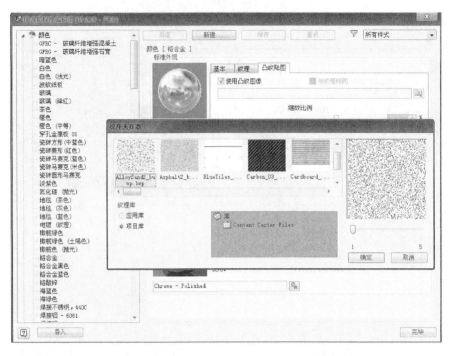

图 6-23　"样式和标准编辑器"对话框

完成实体分割。发现浏览器中的"实体 1"变为"实体 2"和"实体 3"，将"实体 3"的颜色改为黑色，如图 6-27 所示。

图 6-24　设置材质后效果

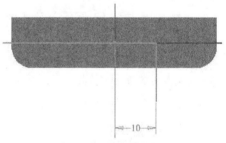

图 6-25　绘制草图 1

图 6-26　分割实体

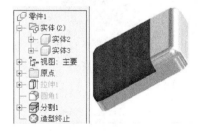

图 6-27　分割实体后浏览器的变化

（3）绘制草图 2　在 YZ 平面上新建草图 2，按 F7 键进入切片观察方式，绘制如图 6-28 所示草图 2，将投影线设置为构造线，完成草图后退出。

（4）分割实体　以上一步绘制的草图为分割工具将实体进行分割，分割类型选择"分割实体"，实体选择"实体 2"，如图 6-29 所示。单击"确定"按钮，完成实体分割。

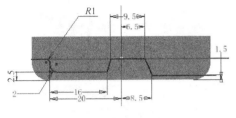

图 6-28　绘制草图 2

图 6-29　分割实体

（5）合并实体　单击"修改"工具面板上的"合并"按钮，基本体选择"实体 3"、工具体选择"实体 5"，将两个实体进行合并，如图 6-30a 所示。单击"确定"按钮，完成实体的合并，合并后效果如图 6-30b 所示。

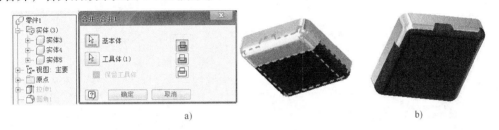

a)

图 6-30　合并实体
a）合并两实体　b）合并实体后效果

（6）实体重命名　在浏览器中将"实体 4"重命名为"边框"，将合并后的"实体 3"重命名为"后壳"，如图 6-31 所示。

图 6-31　重命名实体名称

4. 创建前壳

（1）绘制草图 1　在图 6-32a 所示的零件前面上新建草图 1，将投影的轮廓线向内侧偏移 1mm，并把投影线设置为构造线，如图 6-32b 所示，完成草图后退出。

（2）创建拉伸特征 1　将上一步创建的草图 1 进行拉伸，拉伸方式选择"求差"，拉伸距离为 1mm，如图 6-33a 所示。完成后效果如图 6-33b 所示。

（3）圆角处理　对图 6-34a 所示的边进行圆角处理，圆角半径为 1mm，圆角后效果如图 6-34b 所示。

（4）创建草图 2　在 YZ 平面上新建草图 2，绘制如图 6-35a 所示草图 2，圆弧的中点与坐标原点垂直对齐，两个端点水平对齐，将坐标原点与圆弧中点之间的连线设置为中心线。单击"修改"工具面板上的"分割"按钮后，选择中心线端点，将圆弧分割为两段，如图

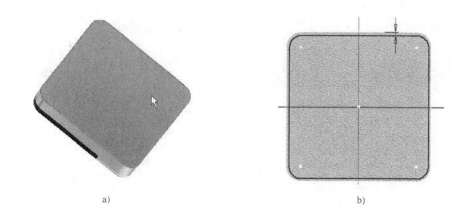

a)　　　　　　　　　　　　　　　b)

图 6-32　绘制草图

a）选择草图所依附的平面　b）创建草图 1

a)　　　　　　　　　　　　　　　b)

图 6-33　创建拉伸特征及拉伸后效果

a）创建拉伸特征　b）拉伸后效果

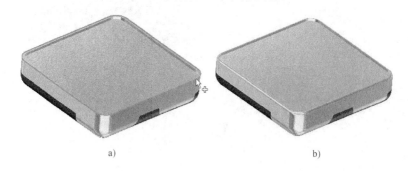

a)　　　　　　　　　　　　　　　b)

图 6-34　圆角处理

a）选择圆角边　b）圆角后效果

6-35b 所示。将分割后的一段圆弧改为构造线，如图 6-35c 所示，完成后退出草图。

　　在如图 6-36a 所示的创建拉伸特征后的面上继续创建草图 3，自动投影轮廓线，完成后退出草图，如图6-36b 所示。

　　（5）创建曲面　打开"旋转"对话框，截面选择步骤（4）分割后的一段圆弧，旋转轴选择"中心线"，输出方式选择"曲面输出"，如图6-37 所示。

　　（6）创建拉伸特征 2　将如图 6-36b 所示草图进行拉伸，拉伸范围选择"到"，然后选择旋转曲面，并选择新建实体，如图 6-38 所示。完成实体创建后将旋转曲面设为不可见。

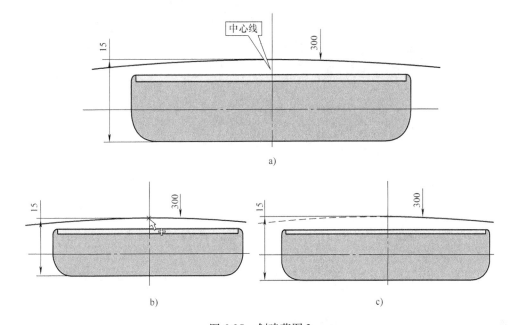

图 6-35 创建草图 2

a) 绘制草图 b) 分割圆弧 c) 设置线型

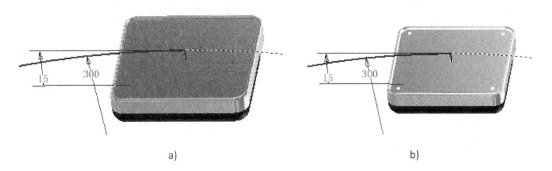

图 6-36 创建草图 3

a) 选择草图所依附的平面 b) 自动投影轮廓线

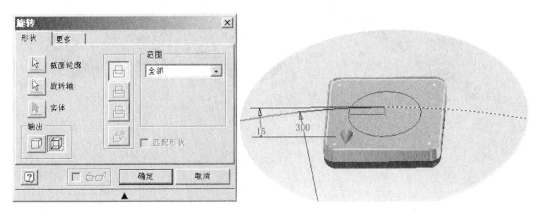

图 6-37 创建旋转曲面

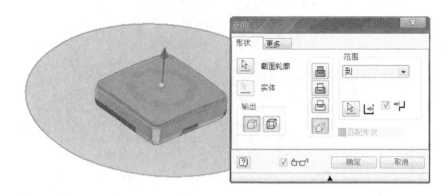

图 6-38　创建拉伸特征

（7）设置实体颜色　将上一步创建的实体名称重命名为"前壳"，并将其颜色设置为"蓝灰色"，如图 6-39 所示。

（8）圆角处理　将"前壳"实体进行圆角处理，圆角半径为 2mm，效果如图 6-40 所示。

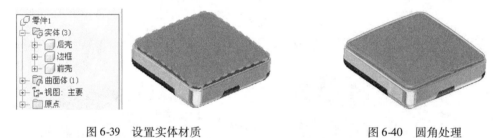

图 6-39　设置实体材质　　　　　　　　　图 6-40　圆角处理

5. 创建音量加减键实体

（1）创建草图 1　在如图 6-41a 所示边框的右侧面上新建草图 1，将投影线设置为构造线，如图 6-41b 所示，完成后退出草图环境。

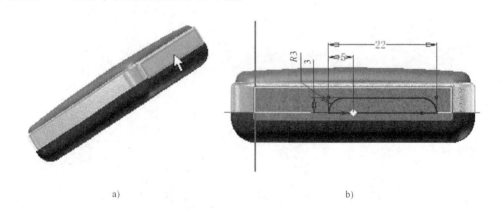

a)　　　　　　　　　　　　　　　　　　b)

图 6-41　创建草图 1
a）选择草图所依附的平面　b）绘制草图 1

（2）创建拉伸特征　将上一步创建的草图进行拉伸，实体选择"边框"，拉伸距离为 2mm，拉伸方式选择"求差"，如图 6-42 所示。

图 6-42 创建拉伸特征

（3）创建草图 2 在上一步创建的拉伸特征面上新建草图 2，按 F7 键进入切片观察方式。自动投影轮廓线并绘制一条直线，如图 6-43 所示，完成后退出草图环境。

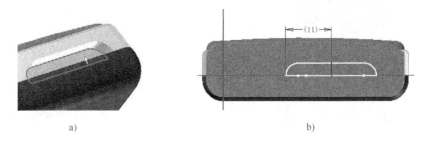

a) b)

图 6-43 创建草图 2

a) 选择草图所依附的平面 b) 绘制草图 2

（4）新建实体 将上一步创建的草图中的左半部分几何图元进行拉伸，拉伸距离为 2mm，并单击"新建实体"按钮，如图 6-44 所示。

（5）将草图可见 在浏览器中将步骤（3）创建的草图 2 可见，如图 6-45 所示。

图 6-44 新建实体

图 6-45 将草图可见

（6）编辑草图 将草图 2 可见后，发现草图 2 中未参与拉伸特征创建的部分几何图元消失了，需要重新编辑草图 2，将不可见的部分几何图元补上。在浏览器中的草图名称上单击右键，然后在弹出的快捷菜单中选择"编辑草图"选项，进入草图环境后按 F7 键进入切片观察方式，重新绘制不可见的几何图元，如图 6-46 所示，完成后退出草图环境。

（7）新建实体 将草图中未参与拉伸特征创建的几何图元进行拉伸，拉伸距离为

2.5mm，选择新建实体，如图 6-47 所示。

（8）合并实体　首先将步骤（5）可见的草图隐藏，然后将步骤（4）和步骤（7）新建的实体进行合并，并将合并后的新实体重命名为"音量加减键"，同时将其材质设置为"金属光泽金色"，如图6-48所示。

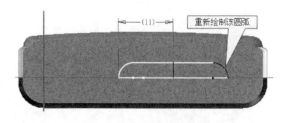

图 6-46　重新绘制圆弧

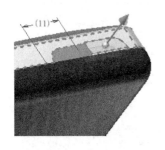

图 6-47　新建实体

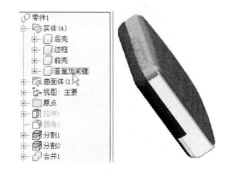

图 6-48　实体合并

（9）圆角处理　将合并后的实体进行圆角处理，圆角半径均为 0.2mm ，如图 6-49 所示。

（10）创建工作面　创建一平行于按键表面、且偏移距离为 6mm 的工作面，如图 6-50 所示。

（11）创建草图 3　在新创建的工作面上创建草图 3，绘制如图 6-51 所示的草图 3。图形尺寸自定义，完成后退出草图环境。

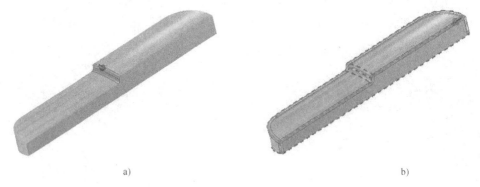

a)　　　　　　　　　　　　　　　　　　　b)

图 6-49　圆角处理
a) 圆角 1　b) 圆角 2

（12）创建凸雕特征　将上一步创建的部分几何图元进行凸雕，凸雕方式为"从面凹雕"，凸雕深度为 0.2mm，勾选"折叠到面"复选框，选择凸雕实体的面，凸雕的顶面颜色设置为"黑色"，如图 6-52a 所示。

将上一步创建的草图 3 设为可见，再对另一几何图元进行凸雕，设置方式和上面一致。完成后将草图、工作面均设为不可见，效果如图 6-52b 所示。

图 6-50　创建工作面

图 6-51　创建草图 3

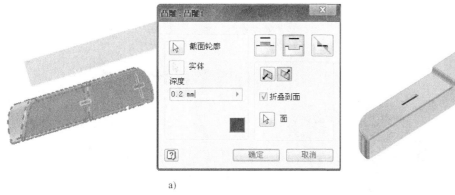

a)

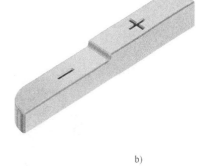

b)

图 6-52　创建凸雕

a)"凸雕"对话框设置　b)凸雕后效果

6. 返回/播放键、读写锁定键实体的创建

方法与音量加减键的创建基本相似，这里不再赘述，创建后效果如图 6-53 所示。

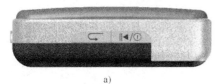

a)

b)

图 6-53　返回/播放键、读写锁定键实体的创建

a) 返回/播放键实体的创建（边框上表面上）　b) 读写锁定键实体的创建（边框下表面上）

7. 录音键实体的创建

（1）创建草图 1　在如图 6-54a 所示平面上新建草图 1，绘制如图 6-54b 所示图形，完成后退出草图环境。

（2）创建拉伸特征　将上一步绘制的草图进行拉伸，如图 6-55 所示。

（3）创建草图 2　在上一步创建的拉伸特征面上新建草图 2，如图 6-56 所示，完成后退出草图环境。

（4）拉伸实体　将创建的草图 2 进行拉伸，在"拉伸"对话框中单击"新建实体"按钮，如图 6-57 所示。

（5）重命名实体名称　将上一步的新建实体重命名为"录音键"，并将其材质设置为

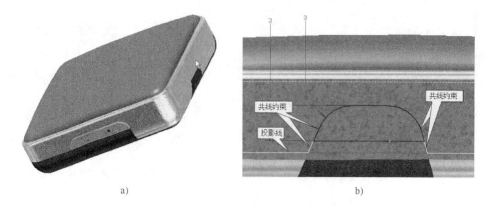

图 6-54 创建草图 1

a）选择草图所依附的平面 b）绘制草图

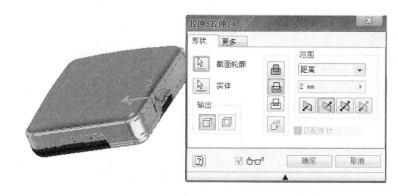

图 6-55 创建拉伸特征

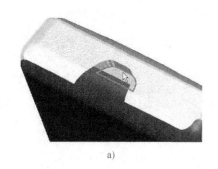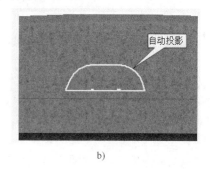

图 6-56 创建草图 2

a）选择草图所依附的平面 b）绘制草图

"金属光泽金色"，如图 6-58 所示。

（6）圆角处理 在浏览器的"录音键"实体名称上单击右键，然后在弹出的快捷菜单中选择"隐藏其他"选项，如图 6-59 所示，将除录音键实体以外的其他实体设为不可见。对实体进行圆角处理，如图 6-60 所示，完成后再将其他实体可见。

（7）创建凸雕特征 在实体表面上新建草图，输入文本"REC"，并将文本的字号设置为 1.5mm，完成后退出草图环境。利用凸雕特征将文本凸雕，凸雕方式选择"从面凹雕"，深度为 0.2mm，凸雕的顶面颜色设置为"黑色"，完成后效果如图 6-61 所示。

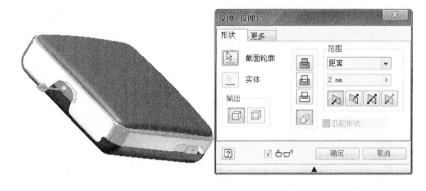

图 6-57　新建实体

图 6-58　实体重命名　　　　　　　　　　　　图 6-59　隐藏实体

图 6-60　圆角处理

图 6-61　凸雕后效果

8. USB 接口盖实体的创建

（1）创建偏移曲面　选择如图 6-62a 所示的面进行偏移，选择曲面输出，距离为 0mm。偏移完成后将其他实体都隐藏，效果如图 6-62b 所示。

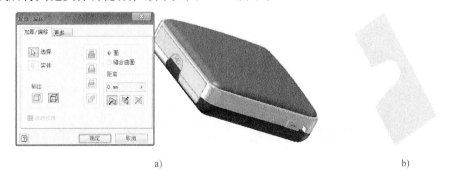

a)　　　　　　　　　　　　　　　　　　　　b)

图 6-62　创建偏移曲面

a）偏移曲面　b）偏移后效果

（2）创建草图1　首先将其他实体都设为可见，将曲面隐藏，在如图6-63a所示面上绘制如图6-63b所示图形。

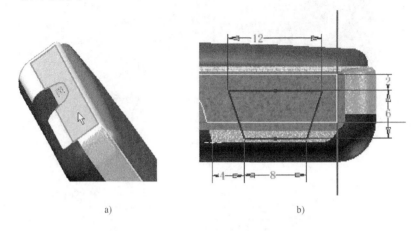

a)　　　　　　　　　　　　　　b)

图 6-63　创建草图 1

a）选择草图所依附的平面　b）绘制草图

（3）创建拉伸特征　将上一步绘制的图形进行拉伸，如图6-64所示。

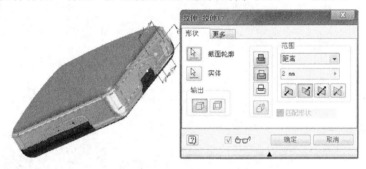

图 6-64　创建拉伸特征

（4）圆角处理　对上一步创建的拉伸特征进行圆角处理，圆角边选择4条棱边，圆角半径为1mm。

（5）创建草图2　在如图6-65a所示上面第3步拉伸后的面上新建草图2，自动投影轮廓，如图6-65b所示，然后退出草图环境。

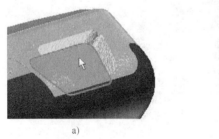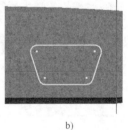

a)　　　　　　　　　　　　　　b)

图 6-65　创建草图 2

a）选择草图所依附的平面　b）投影轮廓

（6）新建实体　将上一步创建的草图进行拉伸，选择新建实体，拉伸距离为2mm，完成后将实体重命名为"USB接口盖"，并将该实体的材质设置为"黑乙烯基（纹理）"，效果如图6-66所示。

（7）修剪实体　新建实体后发现实体凸出边框，这不是想要的结果，因此需要对其进行修剪。首先将步骤（1）偏移的曲面设为可见，然后利用"分割"命令进行修剪，分割工具选择偏移曲面，如图6-67所示，完成后再将偏移曲面设为不可见。

图6-66　新建实体

图6-67　修剪实体

（8）圆角处理　将修剪后的实体表面进行圆角处理，圆角半径为0.2mm。

9. MIC孔、复位孔的制作

MIC孔、复位孔的制作过程不再详细介绍，效果如图6-68所示。

图6-68　MIC孔、复位孔的制作

a）MIC孔制作后效果　b）复位孔制作后效果

10. 耳机孔实体的制作

（1）偏移曲面　选择如图6-69a所示的边框上表面进行偏移，选择曲面输出，偏移距离为0mm。重复偏移所选曲面，偏移距离为0.1mm，偏移后效果如图6-69b所示。

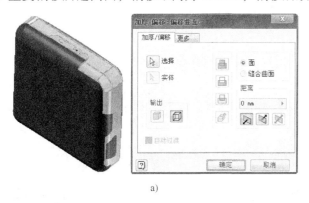

图6-69　偏移曲面

a）偏移曲面1　b）偏移后的曲面

（2）绘制草图　首先将上一步创建的两个偏移面隐藏，然后绘制如图6-70所示图形。

（3）创建拉伸特征　将上一步绘制的草图中直径为6的圆进行拉伸，拉伸方式选择"求

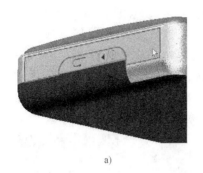
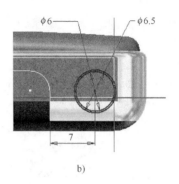

a)   b)

图 6-70　创建草图

a) 选择草图所依附的平面　b) 绘制图形

差", 拉伸距离为 2mm, 如图 6-71a 所示。

完成后将草图设为可见。重复操作, 将草图中的圆环部分进行拉伸, 拉伸距离为 1mm, 拉伸方式选择"求并", 拉伸方向选择"对称"拉伸, 如图 6-71b 所示, 完成后再将草图设为不可见。

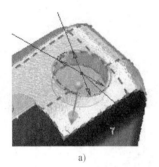
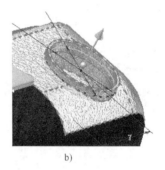

a)   b)

图 6-71　创建拉伸特征

a) 拉伸特征 1　b) 拉伸特征 2

（4）设置特性颜色　将上一步创建的拉伸特征 2 的特性颜色设置为"铬合金蓝色", 将拉伸孔的底面颜色设置为"黑色", 如图 6-72 所示。

（5）创建草图　在孔底面上新建草图, 自动投影轮廓, 将投影的轮廓线向内偏移 0.2mm, 如图 6-73 所示。

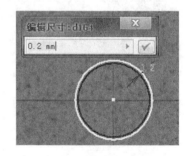

图 6-72　设置特性颜色后效果　　　　　　图 6-73　绘制草图

（6）新建耳机孔实体　将上一步创建的草图圆环部分进行拉伸, 拉伸距离为 2mm, 单击"新建实体"按钮, 如图 6-74 所示。

图 6-74　新建耳机孔实体

（7）修改实体名称　将上一步新建的实体名称重命名为"耳机孔"，并将其材质设置为"黑色"，如图 6-75 所示。

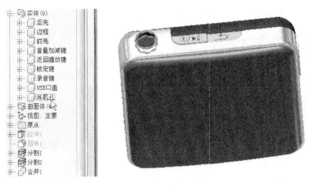

图 6-75　修改实体名称

（8）修剪特征　将步骤（1）创建的偏移面 2 可见，利用分割特征将步骤（3）创建的拉伸特征 2 进行修剪，实体选择"边框"，如图 6-76 所示。分割后将偏移面再次隐藏，并将分割特征的特性颜色设置为"铬合金蓝色"。

（9）修剪实体　将除耳机孔以外的其他实体隐藏，将步骤（1）创建的偏移面 1 设为可见。利用分割特征将步骤（6）新建的耳机孔实体进行修剪，分割工具选择偏移面 1，实体选择"耳机孔"，如图 6-77 所示。完成修剪后将偏移面隐藏、所有实体设为可见，分割特征的特性颜色设置为"黑色"。

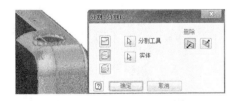

图 6-76　修剪特征

图 6-77　修剪实体

（10）圆角处理　将实体进行圆角处理，圆角半径均为 0.1mm，如图 6-78 所示，并将圆角的特性颜色设置为相应的颜色。

11. 读写锁图标的制作

利用凸雕特征创建读写锁图标，完成后如图 6-79 所示。

图 6-78   圆角处理   图 6-79   读写锁图标

12. 防掉绳扣的制作

（1）创建草图并拉伸 1   创建如图 6-80 所示的草图 1，并将草图 1 进行拉伸，拉伸距离为 2mm，拉伸方式选择"求差"，完成后将拉伸特征的特性颜色设置为"黑色"，如图 6-81 所示。

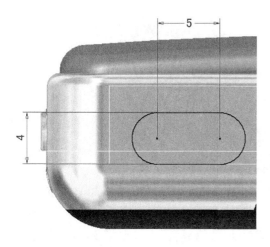

图 6-80   绘制草图 1   图 6-81   拉伸后效果

（2）创建草图并拉伸 2   创建如图 6-82 所示的草图 2，并将草图 2 进行拉伸，选择拉伸到面，如图 6-83 所示。

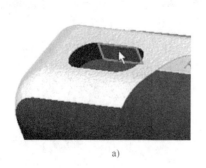

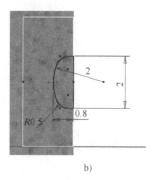

a)   b)

图 6-82   创建草图 2

a）选择草图所依附的平面   b）绘制图形

（3）圆角处理   如图 6-84 所示。

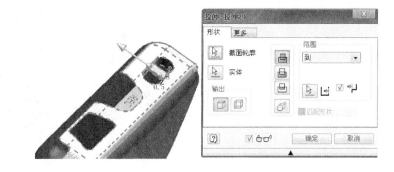

图 6-83　创建拉伸特征

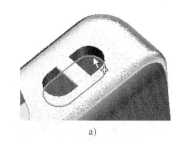

a)

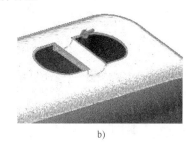

b)

图 6-84　圆角处理

a) $R1.8$ 圆角　b) $R0.1$ 圆角

13. 前壳实体的贴图

（1）创建工作面　创建一个平行于 XY 平面且偏移距离为 30mm 的工作面，如图 6-85 所示。

（2）创建草图　在上一步创建的工作面上新建草图，导入图片，并调整图片大小与位置，如图 6-86 所示，完成后退出草图环境。

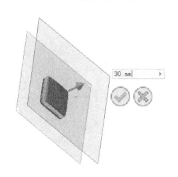

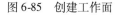

图 6-85　创建工作面

图 6-86　导入图片

（3）创建贴图特征　将上一步导入的图片贴在"前壳"实体上，如图 6-87 所示。

14. 生成零部件

进入"管理"功能选项卡，单击"布局"工具面板上的"生成零部件"按钮，弹出"生成零部件：选择"对话框，选择所有的实体，如图 6-88a 所示。单击"下一步"按钮，弹出"生成零部件：实体"对话框，如图 6-88b 所示，选择默认设置，单击"确定"按钮，进入自动生成的部件环境，如图 6-88c 所示。将部件保存时，弹出"保存"对话框，如图

6-88d 所示，选择默认设置，单击"确定"按钮，完成零部件的生成。

15. 重新贴图

在部件环境中，可发现多实体中的贴图没有传承到部件环境，因此需要打开生成的"前壳.ipt"零部件重新进行贴图。完成贴图后进入部件环境，单击快速访问工具条上的"本地更新"命令按钮  即可。重新保存部件文件。

说明：由于多实体环境中的贴图，在创建零部件后不能传承到零件。因此在多实体环境可以不用贴图，生成零部件以后再打开需要贴图的零件进行贴图。

图 6-87　贴图

a)

b)

图 6-88　生成零部件

a)"生成零部件：选择"对话框　b)"生成零部件：实体"对话框

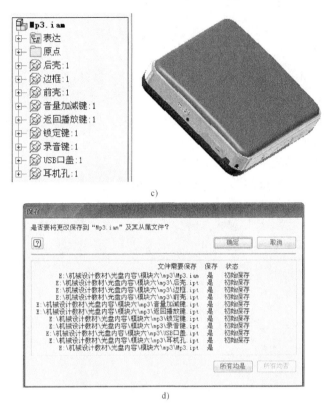

c)

d)

图 6-88 生成零部件（续）

c）自动生成的部件文件 d）"保存"对话框

【拓展练习】

如图 6-89 所示 Ipod 的模型。

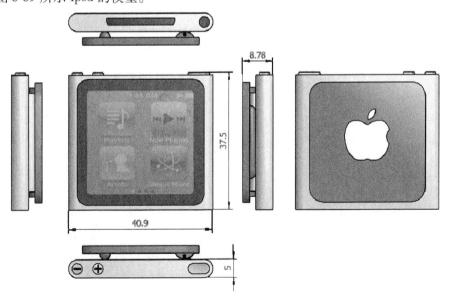

图 6-89 拓展练习

模 块 小 结

本模块通过一个 MP3 制作，介绍了基于多实体的零件设计方法。其实在 Inventor 中，多实体生成的方法除了在实例中用到的设计方法以外，还可以通过衍生、复制对象、编辑零件中已有的实体类特征创建实体等方法来完成。对于这些方法，读者可参考其他书籍或者 Inventor 自带的帮助文件进行学习。

使用多实体环境完成的零件设计具有的优势如下：

1）不需要事先计划部件或者零件文件的组成结构。

2）大大减少了文件的数量。

3）文件之间的相互引用和依赖大大减少。

4）设计过程更加流畅自然，无需考虑过多的设计以外的事情。

5）所有零件的设计都可以在一个零件文件中完成。

模块七 塑料零件设计

任务 音箱外壳的设计

【学习目标】

- ◆ 掌握栅格孔特征的使用方法。
- ◆ 掌握凸柱特征的使用方法。
- ◆ 掌握止口特征的使用方法。
- ◆ 掌握支撑台特征的使用方法。
- ◆ 掌握卡扣式连接特征的使用方法。
- ◆ 掌握规则圆角特征的使用方法。
- ◆ 能够对音箱的塑料外壳进行设计。

【任务导入】

现代生活已经离不开塑料类制品。塑料零件的生产加工与金属零件有很大不同，在设计上也有区别。前面学习的主要是金属零件的设计，本模块将以图 7-1 所示的音箱外壳为例，来介绍 Inventor 2012 中塑料零件的设计方法。

图 7-1　音箱外壳

有关本模块的知识介绍将本着从简的原则，只介绍音箱外壳实例制作过程中用到的知识点。在该实例的制作过程中用到的塑料零件特征有栅格孔、凸柱、支撑台、卡扣式连接、规则圆角、止口。下面来学习这些特征的使用方法。

【知识准备】

"塑料零件"工具面板位于默认的"模型"功能选项卡下，如图 7-2 所示。该工具面板包含了 6 个专门用于设计塑料零件上常见结构的特征。下面将逐一介绍每个特征的使用方法。

图 7-2 "塑料零件"工具面板

一、栅格孔

在音箱外壳上经常使用各种形状的网格，称为栅格孔，其一般是基于散热需求和输出声音需求来设计的。因此栅格孔是音箱外壳上极为常见的几何形状之一，如图 7-3 所示就是一塑料外壳上的栅格孔。栅格孔特征是基于草图的特征，在已有草图情况下单击"塑料零件"工具面板上的 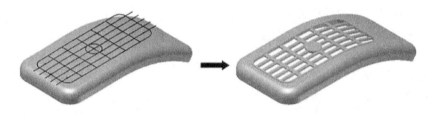 栅格孔命令按钮，即可打开"栅格孔"对话框，如图 7-4 所示。下面分别介绍"栅格孔"对话框中几个选项卡的应用。

图 7-3 栅格孔

（1）"外部轮廓"选项卡 外部轮廓是用来限制栅格孔范围的，其截面轮廓必须是封闭的。将对话框展开后还可以进行通风面积的设置，如图 7-4 所示。

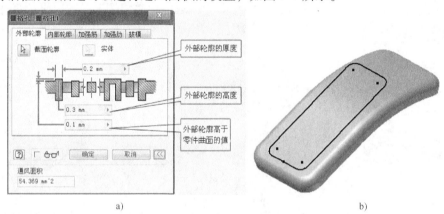

图 7-4 外部轮廓设计

a）"外部轮廓"选项卡 b）外部轮廓草图

（2）"内部轮廓"选项卡 内部轮廓是指栅格孔中填满材料的区域，通常在栅格孔中心处，其截面轮廓也必须是封闭的。应用时内部轮廓通常与零件抽壳的厚度相同，如图 7-5 所示。

（3）"加强筋"选项卡 加强筋是填充栅格孔区域的一组曲线，其截面轮廓可以是封闭的，也可以是开放的。应用时其表面一般与外部轮廓的表面平齐或稍微低点，如图 7-6 所示。

（4）"加强肋"选项卡 加强肋一般用来提高加强筋的硬度，其截面轮廓可以是封闭

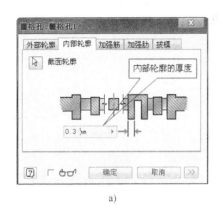
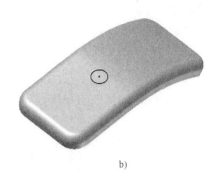

a)　　　　　　　　　　　　　　　b)

图7-5　内部轮廓设计

a)"内部轮廓"选项卡　b)内部轮廓草图

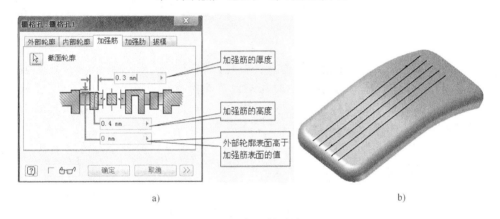

a)　　　　　　　　　　　　　　　b)

图7-6　加强筋设计

a)"加强筋"选项卡　b)加强筋草图

的，也可以是开放的，也可与外部轮廓属于同一草图，如图7-7所示。

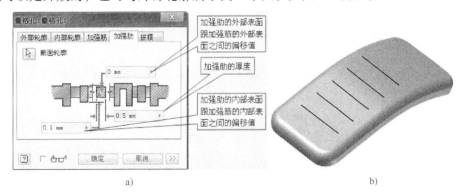

a)　　　　　　　　　　　　　　　b)

图7-7　加强肋

a)"加强肋"选项卡　b)加强肋草图

二、凸柱

在塑料零件中，螺栓或螺钉连接是零件之间常用的连接方式，因此在设计中用于螺栓连接的凸柱是必不可少的。由于螺栓连接的凸柱都是两两配对的，如图7-8所示，因此 Inventor 中的凸柱特征也提供了两个模式，即螺栓头和螺纹。下面分别对这两个模式进行介绍。

1. 螺栓头模式

单击"塑料零件"工具面板上的 凸柱 命令按钮，即可打开"凸柱"对话框，默认情况下选择的是"螺栓头"，如图 7-9 所示。

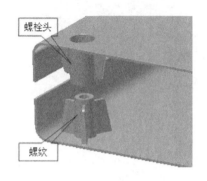

图 7-8　凸柱　　　　　　　　　　　　　图 7-9　"凸柱"对话框

（1）"形状"选项卡　用来指定螺栓位置，在该选项卡中，"放置"下拉列表中可以选择"参考点"或"草图点"，"圆角"选项用于设置螺栓头底部的圆角半径。

（2）"端部"选项卡　用来指定凸柱头特征的参数，头特征有沉头孔、倒角孔两种样式，可根据需要进行选择，其他参数如图 7-10 所示。

（3）"加强筋"选项卡　进入选项卡后各参数默认灰显，只有在勾选"加强筋"复选框后各参数才能进行设置，如图 7-11 所示。

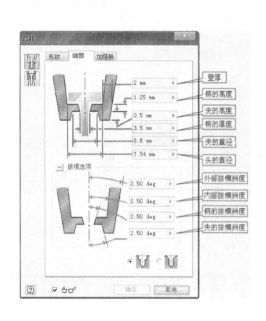

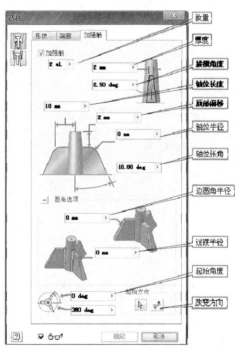

图 7-10　"端部"选项卡　　　　　　　　　　图 7-11　"加强筋"选项卡

2. 螺纹模式

在"凸柱"对话框中选择螺纹模式时，"形状"选项卡、"加强筋"选项卡的设置与螺栓头模式是一样的，这里不再介绍。区别是"螺纹"选项卡代替了"端部"选项卡，在该选项卡下如果未勾选"孔"复选框，螺纹凸柱则变为顶针，如图 7-12a 所示。勾选"孔"复选框时的各项参数如图 7-12b 所示。

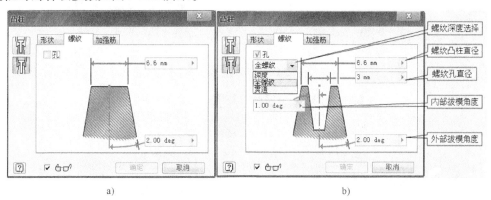

a)　　　　　　　　　　　　b)

图 7-12　"螺纹"选项卡

a) 顶针模式　b) 螺纹孔模式

三、支撑台

所谓支撑台，就是在一个曲面薄壁上设计出来的一个平面，其部分在实体内突出，部分在实体外突出，平台面区域可用于另一零件的放置，如图 7-13 所示。从图中可以看出，支撑台对薄壁塑料件既添加材料，也去除材料。支撑台的截面轮廓必须是封闭的草图。单击"塑料零件"工具面板上的 支撑台 命令按钮，即可打开"支撑台"对话框。

图 7-13　支撑台

（1）"形状"选项卡　在该选项卡中，支撑台的终止方式有"距离"、"贯通"和"目标曲面"3 种，类似于拉伸特征中的拉伸范围，默认是第一种，如图 7-14 所示。

（2）"更多"选项卡　在该选项卡中，平台面的位置选项有"距离"和"目标曲面"两种方式，如果选择"目标曲面"，可以构建平台面是曲面的支撑台，如图 7-15 所示。

四、止口

在组装两个薄壁塑料零件时，在接口处通常都会有止口，以便让两个对接的零件进行精确定位。类似于前面学习的凸柱，止口特征也有两个模式，即止口和槽，如图 7-16 所示。

1. 止口模式

单击"塑料零件"工具面板上的 止口 按钮，即可弹出"止口"对话框，对话框中的

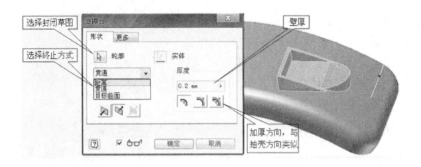

图 7-14　"形状"选项卡

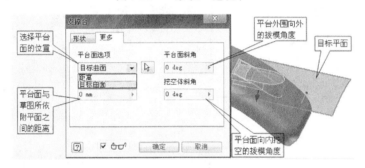

图 7-15　"更多"选项卡

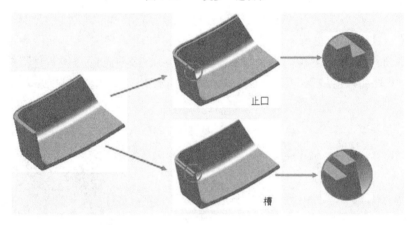

图 7-16　止口

默认模式是止口,如图 7-17 所示。

(1)"形状"选项卡

1)"路径边"选项。用于选定止口的路径,可以选择外壳界面的内边或者外边,也可以同时选择,所选路径必须是相切连续的。

2)"引导面"选项。通常为要添加止口的零件表面。

3)"拔模方向"复选框。勾选该复选框后,显示拔模方向选择箭头,此时"引导面"选项变为不可选,拔模方向与引导面作用类似,设置一处即可。

4)"路径范围"复选框。勾选该复选框后,显示路径范围选择箭头,用来选择结束止口的点或者面。

 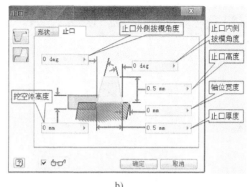

a)　　　　　　　　　　　　　　b)

图 7-17　止口模式

a) 止口模式下的"形状"选项卡　b) 止口模式下的"止口"选项卡

（2）"止口"选项卡　该选项卡中各参数的设置如图 7-17b 所示。

2. 槽模式

创建完止口，在创建槽时 Inventor 会自动记忆上次使用的数值，只需选择路径边和引导面，其他默认就可以使槽与止口完全匹配。槽模式下的"形状"选项卡与止口模式下的"形状"选项卡相同，这里不再赘述。"槽"选项卡中各参数的设置如图 7-18 所示。

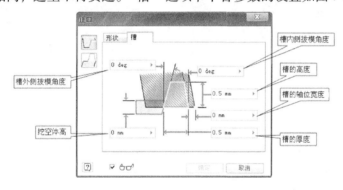

图 7-18　槽模式下的"槽"选项卡

五、规则圆角

规则圆角其实是圆角功能的扩展，在定义规则圆角的过程中不需要去选择圆角边，只选择规则圆角所需要参考的几何特征即可，程序自动选择符合条件的边做圆角。单击"塑料零件"工具面板上的 规则圆角 命令按钮，即可弹出"规则圆角"对话框，如图 7-19 所示。在该对话框中，有两个基于规则的圆角元素是必须选择的，即"源"和"规则"。其中"源"可以选择一个或几个特征，也可以选择一个或几个面。当"源"选择"特征"时，"规则"可以选择"对照零件""对照特征""自由边"或"所有边"；当"源"选择"面"时，"规则"可以选择"所有边""对照特征"或"关联边"。下面分别举例说明。

1. 特征

在图 7-20 所示图形中，源选择拉伸特征。

（1）对照零件　选择该项后，仅给由特征的表面和零件实体的表面形成的边添加圆角，如图 7-21 所示。

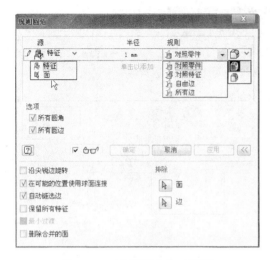

图 7-19　"规则圆角"对话框

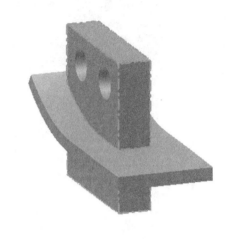

图 7-20　"源"选择拉伸特征

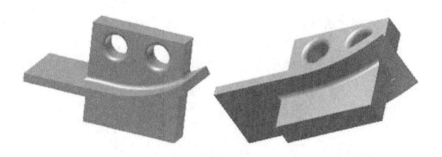

图 7-21　对照零件

（2）对照特征　选择该项后，仅给由源选择集的特征和对照特征相交生成的边添加圆角。在如图 7-22 所示的规则圆角中，对照特征选择的是两个孔特征。

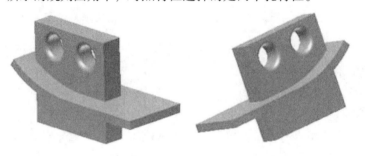

图 7-22　对照特征

（3）自由边　选择该项后，仅给由源选择集中的特征表面形成的边添加圆角，如图7-23所示。

（4）所有边　选择该项后，所有由特征本身生成的边和所有由特征和零件实体相交生成的边都添加圆角，如图 7-24 所示。

2. 面

选择如图 7-25 所示的亮显面。

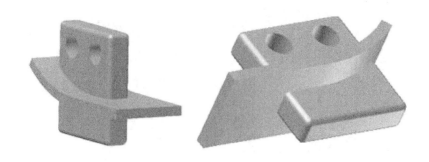

图 7-23　自由边

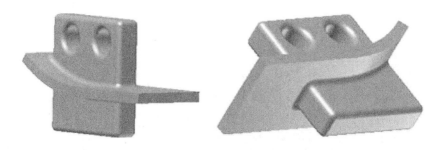

图 7-24　所有边

（1）所有边　选择该项后，仅给由选定表面和任何其他零件实体表面生成的所有边添加圆角，如图 7-26 所示。

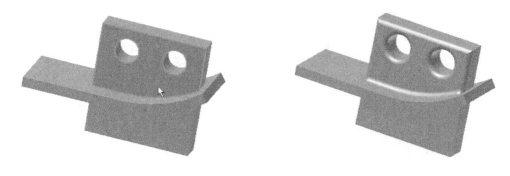

图 7-25　"源"选择面　　　　　　　　　　图 7-26　所有边

（2）对照特征　选择该项后，仅给由源选定表面和对照特征表面生成的边添加圆角。在图 7-27 所示的规则圆角中，对照特征选择的是两个孔特征。

（3）关联边　选择该项后，仅给和"源"中选择的面相交且与关联边同方向的边添加圆角，如图 7-28 所示。

六、卡扣式连接

卡扣式连接也是塑料零件中常用的一种连接方式，它和前面学习的凸柱和止口类似，也有两种模式，即卡扣式连接钩模式和卡扣式连接扣模式，如图 7-29 所示。下面介绍这两种模式。

图 7-27　对照特征

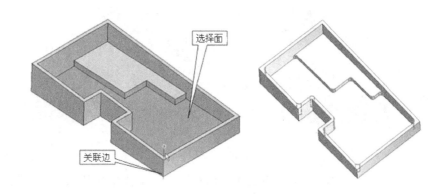

图 7-28　关联边

1. 卡扣式连接钩

单击"塑料零件"工具面板上的
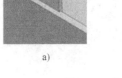 命令按钮，即可弹出"卡口式连接"
对话框，默认是卡扣式连接钩模式，如图 7-30 所
示。

图 7-29　卡扣式连接
a）连接钩　b）连接扣

（1）"形状"选项卡　包括"放置"选项组
和"延伸"复选框。

1）"参考点"下拉列表。包括"草图点"
和"参考点"两种方式，用于指定卡扣位置。

2）"中心"选项。用于选择定义卡扣连接的中心。

3）"方向"选项。选择参考点方式时，用来选择钩的方向。

4）"钩方向"选项。用来定义卡扣钩的方向，有 4 个方向可供选择，如图 7-31 所示。
黄色箭头表示未选择方向，绿色箭头表示当前方向。

5）"延伸"复选框。该复选框的选择表示卡扣的梁是延伸到下一个目标还是在草图点
处中断，如图 7-32 所示。

（2）"梁"选项卡　用来指定卡扣式连接钩的梁参数，各参数如图 7-33 所示。

（3）钩选项卡　用来指定卡扣式连接钩的钩参数，各参数如图 7-34 所示。

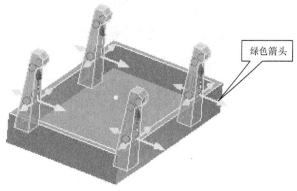

图 7-30 "卡扣式连接"对话框　　　　　　　图 7-31 选择卡扣钩的方向

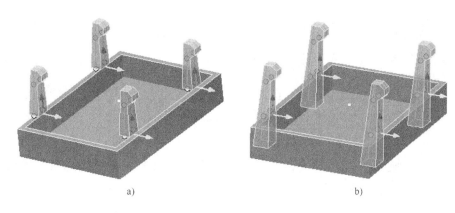

图 7-32 "延伸"复选框

a）未勾选"延伸"复选框　b）勾选"延伸"复选框

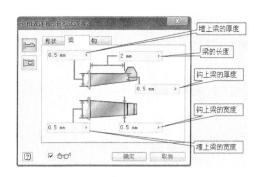

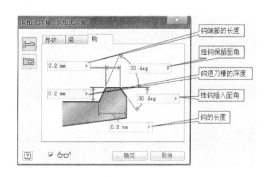

图 7-33 "梁"选项卡　　　　　　　　　图 7-34 "钩"选项卡

2. 卡扣式连接扣

连接扣的"形状"选项卡和连接钩的"形状"选项卡是一致的，这里不再赘述。下面介绍其他两个选项卡。

（1）"夹"选项卡　用来指定卡扣式连接扣的夹参数，各参数如图 7-35 所示。

（2）"扣"选项卡　用来指定卡扣式连接扣的扣参数，各参数如图 7-36 所示。

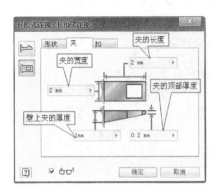

图 7-35　"夹"选项卡

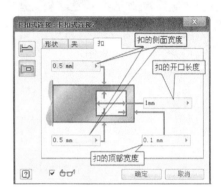

图 7-36　"扣"选项卡

【任务实施】

1. 打开文件

打开光盘中的"模块七\音箱外壳.ipt"文件。

2. 创建后壳实体的栅格孔

（1）创建草图　首先将前壳实体设为不可见，然后在后壳底面上，绘制如图 7-37 所示草图。草图中 7 个同心圆之间均相距 7.5mm，完成后退出草图环境。

（2）创建栅格孔　打开"栅格孔"对话框，对话框设置如下：

1）在"外部轮廓"选项卡中，截面轮廓选择直径最大的圆，其他设置如图 7-38 所示。

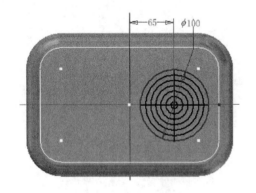

图 7-37　绘制草图

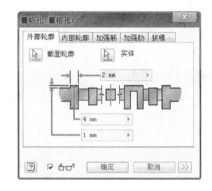

图 7-38　"外部轮廓"选项卡

2）在"内部轮廓"选项卡中，截面轮廓选择直径最小的圆，内部轮廓厚度设为 2mm。

3）在"加强筋"选项卡中，截面轮廓选择其他的圆，参数设置如图 7-39 所示。

4）在"加强肋"选项卡中，截面轮廓选择两条直线，参数设置如图 7-40 所示。

完成后效果如图 7-41 所示。将创建的栅格孔以 XZ 面为镜像平面进行镜像，结果如图 7-42 所示。

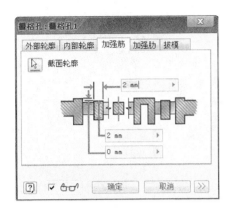

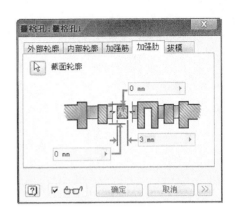

图 7-39　"加强筋"选项卡　　　　　　　　图 7-40　"加强肋"选项卡

图 7-41　栅格孔效果　　　　　　　　　　图 7-42　镜像栅格孔

3. 规则圆角处理

打开"规则圆角"对话框，"源"选择栅格孔特征和镜像特征，圆角半径为 0.5mm，"规则"选择"所有边"，如图 7-43 所示。

4. 创建止口

（1）创建后壳实体止口　打开"止口"对话框，选择止口模式。路径边选择后壳端面的内外两条边，引导面选择端面，如图 7-44 所示。"止口"选项卡设置如图 7-45 所示，完成后效果如图 7-46 所示。

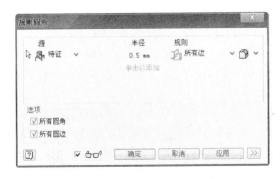

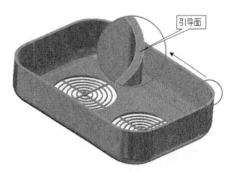

图 7-43　"规则圆角"对话框　　　　　　　图 7-44　止口路径边选择

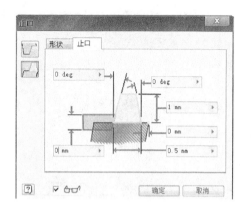

图 7-45   "止口"选项卡设置   图 7-46   止口效果

（2）创建前壳实体止口   首先将后壳实体隐藏、前壳实体可见，然后打开"止口"对话框，选择槽模式。路径边、引导面的选择和前面一样，"槽"选项卡保持默认设置。完成后进入"视图"功能选项卡，在"外观"工具面板上的剖视图列表中选择半剖视图，如图7-47 所示。然后选择浏览器中的 XZ 平面进行半剖视图显示，如图 7-48 所示，观看后再改为全剖视图显示。

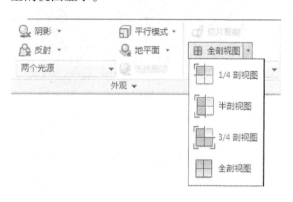

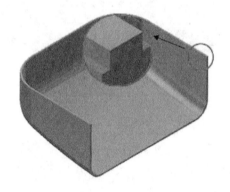

图 7-47   半剖视图   图 7-48   半剖后的止口显示效果

5. 创建支撑台

（1）创建草图   在如图 7-49a 所示的面上绘制如图 7-49b 所示图形，完成后退出草图环境。

（2）创建支撑台   打开"支撑台"对话框，"形状"选项卡设置如图 7-50 所示，"更多"选项卡保持默认设置，完成后效果如图 7-51 所示。

（3）圆角处理   对支撑台内外进行圆角处理，圆角半径分别为 1mm 和 0.5mm，如图 7-52所示。

（4）创建蜂鸣器孔   在支撑台的表面上创建草图，将投影线设置为构造线，绘制一个直径为 90mm 的圆，如图 7-53a 所示。完成草图后退出，利用拉伸特征将图形拉伸，拉伸方式选择"求差"，拉伸范围选择"贯通"。完成后进行圆角处理，圆角半径为 1mm，如图 7-53b所示。

6. 创建凸柱

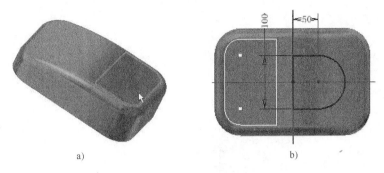

图 7-49　创建草图

a）选择草图所依附的平面　b）绘制图形

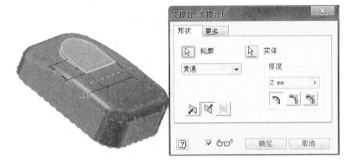

图 7-50　形状选项卡

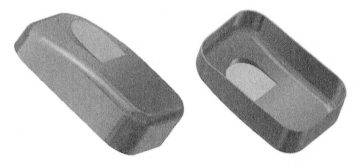

图 7-51　支撑台效果

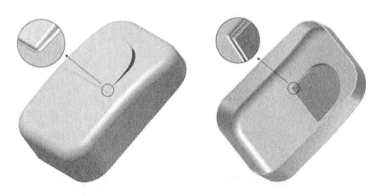

图 7-52　对支撑台内外进行圆角处理

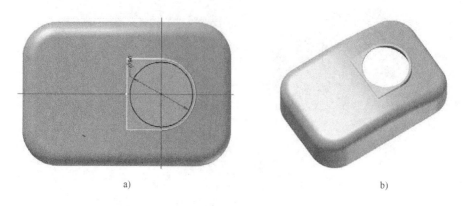

图 7-53　创建蜂鸣器孔

a）绘制圆形　b）圆角处理

（1）创建前壳实体的凸柱-螺纹

1）创建草图。在前壳实体的端面上绘制 6 个草图点，如图 7-54 所示，完成后退出草图环境。

2）创建螺纹凸柱。打开"凸柱"对话框，选择螺纹模式，"形状"选项卡保持默认设置，"螺纹"选项卡设置如图 7-55 所示，"加强筋"选项卡设置如图 7-56 所示，完成后效果如图 7-57 所示。

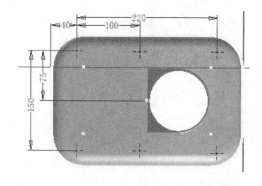

图 7-54　创建草图

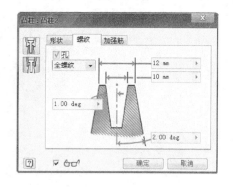

图 7-55　"螺纹"选项卡设置

（2）创建后壳实体的凸柱-头　首先将前壳实体隐藏、后壳实体可见，创建的 6 个草图点可见。打开"凸柱"对话框，选择螺栓头模式，"形状"和"加强筋"选项卡参考上一步的设置，"端部"选项卡设置如图 7-58 所示。完成后效果如图 7-59 所示。

7. 创建旋钮孔

在 XY 平面上创建草图，绘制如图 7-60 所示图形，完成后退出草图环境。利用拉伸特征将其拉伸，拉伸范围选择"贯通"，拉伸方式选择"求差"，完成后效果如图 7-61 所示。最后将文件另存为"外壳 . ipt"。

图 7-56　"加强筋"选项卡设置

图 7-57　创建螺纹凸柱

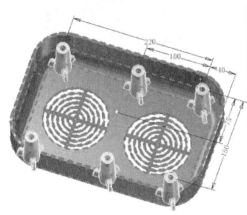

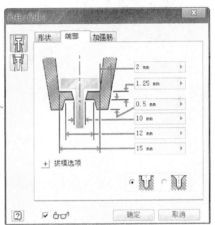

图 7-58　"端部"选项卡设置

图 7-59　后壳实体的凸柱效果

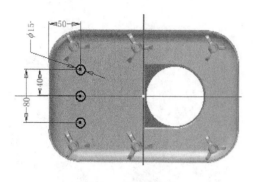

图 7-60　创建草图

图 7-61　创建旋钮孔

【拓展练习】

利用塑料零件特征制作风扇外壳，如图 7-62 所示，尺寸自定义。

图 7-62　拓展练习

模 块 小 结

本模块通过音箱外壳的制作，介绍了塑料零件的设计方法。通过本模块的学习，可以看到 Inventor 提供的这 6 个塑料零件特征可以有效提高塑料零件上常见几何形状的设计，对于消费品的设计形成了一套很方便的工具。另一方面，其中一些特征也可以应用于非塑料零件。如栅格孔是一个很常用的几何形状，还可以用在钣金零件上。

另外在塑料零件设计过程中，当塑料特征预览时用户可以看到实体特征上有很多亮点，这些亮点都是动态拖曳的控制柄。用户可以拖动这些控制柄，在"预览"上调节特征参数。尽管这些内容在本模块中没有涉及，但仍然希望读者通过多做几个这样的实例，更加全面地掌握塑料零件的设计方法。

相信通过本模块的学习，读者已经掌握了 Inventor 提供的这几个塑料零件特征的使用，给以后的塑料零件设计带来了便利，提高了工作效率。

模块八　钣金零件设计

任务　计算机机箱零件的设计

【学习目标】

◆　了解钣金设计环境。

◆　了解钣金设计的基本流程。

◆　掌握钣金设计的基本操作方法。

◆　能够熟练制作常用钣金零件。

【任务导入】

在日常生活或者工业应用的很多方面，经常用到钣金产品，例如厨房用品（燃气灶、油烟机、消毒柜等）、机械设备、汽车航空业等。如图 8-1 所示的机箱就是典型的钣金产品。钣金产品具有耐用、易清洗以及结实的优点。随着汽车 、通信 、IT 及日常五金制造业的发展，钣金设计变得更加重要，因此有必要对其进行了解和认识。钣金加工主要包括：对金属板材的剪切、折弯、焊接、铆接和利用模具成形的冲压加工等操作。本模块将通过机箱上的一些零部件来介绍钣金产品的设计方法。

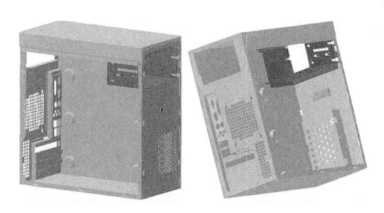

图 8-1　计算机机箱

【知识准备】

一、钣金设计环境

（1）进入钣金设计环境　进入钣金设计环境的方法有两种。

1）单击"启动"工具面板上的"新建"按钮，在弹出的"新建文件"对话框中选择"Sheet Metal. ipt"，如图 8-2 所示。

2）在基本零件环境的"模型"功能选项卡中，单击"转换"工具面板上的"转换为钣金"按钮，如图 8-3 所示。

图 8-2　进入钣金设计环境方法 1

图 8-3　进入钣金设计环境方法 2

（2）用户界面　钣金设计环境的用户界面如图 8-4 所示。

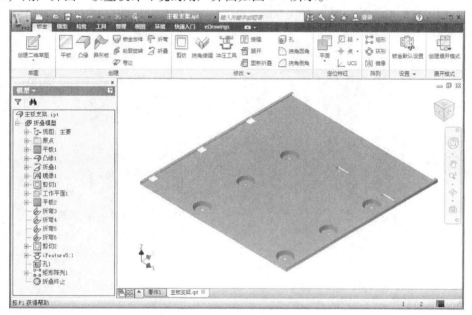

图 8-4　钣金设计环境的用户界面

二、钣金默认设置

在创建钣金零件时，需要根据钣金的加工工艺来重新设定钣金的默认参数，例如板材的厚度、折弯半径等。

在"钣金"功能选项卡中，单击"设置"工具面板上的"钣金默认设置"命令按钮 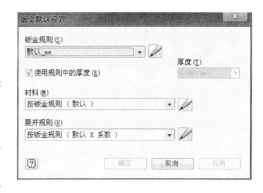，即可弹出"钣金默认设置"对话框，如图8-5所示。钣金默认设置包括钣金规则、材料及展开规则设置，下面分别进行介绍：

1. 钣金规则

单击"钣金规则"下拉列表右侧的"编辑钣金规则"命令按钮 ，弹出设置钣金规则的对话框，如图8-6所示。钣金规则设置包括"钣金""折弯"和"拐角"3个选项卡。

图8-5　"钣金默认设置"对话框

（1）"钣金"选项卡　该选项卡主要设置钣金的材料和厚度，如图8-6a所示。

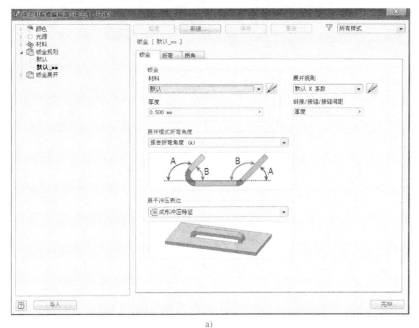

a)

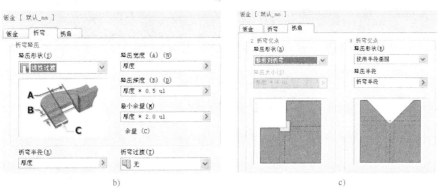

b)　　　　　　　　　　　　　　　c)

图8-6　钣金规则设置
a)"钣金"选项卡　b)"折弯"选项卡　c)"拐角"选项卡

（2）"折弯"选项卡　该选项卡主要设置钣金折弯处的释压形状，一般设为"圆角"释压形状，如图 8-6b 所示。

（3）"拐角"选项卡　该选项卡主要设置钣金拐角处的释压形状，一般设为"圆形"释压形状，可以在最大程度上减少压力集中，如图 8-6c 所示。

钣金规则设好后，在以后的钣金特征中就可以直接传承这些设置，从而大大提高设计效率。

2. 材料

在"钣金默认设置"对话框中，单击"材料"下拉列表右侧的"编辑材料"命令按钮，弹出设置材料的对话框，如图 8-7 所示。用户根据需要在左侧的材料列表中选择合适的材料即可。

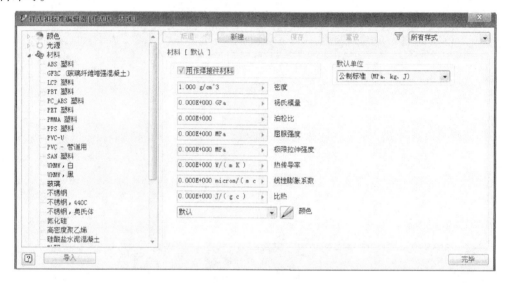

图 8-7　材料设置

3. 展开规则

在"钣金默认设置"对话框中，单击"展开规则"下拉列表右侧的"编辑展开规则"命令按钮，弹出设置展开规则的对话框，如图 8-8 所示。钣金的展开方式有 3 种，一般是

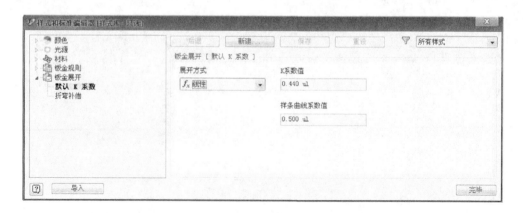

图 8-8　展开规则设置

按默认 K 系数方法展开，K 系数与材料有关，也取决于钣金厚度和折弯钣金的比值，可参考资料书上常用材料的 K 系数经验值来设定。

三、基于草图的钣金特征

1. 平板

平板特征是 Inventor 所有钣金特征中最基础的特征，用来创建钣金件中的平板部分，类似零件中的"拉伸"特征，只是它拉伸的厚度是固定的，是钣金规则默认设置的厚度。"平板"特征一般是钣金件中的第一个特征，也可以是后继特征，与已有的板材制作成连接结构。

在钣金环境中，单击"创建"工具面板上的"平板"命令按钮，弹出"平板"对话框，如图 8-9 所示。该对话框包含"形状"、"展开选项"和"折弯"3 个选项卡。其中"形状"选项卡中各项的含义如下：

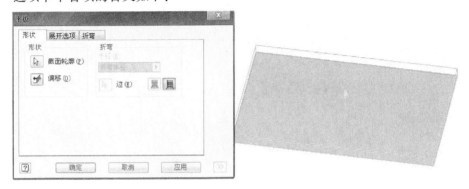

图 8-9　"平板"对话框

（1）"截面轮廓"选项　选定制作平板的草图截面轮廓，如果草图中只有一个截面轮廓，Inventor 默认将其选中。如果草图中含有多个截面轮廓，用户需要手动选择一个截面轮廓作为平板的轮廓。

（2）"偏移"选项　平板厚度的方向选择，决定平板在草图平面的上方还是下方。单击该按钮将切换平板的厚度方向。

（3）"折弯"选项　如果创建第一个特征为平板特征，"折弯"选项为灰显，因为此时没有折弯结构。但如果已经创建了基础特征，继续创建的平板可以直接与基础特征生成折弯结构。

从草图创建第二块平板时，选择截面轮廓后在折弯参数中确定折弯半径，然后指定折弯的边，即选择已有模型的边。如果选中的边与平板草图轮廓有间距，"平板"命令将自动填补连接结构完成折弯造型。折弯连接结构有两种方式："与侧面对齐的延伸折弯"和"与侧面垂直的延伸折弯"，如图 8-10 所示。

当创建带有折弯的平板特征时，可以在"展开选项"选项卡中为该折弯指定展开规则。同样，可以在"折弯"选项卡中为该折弯指定释压形状、折弯过渡和设定相关参数的值。

"展开选项"选项卡和"折弯"选项卡的设置一般按默认设置即可，这里不再介绍。

2. 异形板

异形板是指使用任何连接的草图线作为异形板的形状，自动生成厚度与钣金规则中"厚度"一致的钣金结构。在钣金环境下，单击"创建"工具面板上的"异形板"命令按

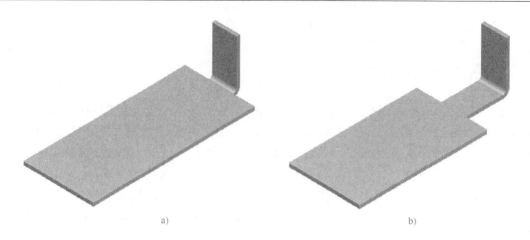

图 8-10　折弯连接结构

a）与侧面对齐的延伸折弯　b）与侧面垂直的延伸折弯

钮，弹出"异形板"对话框，如图 8-11 所示。"异形板"对话框包含"形状"、"展开选项""折弯"和"拐角"4 个选项卡。其中"形状"选项卡中各项的含义如下：

图 8-11　"异形板"对话框

（1）"截面轮廓"选项　这里的截面轮廓就是异形板的形状线，图 8-11 中间的样条曲线就是截面轮廓。

（2）"边"选项　可以选定已有特征上的与异形板的形状线所在草图面相垂直的边，作为异形板的宽度。也可以选择回路，一次性对平板周边形成异形板，这个使用比较少，不再介绍。

（3）"偏移"选项　可以单击 这 3 个方向按钮来确定异形板基于截面轮廓的厚度方向，效果分别如图 8-12 所示。

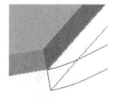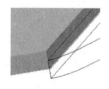

图 8-12　偏移类型

（4）"折弯半径"选项　默认为钣金样式设定的折弯半径。

"展开选项"选项卡、"折弯"选项卡和"拐角"选项卡的设置一般与"钣金默认设置"对话框一致，这里不再介绍。

3. 钣金放样

钣金放样与零件中的放样特征类似，是基于两个草图截面的特征，这两个草图截面可以不平行，也可以不封闭，但不支持样条曲线。在钣金环境下，单击"创建"工具面板上的"钣金放样"命令按钮 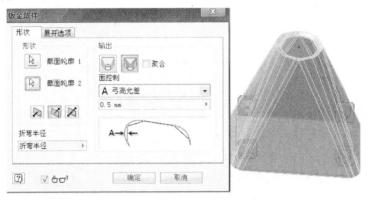 钣金放样，弹出"钣金放样"对话框，如图8-13所示。在该对话框中有两个选项卡，即"形状"选项卡和"展开选项"选项卡，后者一般保持默认设置即可，这里只介绍前者。

图 8-13 "钣金放样"对话框

（1）"截面轮廓"选项　制作钣金放样的两个截面草图。可以单击 这3个方向按钮来确定基于截面轮廓的厚度方向。

（2）"输出"选项　有折弯成形和冲压成形两种输出方式，如图8-14所示。默认是折弯成形，这两种方式的区别是折弯成形可以展开，而冲压成形是光滑过渡，不能展开。

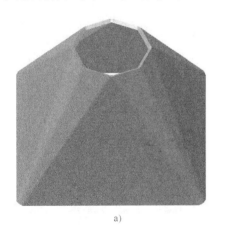
a)

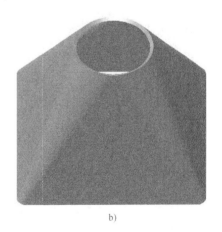
b)

图 8-14 钣金放样输出类型

a）折弯成形　b）冲压成形

（3）"折弯半径"选项　其设置一般与"钣金默认设置"对话框中的钣金规则中的折弯选项卡一致。

4. 轮廓旋转

轮廓旋转是由轮廓线旋转生成的钣金特征。在钣金环境下，单击"创建"工具面板上的"轮廓旋转"命令按钮 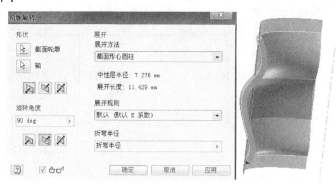 轮廓旋转，弹出"轮廓旋转"对话框，如图 8-15 所示。该对话框中各项的含义如下：

图 8-15　"轮廓旋转"对话框

（1）"截面轮廓"选项　要创建的模型的轮廓形状，可以是直线、曲线等。

（2）"轴"选项　指轮廓旋转特征的旋转中心线，必须是直线。

（3）"旋转角度"选项　轮廓旋转特征的旋转角度必须大于 0°且小于 360°，即不能旋转为封闭的旋转体，以便轮廓旋转特征能够展开。

展开方法以及展开规则的设置一般按默认设置即可。

5. 折叠

折叠特征是基于草图将平板模型沿直线进行折弯的一种钣金特征。该特征不会增加材料或减少材料。在钣金环境下，单击"创建"工具面板上的"折叠"命令按钮 折叠，弹出"折叠"对话框，如图 8-16 所示。该对话框包含"形状"、"展开选项"和"折弯"3 个选项卡。这里只介绍"形状"选项卡。

图 8-16　"折叠"对话框

（1）"折弯线"选项　用于指定直线作为折叠的位置，折叠特征一次只能选择一条折弯直线，当选中一条直线后将不能再选择其他直线。

注意：该草图线必须要与平面模型的边界相交，才能被选中作为"折弯线"。

（2）"反向控制"选项　 按钮用于控制折叠的边， 按钮用于控制折叠方向。

（3）"折叠位置"选项 用来精确控制折弯圆弧的位置。这里有3个按钮，分别控制选择的折弯线是作为折弯中心线、折弯起始线还是折弯终止线。

（4）"折弯角度"选项 输入需要折叠的角度值。

6. 剪切

剪切特征是钣金特征中常用的去除材料的特征，用来创建钣金件中孔、槽等部分。剪切特征不仅可以创建简单的单面剪切，还可以将剪切特征贯通折弯特征。在钣金环境下，单击"修改"工具面板上的"剪切"命令按钮，弹出"剪切"对话框，如图8-17所示。"剪切"对话框中各项的含义如下：

图8-17 "剪切"对话框

（1）"截面轮廓"选项 选定草图截面轮廓，如果草图中只有一个草图轮廓，Inventor默认将其选中。如果草图中含有多个截面轮廓，用户需要手动选择一个或多个截面轮廓作为剪切的轮廓。

（2）"范围"选项 范围包含"距离""到表面或平面""到""从表面到表面"和"贯通"。"距离"为剪切特征默认方式，距离值为厚度参数。如果任意输入距离值，那么该剪切特征将等效于一般拉伸特征中的布尔减操作。用来控制剪切方向，与一般拉伸特征的含义一致。

其他范围方式与拉伸特征的"范围"含义一致，这里不再赘述。

（3）"冲裁贯通折弯"选项 当剪切的草图轮廓跨越折弯特征时，选择"冲裁贯通折弯"复选框，范围参数将不能用，并且该剪切草图将沿折弯特征进行剪切，如图8-18所示。

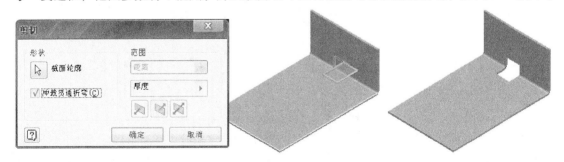

图8-18 冲裁贯通折弯

7. 冲压工具

冲压工具特征就是预先定义好的冲压型孔及冲压成形特征。可以直接使用它制作成形结构。使用冲压特征时，必须在已有板的基础上创建一个草图点，并以该草图点为基准来选择某冲压工具，然后将其插入，这样的特征也可以被进一步阵列处理。单击"修改"工具面板上的"冲压工具"命令按钮，弹出"冲压工具目录"对话框，如图 8-19 所示。选择要使用的冲压工具，然后单击"打开"按钮，弹出"冲压工具"对话框，如图 8-20 所示。

图 8-19　"冲压工具目录"对话框

"冲压工具"对话框包含"预览"、"几何图元"和"大小"3 个选项卡，分别介绍如下：

（1）"预览"选项卡　在该选项卡下可以预览所选择的冲压工具，如图 8-20 所示。

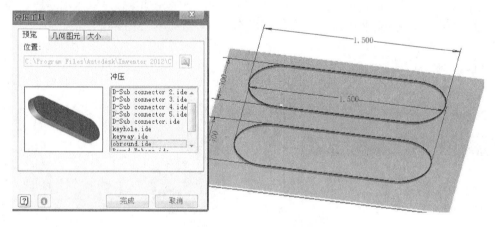

图 8-20　"冲压工具"对话框

（2）"几何图元"选项卡　"几何图元"选项卡包含孔心、角度。孔心即选择的草图中用来放置冲压工具的草图点，草图点可以选择多个；在"角度"输入框输入角度值，可以旋转冲压工具来确定冲压工具的具体方位，默认角度值为 0，如图 8-21 所示。

（3）"大小"选项卡　"大小"选项卡中列出了所有的控制冲压工具大小的参数，以便更改冲压工具的大小。该选项卡下的参数及更改方式在定义该冲压工具时确定，使用时只能根据定义时的规则来确定冲压工具的大小，而不能随意更改，如图 8-22 所示。

图 8-21　"几何图元"选项卡

图 8-22　"大小"选项卡

四、基于已有特征的钣金特征

1. 凸缘

凸缘特征是以已有特征的边及回路为基础，按照定义的参数自动生成的折弯特征，所选定的边必须为直边。单击"创建"工具面板上的"凸缘"命令按钮，弹出"凸缘"对话框，如图 8-23 所示。

"凸缘"对话框包含"形状"、"展开选项"、"折弯"和"拐角"4 个选项卡。后 3 个选项卡一般保持默认设置，这里只介绍第一个选项卡。

（1）"边"选项　当单击"边选择模式"命令按钮时，可以选择应用凸缘的一条或多条独立的边；当单击"回路选择模式"按钮时，可以选择回路，在封闭的回路上一次做出多个凸缘，并能自动处理拐角形状和设置拐角接缝间隙，如图 8-24 所示。

图 8-23　"凸缘"对话框

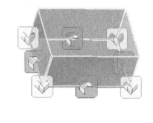

图 8-24　回路选择模式

（2）"凸缘角度"选项　指生成凸缘时产生的夹角（选择边所在面延伸后与其他面之间的夹角），其允许输入范围为 −180°～180°。

（3）"折弯半径"选项　折弯半径默认为钣金样式中设定的折弯半径值。

（4）"高度范围"选项　高度范围包含"距离"和"到"两种方式。可以直接通过输入的"距离"值来确定凸缘的高度；也可以选择"到"方式，通过选择其他特征上的一个点和"偏移量"来确定凸缘高度，此时凸缘的"高度基准"选项被禁用。

（5）"高度基准"选项　Inventor 提供了 3 种方式来确定高度基准，如图 8-25 所示。

1）外侧面 ![icon]。从两个外侧面的交线测量凸缘高度。

2）内侧面 ![icon]。从两个内侧面的交线测量凸缘高度。

3）平行于凸缘终止面 ![icon]。从外侧折弯圆角的切线测量凸缘高度，且切线平行于凸缘端面，只有当凸缘折弯角度大于或等于 90°时，该选项才有效，且当选择该基准时，"对齐与正交"按钮灰显。

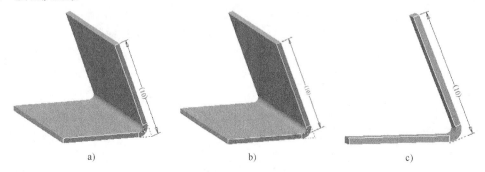

图 8-25　高度基准

a）外侧面　b）内侧面　c）平行于凸缘终止面

4）对齐与正交 ![icon]。选择测量凸缘高度是与凸缘面平行还是与基础面正交。此按钮按下为正交，反之为对齐，如图 8-26 所示。

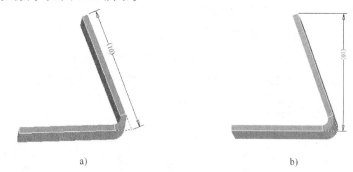

图 8-26　对齐与正交

a）对齐　b）正交

（6）折弯位置　Inventor 提供了 4 种折弯位置的控制方式，如图 8-27 所示。

1）基础面范围之内 ![icon]。定位凸缘的外表面使其保持在选定边的面范围之内。

2）从相邻面折弯 ![icon]。将折弯定位在选定面的边开始的位置。

3）基础面范围之外 ![icon]。定位凸缘的内表面使其保持在选定边的面范围之外。

4）与侧面相切的折弯 ![icon]。将折弯定位在与选定边相切的位置。

2. 卷边

卷边是典型的钣金结构，用来处理钣金件的外边缘，是沿所选特征上的直线边，按指定方式创建卷边。单击"创建"工具面板上的"卷边"命令按钮 ![icon] 卷边，弹出"卷边"对话框，如图 8-28 所示。

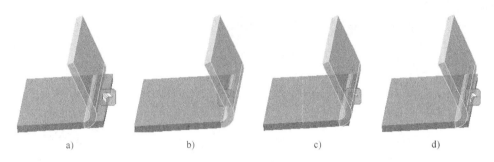

图 8-27　折弯位置

a）基础面范围之内　b）从相邻面折弯　c）基础面范围之外　b）与侧面相切的折弯

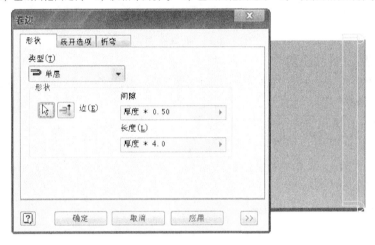

图 8-28　"卷边"对话框

　　"卷边"对话框包含"形状""展开选项"和"折弯"3 个选项卡。"展开选项"和"折弯"选项卡的设置与"钣金默认设置"一致，这里只介绍"形状"选项卡。该选项卡中各项的含义如下：

　　（1）"类型"选项　卷边类型有单层、水滴型、滚边形和双层 4 种，自左至右如图 8-29 所示。

图 8-29　卷边类型

　　（2）"形状"选项　单击左边的"选择边"命令按钮，可以选定要进行卷边的边；单击右边的"反向"命令按钮，可以使卷边方向反转。

　　3. 折弯

　　折弯就是在已有两块钣金平板（尚未有任何连接机构）之间，创建折弯连接部分。两块平板之间可以平行或成一定角度，但相关的边必须是平行的。创建折弯时可以创建单个折弯连接或同时创建两个折弯连接，如果创建两个折弯连接，就要用"双向折弯"选项来控制折弯连接形式。单击"创建"工具面板上的"折弯"命令按钮　折弯，弹出"折弯"对话框，如图 8-30 所示。该对话框包含"形状""展开选项"和"折弯"3 个选项卡，这里只介绍"形状"选项卡。该选项卡中各项的含义：

　　（1）"边"选项　选定要处理的两块或多块钣金平板的对应边，边必须平行且边必须为

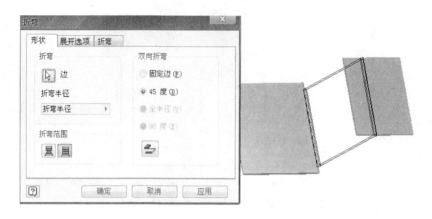

图 8-30 "折弯"对话框

直边。当选择两个边创建两个折弯连接时将用到"双向折弯"选项。

（2）"折弯半径"选项　用于确定折弯时折弯圆弧的折弯半径，默认值为当前钣金规则指定的折弯半径参数值，可以手动输入需要的值。

（3）"折弯范围"选项　包括"与侧面对齐的延伸折弯"和"与侧面垂直的延伸折弯"，与前面介绍的平板的"折弯范围"选项含义一样，这里不再赘述。

（4）"双向折弯"选项　当选择的边有两个折弯连接时，需要设置"双向折弯"选项来确定折弯特征，通常在相互平行但不共面的两块钣金平板之间创建双向折弯。双向折弯包含"双向异侧折弯"和"双向同侧折弯"，如图 8-31 所示。

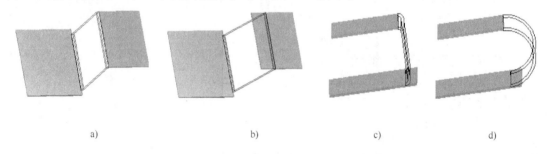

a)　　　　　　　　b)　　　　　　　　c)　　　　　　　　d)

图 8-31 双向折弯类型

a）固定边　b）45 度　c）90 度　b）全半径

1）"双向异侧折弯"有"固定边"和"45 度"两个选项。

● "固定边"选项按选择的边直线创建折弯连接，两原始面不变。

● "45 度"选项创建一个 45°的折弯，此时需要一端的原始面按"折弯范围"选项的设置延伸。

2）"双向同侧折弯"有"全半径"和"90 度"两个选项。

● "90 度"选项创建一个 90°的折弯，此时需要一端的原始面按"折弯范围"选项的设置延伸。

● "全半径"选项以两平行板间距为直径创建折弯圆弧。

（5）固定边反向　在默认情况下所选的第一条边为固定边，第二条边所在的钣金平板可以根据需要进行延伸或修剪。单击该按钮可以使固定边与另一条边轮换。

4. 拐角接缝

拐角接缝主要用来处理钣金设计中的一些拐角和接缝，以便形成拐角释压工艺结构。单击"修改"工具面板上的"拐角接缝"命令按钮，弹出"拐角接缝"对话框，如图 8-32 所示。该对话框包含"形状""折弯"和"拐角"3 个选项卡。这里只介绍"形状"选项卡。该选项卡中各项的含义如下：

（1）"接缝"选项 创建现有的共面或相交钣金平板之间的拐角结构。

（2）"分割"选项 用于将非钣金的等壁厚零件转换为钣金零件结构后在拐角棱边的分割，以便创建可展开的钣金零件，这个用得比较少，不再介绍。

（3）"边"选项 选择要接缝处理的边。

（4）"接缝"类型 有"最大间隙距离"和"面/边距离"两种方式，每种方式又有"对称间隙"、"交叠"和"反向交叠"3 种类型，其中"交叠"和"反向交叠"的值是一样的，如图 8-33 和图 8-34 所示。

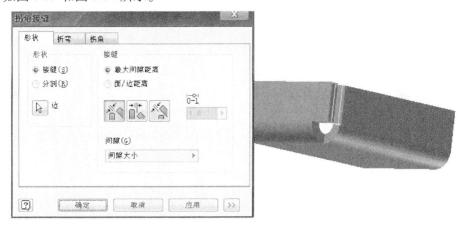

图 8-32 "拐角接缝"对话框

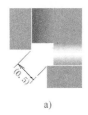
a)

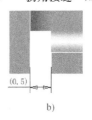
b)

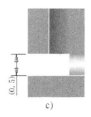
c)

图 8-33 最大间隙距离
a) 对称间隙 b) 交叠 c) 反向交叠

a)

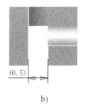
b)

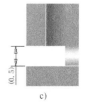
c)

图 8-34 面/边距离
a) 对称间隙 b) 交叠 c) 反向交叠

5. 拐角圆角

钣金中的圆角与零件中的圆角相似，比零件中的圆角简单，并且只能在与钣金的厚度方向平行的棱边上创建圆角。单击"修改"工具面板上的"拐角圆角"命令按钮 ，弹出"拐角圆角"对话框，如图 8-35 所示。在该对话框中，选择"拐角"单选按钮，可为一个或多个符合条件的棱边添加圆角；选择"特征"单选按钮，则为特征上所有符合条件的棱边添加圆角。

6. 拐角倒角

钣金中的倒角与零件中的倒角相似，比零件中的倒角简单，并且只能在与钣金的厚度方向平行的棱边上创建倒角。单击"修改"工具面板上的"拐角倒角"命令按钮 ，弹出"拐角倒角"对话框，如图 8-36 所示。在该对话框中有 3 种创建倒角的方式，与零件中的倒角操作方法一致，这里不再赘述。

图 8-35　"拐角圆角"对话框

图 8-36　"拐角倒角"对话框

五、展开模式

当创建好钣金模型后，利用展开模式可以查看钣金展开后的形状，以便钣金的下料。在钣金环境下，单击"展开模式"工具面板上的"创建展开模式"命令按钮 ，窗口转换到展开模式，如图 8-37 所示。单击"折叠零件"工具面板上的"转至折叠零件"按钮，可以返回钣金模型模式。

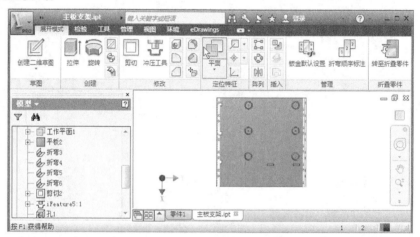

图 8-37　钣金展开模式

【任务实施】

（1）新建文件　新建钣金文件，保存文件名为"主板支架.ipt"。在钣金规则中设置钣金厚度为 1mm，其他保持默认设置。绘制如图 8-38 所示草图，将草图全约束后退出。

（2）创建平板特征 1　选择上一步创建的草图 1 创建平板特征 1，结果如图 8-39 所示。

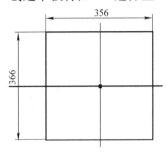

图 8-38　创建草图 1　　　　　　　　　　　　图 8-39　创建平板特征 1

（3）创建凸缘特征　在平板上创建凸缘特征，设置如图 8-40 所示。

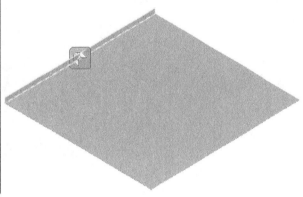

图 8-40　创建凸缘特征

（4）创建草图 2　在图 8-41a 所示的凸缘的内侧面上创建草图 2，然后绘制一条直线，直线距离凸缘边缘 5mm，将投影线设置为构造线，如图 8-41b 所示。

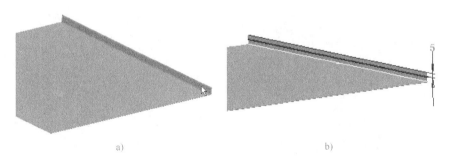

a)　　　　　　　　　　　　　　　　　　b)

图 8-41　创建草图 2

a) 指定草图所依附的平面　b) 绘制直线

（5）创建折叠特征　以图 8-41 中的直线为折弯线创建折叠特征，如图 8-42 所示。

（6）创建镜像特征　将前面创建的凸缘特征和折叠特征以 YZ 平面为镜像面进行镜像，如图 8-43 所示。

（7）创建草图 3　在主板支架的背面新建草图 3，然后绘制如图 8-44 所示的图形。

（8）创建剪切特征 1　选取如图 8-44 所示的草图，创建剪切特征 1，效果如图 8-45 所示。

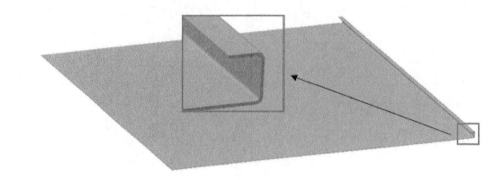

图 8-42　创建折叠特征

图 8-43　创建镜像特征

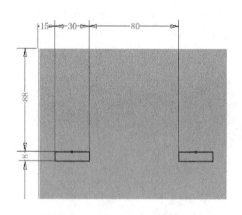

图 8-44　创建草图 3（部分显示）

图 8-45　创建剪切特征

（9）创建工作平面并创建草图 4　利用平面工具创建与 XY 面平行并远离主板支架背面 2mm 的工作面，然后在工作面上，绘制如图 8-46 所示的草图 4。

（10）创建平板特征 2　选择上一步创建的草图 4 建立平板特征 2，如图 8-47 所示。

（11）创建折弯特征　在第（8）步的剪切特征和第（10）步的平板特征之间建立折弯特征，如图 8-48 所示。同样，在剩余的 3 个地方建立折弯特征。

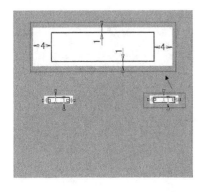

图 8-46　创建草图 4（部分显示）

图 8-47　创建平板特征 2

图 8-48　创建折弯特征（部分显示）

（12）新建草图 5　在如图 8-49a 所示的平面上绘制如图 8-49b 所示草图 5。

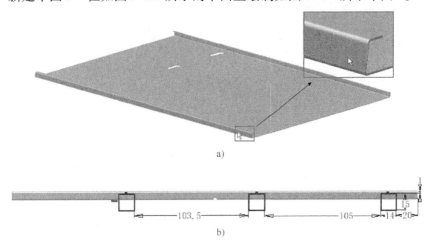

a)

b)

图 8-49　创建草图 5

a）指定草图所依附的平面　b）绘制草图 5

（13）创建剪切特征 2　选择如图 8-49 所示的草图，建立剪切特征 2，勾选"冲裁贯通折弯"复选框，结果如图 8-50 所示。

（14）创建草图 6　在主板支架的背面新建草图 6，然后绘制如图 8-51 所示草图 6。

图 8-50　创建剪切特征 2

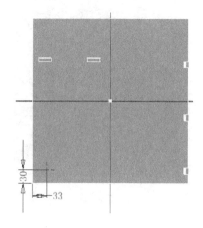

图 8-51　创建草图 6

（15）创建冲压工具　为如图 8-51 所示的草图点添加冲压工具，冲压工具选 Round Em-boss，其他按默认设置，结果如图 8-52 所示。

（16）创建孔特征　在上一步冲压形成的圆底上打一个同心的 M5 的全螺纹孔，如图 8-53所示。

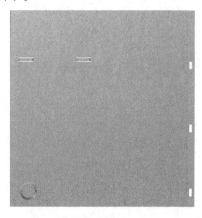

图 8-52　创建冲压工具

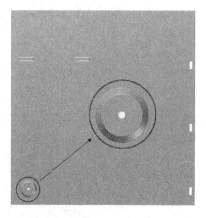

图 8-53　创建孔特征

（17）创建阵列特征　将上面创建的冲压工具和孔进行矩形阵列，如图 8-54 所示。最终结果如图 8-55 所示。

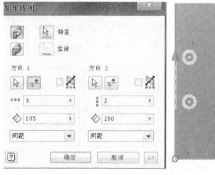
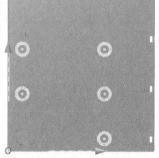

图 8-54　创建阵列特征

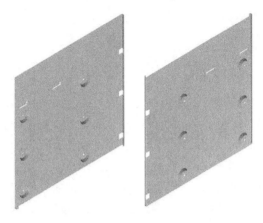

图 8-55　最终结果

【拓展练习】

1. 完成如图 8-56 所示的机箱外壳零件模型的建立（也可参考使用的机箱外壳，尺寸可从实际机箱量取）。

图 8-56　拓展练习 1

2. 完成如图 8-57 所示的显卡固定片零件模型的建立。

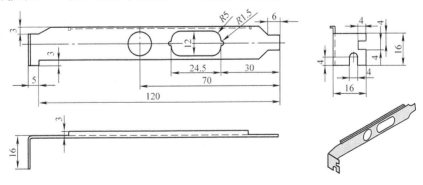

图 8-57　拓展练习 2

模 块 小 结

    本模块学习了钣金环境的进入、钣金规则设置、基于草图的钣金特征、基于已有特征的钣金特征以及钣金的展开模式等基础知识。并且以典型的钣金产品——计算机机箱上的主板支架为例介绍了钣金产品的设计过程。通过本模块的学习，相信读者已经初步掌握了钣金产品的一些特点和设计方法，而且能够进行简单的钣金设计。

    当然读者要想全面地掌握 Inventor 提供的钣金设计机制，只靠本书提供的实例是远远不够的，还需要参考其他资料进行深入的学习，并结合生产实际进行大量的练习。

    另外，对于钣金件的工程图处理，Inventor 也专门提供了基于钣金展开模式的处理模式。该模式比通用的工程图多了"冲压"和"折弯"标注以及"冲压参数表"和"折弯表"功能。通过这些功能，用户可以更好地对钣金的冲压工具和折弯进行标注及工程表达，关于这部分内容，本书限于篇幅，在这里不再介绍，感兴趣的读者可以参考其他资料自行学习。

模块九 结构件设计

任务 铁门框架的设计

【学习目标】
◆ 了解结构件生成器的环境及相关概念。
◆ 掌握插入结构件的操作方法。
◆ 掌握结构件末端的几种处理方式。
◆ 能够熟练进行门架结构件的设计。

【任务导入】
金属钢架结构是一种极常见的结构，譬如移动板房、广告牌、信号塔、货架等就是直接使用金属钢架作为骨架。再例如北京奥运鸟巢、埃菲尔铁塔也是钢架结构的代表作。这些金属钢架结构以型材为主，然后通过焊接、铆接等连接方式将型材连接起来，如图 9-1 所示。针对金属钢架结构的设计，Inventor 为用户提供了结构件生成器这样一个专业模块。该模块提供了丰富的型材库，用户可以直接调用型材库中的型材，调入的型材与原始草图的框架关联，可以随原始框架的改变而自动更新。下面以如图 9-1b 所示的铁门框架为例来学习结构件设计的基本内容。

a)

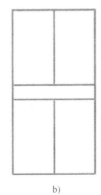
b)

图 9-1 结构件示例
a）钢结构桥梁 b）铁门框架

【知识准备】
一、结构件生成器环境
1. 进入结构件生成器环境的方法
在普通装配环境中，进入"设计"功能选项卡，即可看到"结构件"工具面板，如图

9-2 所示。

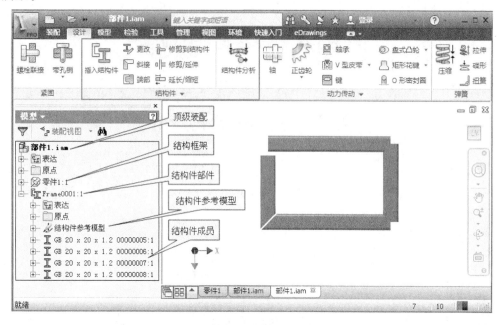

图 9-2　结构件生成器环境

2. 结构件生成器浏览器

用户可以通过浏览器组织和管理结构件实体。结构件浏览器包括顶级装配、结构框架、结构件部件、结构件参考模型以及结构件成员。

（1）顶级装配　装配层次的顶级零部件，用于管理结构件部件和结构件的结构。

（2）结构框架　用来确定结构件成员的位置以及初始长度的零件模型。

（3）结构件部件　所有结构件成员的设计都在该结构件装配中进行，它与一般子装配的级别相同。当用户插入第一个结构件时，自动创建结构件部件，在顶级装配下仅能有一个结构件部件。

（4）结构件参考模型　当从一个或是多个结构框架模型中选择草图线、边或是点插入结构件成员时，结构件生成器将在参考模型中自动创建具有约束属性的三维草图作为结构设计的骨架。用户如果更改了关联的结构框架模型，那么结构件参考模型和结构件将自动关联更新。

（5）结构件成员　使用结构件生成器插入的结构件成员。当使用末端处理方式对结构件端部进行处理后，将在相关的结构件成员下方添加子节点，以及末端处理的具体方式描述。

二、结构框架

在进行金属结构钢架设计之前，必须先完成结构框架模型的设计，并将其放到装配环境中。结构框架模型的作用是确定结构件成员的位置和初始长度。当编辑结构框架模型时，结构件生成器会自动更新与结构框架模型有关的结构件成员，可以说结构框架模型是金属结构钢架设计的基础，也是结构件设计最关键的地方。在设计当中最好不要删除结构框架，如果删除了，那么金属钢架将不再随结构框架模型的更新而自动跟随变化。

在设计时，草图中的直线、圆弧、样条曲线、点以及实体的棱边都可以作为生成骨架模型的几何图元。图 9-3 所示是以草图作为结构框架。

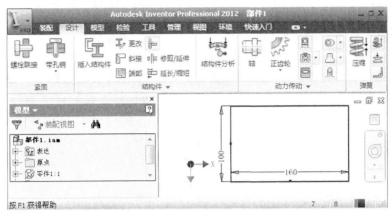

图 9-3　以草图作为结构框架

上面看到的结构件参考模型不是结构框架的复制，而是插入结构件成员时结构件生成器自动生成的草图线。如果用户将某一个结构件成员删除，那么在结构件参考模型中与之对应的草图线也将被删除。

三、插入结构件

"插入结构件"功能用于插入部件中的结构件成员。在"设计"功能选项卡下，单击"结构件"工具面板上的"插入结构件"命令按钮，弹出"插入"对话框，如图 9-4 所示。"插入"对话框包括结构件选择、方向、放置 3 个内容，分别介绍如下：

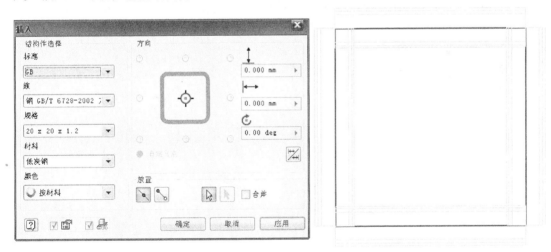

图 9-4　"插入"对话框

1. 结构件选择

"结构件选择"栏可以指定所需结构件的"标准"、"族"、"规格"、"材料"和"颜色"参数。

（1）"标准"选项　指定结构件成员的工程标准，包括 GB、JIS、ANSI、DIN 等常用的标准类型，与 Inventor 的资源中心库是对应的。同一个结构件部件中可以选择不同的标准类型，一般选择 GB 标准。

（2）"族"选项　在"族"下拉列表中指定结构件成员的类型，选定结构件成员类型后，在对话框的"方向"栏中可以看到结构件成员截面的预览图。

（3）"规格"选项　用户可以在"规格"下拉列表中选择需要的结构件成员规格，规格由资源中心决定。

（4）"材料"选项　在"材料"下拉列表中指定结构件成员的材料。如果结构件的标准和型号确定了，材料也应该是一定的，一般不去修改材料。

（5）"颜色"选项　在"颜色"下拉列表中指定图像窗口中结构件成员显示的颜色，颜色的默认值是"按材料"显示。如果用户希望在模型中区别不同的结构件，可以使用不同的颜色来区分。

2. 方向

"方向"栏用于确定结构件成员与模型的对齐方式，并提供预览，如图 9-5 所示。

（1）基线插入点位置　单击"基线插入点位置"即可设置基线插入点相对于结构件成员截面的位置，结构件生成器提供了 9 个可选的基线位置供用户选择。其实可选基线插入点的位置应该紧贴结构件成员截面，为了看清楚，示意图故意离开了一段距离。

（2）截面示意图　表达当前结构件成员的法向截面。

（3）竖直偏移　实际的基线插入点的位置与示意图中基线插入点位置之间竖直方向上的相对距离，可以使用正值或是负值。

（4）水平偏移　实际的基线插入点的位置与示意图中基线插入点位置之间水平方向上的相对距离，可以使用正值或是负值。

（5）旋转角度　指定结构件成员相对于框架模型的旋转角度。

（6）镜像结构件　在竖直方向上镜像结构件截面以及基线。如图 9-6 所示的结构件就是将图 9-5 所示的结构件镜像后的结果。

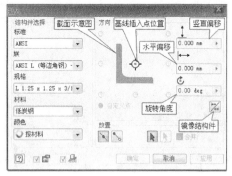

图 9-5　结构件方向控制

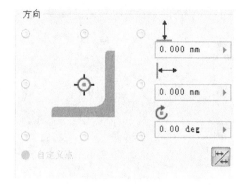

图 9-6　镜像结构件

（7）自定义点　默认是不能使用的。

3. 放置

"放置"栏用于确定结构件成员在部件中的定位方法。定位方法有"在边上插入结构件"和"在点之间插入结构件"两种方式以及"合并"复选框。

（1）"在边上插入结构件"　单击"选择边或起始点"命令按钮，选择草图或者模型棱边，将结构件成员按"方向"栏确定的定位方式放置到选择的边上，结构件长度与所选边相等。用户可以一次选择多条边来插入多个结构件成员。

（2）"在点之间插入结构件"  单击"选择边或起始点"命令按钮 和"选择结束点"按钮 ，在骨架模型中选择两个点（草图点或是模型顶点），将结构件成员放置到两点之间的线段上。由于一次只能选中两个点创建一个结构件成员，操作不方便，所以很少使用。

（3）合并　如果用户一次选择的多条边是连续边，勾选"合并"复选框后，依附于连续边插入的结构件将被合并为一个结构件成员。

4. 保存结构件

选择好结构件并设置好位置后，单击"确定"或"应用"按钮，弹出"创建新结构件"对话框，如图 9-7 所示。在对话框中可以设置新结构件的名称和保存位置，默认保存位置是和部件文件在一起，一般按默认即可。单击"确定"按钮后弹出"结构件命名"对话框，如图 9-8 所示。在该对话框中可以核对相关信息，确认无误后单击"确定"按钮完成结构件的保存。

图 9-7　"创建新结构件"对话框

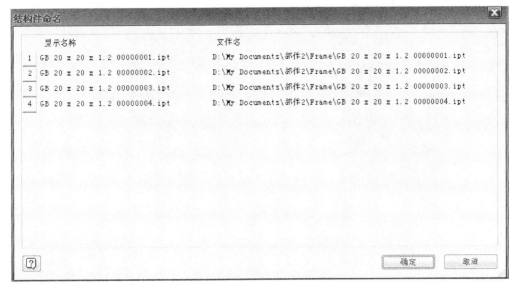

图 9-8　"结构件命名"对话框

四、更改结构件

"更改"功能用于编辑已插入部件中的结构件成员。在"设计"功能选项卡下，单击"结构件"工具面板上的"更改"命令按钮 更改，弹出"更改"对话框，如图 9-9 所示。该对话框与"插入"对话框功能相似，可以单击"选择"命令按钮 对选中的结构件成员进行重新设置。

五、端部处理方式

在结构件生成器中，可以使用多个命令来进行结构件接头处的末端处理。通过对创建的原始结构件进行端部处理，可以使之符合后期焊接或铆接等连接方式的需求。

1. 斜接

"斜接"功能是在选定的两个结构件成员的端部，生成指定间隙的斜接拐角。在"设计"功能选项卡下，单击"结构件"工具面板上的"斜接"命令按钮 斜接，弹出"斜接"对话框，如图 9-10 所示。斜接处理效果如图 9-11 所示。

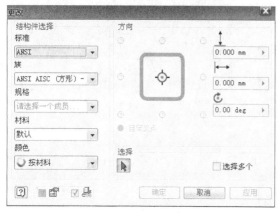

图 9-9　　"更改"对话框　　　　　　　　　　　图 9-10　　"斜接"对话框

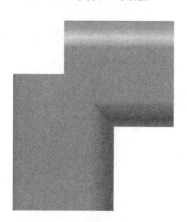
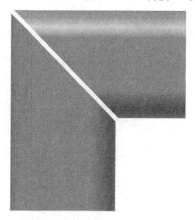

图 9-11　斜接处理效果（间隙 2mm）

"斜接"对话框中各项的含义如下：

（1）结构件　分别单击对话框中的蓝色箭头和黄色箭头，然后在图形区或是浏览器中选择要斜接的两个结构件成员。蓝色箭头选择的是第一个结构件成员，黄色箭头选择的是第二个结构件成员。

（2）斜切间距　两个结构件成员端部斜切之间的距离，不能为负值。

（3）斜接类型　包括"在两边斜切"和"在一边斜切"两种类型。"在两边斜切"也就是对称斜切，即在两个结构件成员上分别创建 1/2 斜切间距的间隙；"在一边斜切"是在选择的第一个斜接结构件成员上创建与斜切间距相等的间隙。

（4）平分斜接　在不同规格的两个结构件之间，使用"斜接"功能进行末端处理时，有平分斜接和不平分斜接两种情况，默认情况下该复选框不被勾选。

（5）删除现有的末端处理方式　如果勾选此复选框，将在执行命令前删除选中的结构件成员已存在的末端处理方式，默认不勾选此复选框。

2. 端部

"端部"功能即结构件成员的"开槽"，是两个结构件在接头处的端部处理。如果两个结构件成员相互嵌入连接，可以对一个结构件进行开槽，从而来配合另一个结构件成员。在"设计"功能选项卡下，单击"结构件"工具面板上的"端部"命令按钮 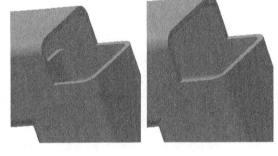 端部，弹出"端部"对话框，如图9-12所示。端部处理效果如图9-13所示。

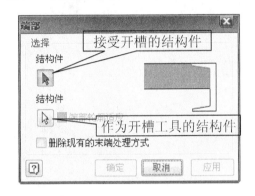

图9-12　"端部"对话框

图9-13　端部处理效果

"端部"对话框中各项的含义如下：

（1）结构件　选中蓝色箭头，在图形区或在浏览器中选择的是第一个结构件成员，是接受开槽的结构件；选中黄色箭头，在图形区或在浏览器中选择的是第二个结构件成员，是作为开槽工具的结构件。

（2）端部轮廓适应　只有当选择的第二个结构件已经设置好端部轮廓剖切形状时，该复选框才可用。

3. 修剪到结构件

"修剪到结构件"功能是在选定的两个结构件成员的端部进行修剪和延伸，是在两个结构件接头处的端部处理。在"设计"功能选项卡下，单击"结构件"工具面板上的"修剪到结构件"命令按钮 修剪到结构件，弹出"修剪到结构件"对话框，如图9-14所示。修剪到结构件处理效果如图9-15所示。

"修剪到结构件"对话框中各项的含义如下：

（1）结构件　选择方法同前，蓝色箭头选择的是第一个结构件成员，黄色箭头选择的是第二个结构件成员。

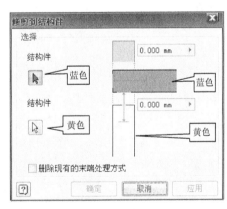

图9-14　"修剪到结构件"对话框

（2）水平偏移和垂直偏移　指定修剪的水平和垂直偏移距离，其中水平偏移是以第二个结构件成员（黄色）的外侧边为基准；垂直偏移是以第一个结构件成员（蓝色）的内侧边为基准。结构件之间的关系分为正交、斜交和平行。如果两个结构件成员是平行关系，修剪时系统会弹出出错的警告对话框。

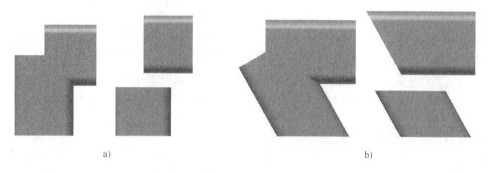

图 9-15 修剪到结构件处理效果（水平偏移 10mm 和垂直偏移 5mm）

a）正交 b）斜交

4. 修剪/延伸

"修剪/延伸"功能是将多个结构件修剪或延伸到模型表面或工作平面，通过模型表面或工作平面来切割结构件。在"设计"功能选项卡下，单击"结构件"工具面板上的"修剪/延伸"命令按钮 ⊫ 修剪/延伸，弹出"修剪-延伸到面"对话框，如图 9-16 所示。修剪-延伸到面处理效果如图 9-17 所示。

图 9-16 "修剪-延伸到面"对话框

图 9-17 修剪-延伸到面处理效果

（修剪到水平件底面）

"修剪-延伸到面"对话框中各项的含义如下：

（1）"结构件"选项 用于选择需要修剪或延伸的结构件成员，可以多选。

（2）"面"选项 需要手动选择用于修剪或延伸结构件的模型表面或工作面。

（3）"偏移距离"选项 指定用于修剪或延伸的结构件和面之间的距离。

5. 延长/缩短

"延长/缩短"功能是用指定的长度来延长或缩短单个结构件成员。在"设计"功能选项卡下，单击"结构件"工具面板上的"延长/缩短"命令按钮 ⊨ 延长/缩短，弹出"延长-缩短结构件"对话框，如图 9-18 所示。延长-缩短结构件处理效果如图 9-19 所示。

（1）"选择"选项 选择需要延长或缩短的结构件成员，一次只能选一个。

（2）"延伸样式"选项 延伸样式包括"向一端延长-缩短结构件"命令按钮 🔲 和"向两端延长-缩短结构件"命令按钮 🔲，可以根据需要进行选择。

（3）"长度"选项 指定结构件延长或缩短的数值。

提示：在设计时如果需要修改结构件的尺寸，一般是修改原始框架模型的尺寸，很少使用"延长-缩短"的结构件处理方式。

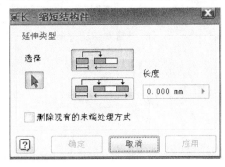

图9-18   "延长-缩短结构件"对话框

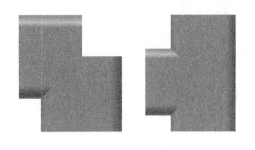

图9-19   延长-缩短结构件处理效果（延长20mm）

【任务实施】

（1）创建零件文件   新建零件文件，并绘制如图9-20所示的图形，将草图全约束后退出草图环境。保存文件，命名为"门架草图.ipt"。

（2）创建部件文件   新建部件文件，并将"门架草图.ipt"文件放置到部件环境中。

（3）插入结构件   首先在门架的4个边上插入"热轧等边角钢"，如图9-21所示。然后在中间的撑上插入"热轧扁钢"，如图9-22所示。

（4）创建斜接   在门架4个角的交接处创建斜接特征，如图9-23所示。

（5）创建修剪-延伸到面   在门架的剩余交接处创建修剪-延伸到面特征，如图9-24所示。最终结果如图9-1b所示，保存文件后退出。

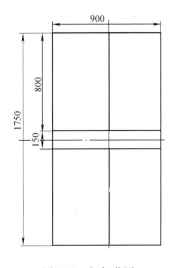

图9-20   门架草图

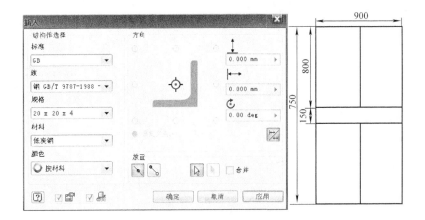

图9-21   插入结构件1

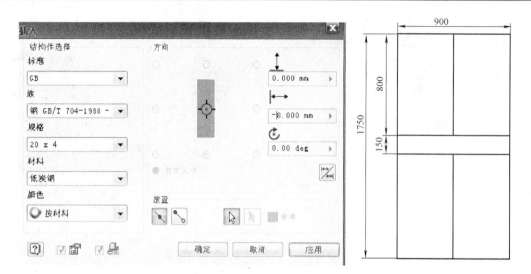

图 9-22　插入结构件 2

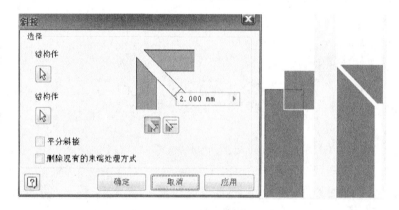

图 9-23　创建斜接

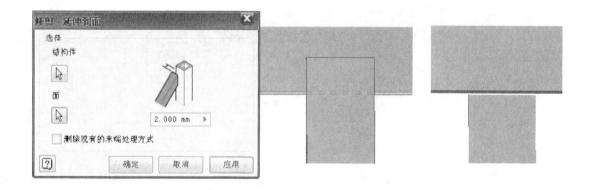

图 9-24　创建修剪-延伸到面

【拓展练习】

参考如图 9-25 所示的货架效果图自行设计一个货架，尺寸自定义。

图 9-25 拓展练习

模 块 小 结

本模块介绍了结构件生成器的概况、插入结构件和更改结构件末端的处理方式。通过插入结构件可以插入几乎包含了各个国家标准的型材，在对结构件末端进行处理后，可以方便后继的焊接或铆接等工作。

本模块通过一个简单的门框实例，简单介绍了创建结构件的过程，只靠这一个实例不可能对 Inventor 提供的结构件生成器的内容面面俱到，因此要想全面掌握 Inventor 结构件的内容，还需要参考其他资料，结合生产实际进行大量练习。

另外，结构件还可以进行力学分析，相关内容可以在学习后面的受力分析以后自行操作。只要掌握了结构件的设计方法，就可以大大节省相关机械设计的时间，提高工作效率。

模块十　焊接装配设计

任务　焊接练习模型的设计

【学习目标】

◆ 熟悉焊接装配环境。

◆ 熟悉焊接"准备"特征组的相关知识。

◆ 掌握焊接特征组中角焊缝、坡口焊缝、示意焊缝、端部填充的创建方法。

◆ 掌握焊接件中焊接符号的添加方法。

◆ 掌握焊接件的后续加工方法。

◆ 了解焊接件工程图的创建方法。

◆ 了解焊接装配中焊接报告、焊接计算器的相关知识。

【任务导入】

焊接件是机械设计和制造中常见的一种零部件，在大型设计项目中都离不开焊接件。包括前面两个模块学习的钣金、结构件的设计，大多数情况下也离不开焊接，如图 10-1 所示。

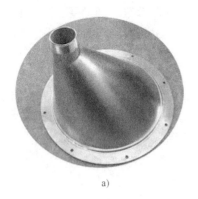
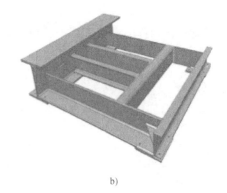

a)　　　　　　　　　　　　　　　　　b)

图 10-1　钣金、结构件焊接

a) 钣金焊接　b) 结构件焊接

焊接件是将两个以上的零部件利用焊接工艺装配起来的部件，Inventor 为焊接装配提供了专门的设计功能。在本模块中，将以如图 10-2 所示的焊接件的设计过程为例，详细介绍 Inventor 中焊接装配设计的相关知识。

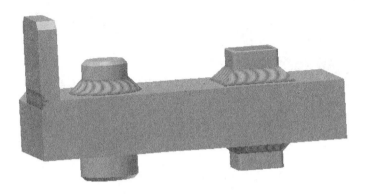

图 10-2 焊接件示例

【知识准备】

一、进入焊接装配环境

在 Inventor 中，进入焊接装配环境的方法有两种，分别是：

1. 由普通装配环境转入焊接装配环境

该方法的操作步骤是：在一个普通的装配环境中，进入"环境"功能选项卡，然后单击"转换"工具面板上的 命令按钮，如图 10-3 所示。这时会弹出提示对话框提示用户，普通装配件一旦转换成焊接件，将不能再转回到普通装配件，如图 10-4 所示。单击"是"按钮，进行确认后弹出"转换为焊接件"对话框，如图 10-5 所示。在该对话框中默认是 ISO 标准，将其改成 GB 标准，"特征转换"选项灰显，表示该项此时不起作用，只有当部件中包含部件特征时，该项才被激活。完成参数设置后，单击"确定"按钮，进入焊接装配环境。

图 10-3 转换为焊接件

图 10-4 Inventor 提示对话框

2. 直接利用模板创建焊接装配

在"新建文件"对话框中选择"Weldment. iam"，如图 10-6 所示。单击"确定"按钮后进入焊接装配环境。

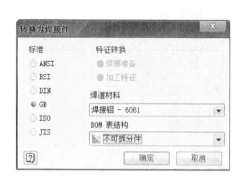

图 10-5　"转换为焊接件"对话框　　　　　图 10-6　"新建文件"对话框

进入焊接装配环境后，用户界面如图 10-7 所示，可发现浏览器中新增加了 3 个特征组，分别是"准备""焊接"和"加工"特征组。在"焊接"特征组的快捷菜单中，增加了"iProperty"选项，选择该项，将弹出 iProperty 对话框，在对话框的"焊道"、"物理特性"选项卡中可以对焊接的一些参数进行设置，如图 10-8 所示。

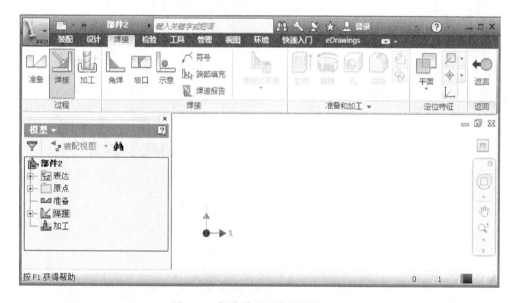

图 10-7　焊接装配环境的用户界面

二、"准备"特征组

"准备"特征组用来进行焊接前的准备工作，例如创建焊前的坡口等。其实在设计中，焊前准备工作除了在"准备"特征组中完成以外，用户也可以在零件加工过程中或在普通装配中完成，具体情况根据设计需要而定。进入"准备"特征组的方法有两种，分别是：

1）在"焊接"功能选项卡的"过程"工具面板上单击 命令按钮，将"准备"特征组激活，此时"焊接"功能选项卡的"准备和加工"工具面板被激活。

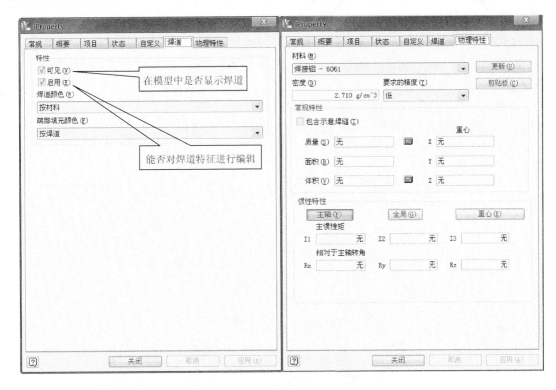

图 10-8 焊接的 iProperty 对话框

2）在浏览器中，直接双击"准备"特征组的名称，从而将其激活。

完成焊前准备工作后，可以单击"返回"工具面板上的 命令按钮，退出"准备"特征组，返回到焊接装配环境的根目录下。下面以如图 10-9 所示的坡口为例来介绍其创建过程。

① 首先将"准备"特征组激活。

② 在需要创建坡口的地方，先后对两块板的棱边进行倒角处理。

③ 完成后，返回到焊接装配环境。

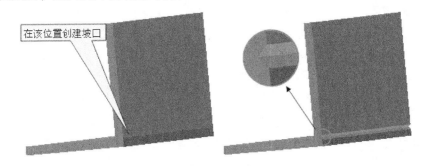

图 10-9 创建坡口

三、"焊接"特征组

"焊接"特征组是焊接环节最重要的特征组，其主要用来创建和定义焊缝。激活的方法和前面的"准备"特征组一样，这里不再赘述。在这里重点介绍被激活的"焊接"工具面板上的几个特征，如图 10-10 所示。

1. 角焊缝

角焊缝就是在单个零件或者多个零件的一个面或多个面之间添加材料来创建拐角。角焊对于将要焊接的两个零件表面，在如图 10-11 所示的 4 种情况下均能焊接。

在激活"焊接"特征组的情况下，单击"焊接"工具   图 10-10   "焊接"工具面板
面板上的 ⊾ 命令按钮，弹出如图 10-12 所示的"角焊"对话框。该对话框中各项的含义如下：

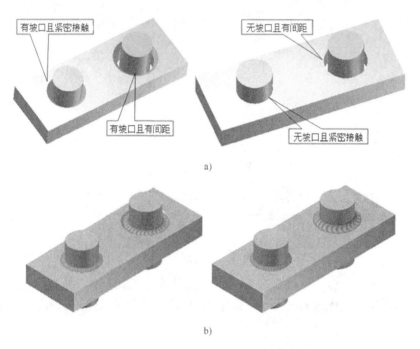

a)

b)

图 10-11   角焊的 4 种情况
a）角焊前   b）角焊后

（1）焊道选择

1）第一选择集 ⊿ 1 。选择第一个焊接件的一个或多个焊接面。若勾选"链"复选框，会将与选择面相切的面一并选择。

2）第二选择集 ⊿ 2 。选择第二个焊接件的一个或多个焊接面。

3）以边长方式测量焊缝 ▣ 。选择该单选按钮时，距离文本框变为 [8mm ▸] x [▸] ，输入两个边长的值。此时如果只输入一个值，Inventor 则认为两个边长相等。

4）以高度方式测量焊缝 ▵ 。该距离表示焊缝根部与表面之间的距离，也就是焊肉高度。

5）方向按钮 ⊿ 方向 。单击该按钮，可调整焊缝的方向，如图 10-13 所示。

6）☑创建焊接符号 。勾选该复选框，则展开对话框，显示焊接符号，本书对该部分内容不作介绍。

（2）轮廓   轮廓有 3 种类型，分别是：

1）平直 ◣ 。焊缝的表面是平直的。

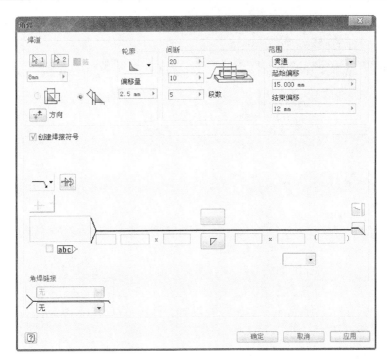

图 10-12　"角焊"对话框

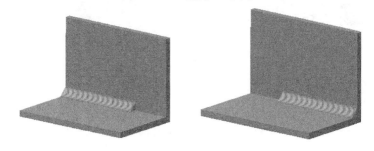

图 10-13　改变焊缝方向

2）外凸 。焊缝的表面向外弯曲。

3）内凹 。焊缝的表面向内弯曲。

"偏移量"选项：仅当轮廓选择"外凸"或"内凹"时才可用，表示曲线偏移平面的数值。图 10-14 所示就是选择"内凹"方式时，输入不同偏移值时的效果。

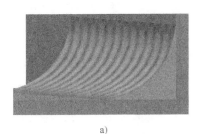

a)　　　　　　　　　　　　　　b)

图 10-14　"内凹"方式偏移值比较

a）偏移 3mm　b）偏移 1mm

（3）间断　当选用 GB 标准时，3 个文本框从上到下分别是：每段焊缝的长度、每段焊缝之间的距离、焊缝的段数，如图 10-15 所示。

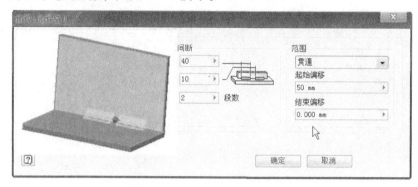

图 10-15　间断焊缝

（4）范围　表示焊接长度的终止方式，类似于拉伸特征中的终止方式，有如下 3 种。

1）"贯通"方式。可在指定方向上创建穿过所有选定几何图元的焊道。该方式下，可对焊道的"起始偏移"、"结束偏移"值进行设置，如图 10-16a、b 所示。

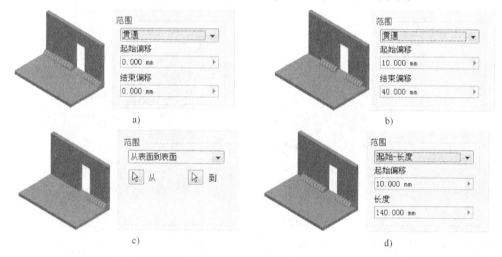

图 10-16　焊接范围

a）"贯通"方式-没有偏移值　b）"贯通"方式-有偏移值
c）"从表面到表面"方式　d）"起始-长度"方式

2）"从表面到表面"方式。可选择终止焊接特征的起始和终止面，如图 10-16c 所示。

3）"起始-长度"方式。按照用户指定的偏移距离和固定长度来创建焊道，如图 10-16d 所示。

2. 坡口焊缝

坡口焊就是用实体焊道连接两个不接触的面集，即在焊缝处两个零件的表面是不贴合的。在激活"焊接"特征组的情况下，单击"焊接"工具面板上的命令按钮，弹出如图 10-17 所示的"坡口焊"对话框。该对话框中各项的含义如下：

（1）面集 1 和面集 2　选择要使用坡口焊道连接的两个面集。每个面集必须包含一个或多个连续焊接面。

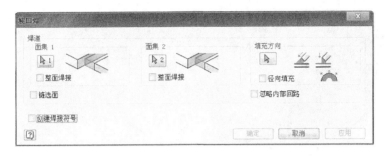

图 10-17　"坡口焊"对话框

（2）整面焊接　不勾选此复选框，可指定在较小的面积范围内终止焊道；若勾选该复选框，焊道将覆盖在全部面积上，如图 10-18 所示。

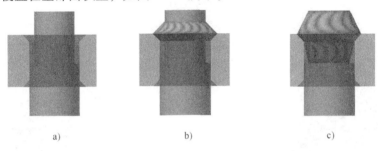

a)　　　　　　　b)　　　　　　　c)

图 10-18　整面焊接

a）焊前　b）未勾选"整面焊接"复选框　c）勾选"整面焊接"复选框

（3）链选面　勾选该复选框后，与选择面相切的所有面均被选择，如图 10-19 所示。

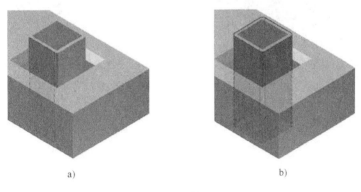

a)　　　　　　　　　　　　　　　b)

图 10-19　链选面

a）未勾选"链选面"复选框　b）勾选"链选面"复选框

（4）填充方向　设置使用坡口焊道连接坡口焊面集时，坡口焊面集的投影方向。填充方向可以选择：平面或工作面、圆柱面或圆锥面、环形面、工作轴或零件的棱边以及两个点等作为参照对象。填充方向有两种，分别是：

1）以第一个选定面集的角度投影焊道，如图 10-20a 所示。

2）以与第二个选定面集垂直的方向投影焊道，如图 10-20b 所示。

（5）径向填充　当选择的一个面集为柱面或曲面时，沿曲线投影焊道。勾选该复选框时，填充方向不可用。

（6）忽略内部回路　当选择的面是空心面时，勾选该复选框，表示创建焊肉时仅考虑

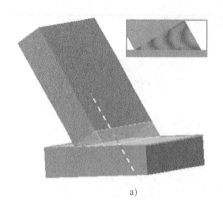
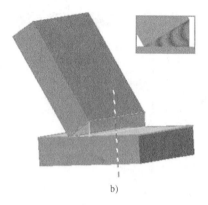

图 10-20　填充方向

a) 方式　b) 方式

外部轮廓的形状，而忽略内部轮廓形状，此时的焊缝是实体坡口焊，如图 10-21a 所示；若
不勾选该复选框，那么创建焊肉时创建的焊缝为空心坡口焊，如图 10-21b 所示。

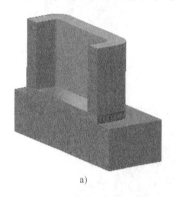
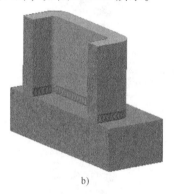

图 10-21　忽略内部回路

a) 勾选"忽略内部回路"复选框　b) 未勾选"忽略内部回路"复选框

3. 示意焊缝

在模型中，示意焊缝不创建焊缝实体，只是作为图形
元素来创建。该图形元素可改变模型的外观，示意此处被
焊接。在焊接装配中，示意焊缝用橙色的粗实线来表示焊
缝的位置，如图 10-22 所示。

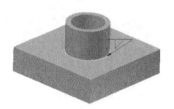

图 10-22　示意焊缝示例

在激活"焊接"特征组的情况下，单击"焊接"工具
面板上的 命令按钮，弹出如图 10-23 所示的"示意焊缝"
对话框。该对话框中各项的含义如下：

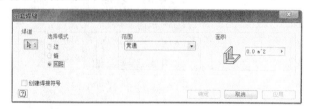

图 10-23　"示意焊缝"对话框

（1）选择模式　有"边""链"和"回路"3 种模式，如图 10-24 所示。在 Inventor 中，任意一条能感应到的零件的棱边都可创建示意焊缝，当然这和机械设计中焊接设计的规则是不相符的，因此还需用户把握示意焊缝的合理创建。

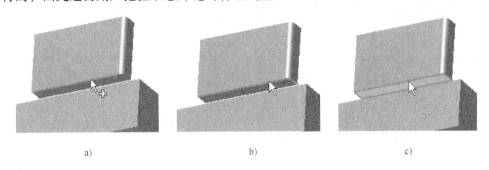

图 10-24　选择模式

a)"边"选择模式　b)"链"选择模式　c)"回路"选择模式

（2）范围　用来确定示意焊缝终止的方式，有"贯通""从表面到表面"两种，含义和前面相似，这里不再赘述。

（3）面积　尽管示意焊缝没有实体结果，但是用户仍然可以在这里设置示意焊缝的截面积，以便计算示意焊缝的物理特性。

4. 焊接符号

在 Inventor 中，焊接符号既可以在创建焊缝时一块创建，也可以单独创建。若一块创建，只需在"角焊"对话框中勾选"创建焊接符号"复选框，然后在展开的对话框中进行相应的设置即可，如图 10-12 所示。

若要单独创建，首先在激活"焊接"特征组的情况下，单击"焊接"工具面板上的符号命令按钮，弹出如图 10-25 所示的"焊接符号"对话框，用户根据需要进行设置即可，这里不再详细介绍。

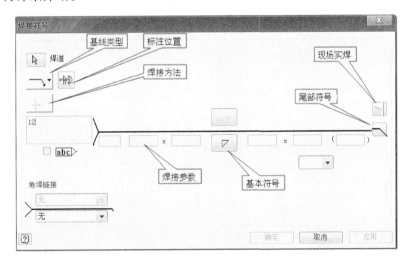

图 10-25　"焊接符号"对话框

5. 端部填充

焊接端部填充用来表明焊道末端的填充区域。在 Inventor 中，坡口焊端部默认已经被填充，图 10-26 所示为角焊缝和坡口焊的焊缝端部比较。

在激活"焊接"特征组的情况下，单击"焊接"工具面板上的 ![端部填充] 命令按钮，需要端部填充的焊缝端面会自动选中并亮显，如图 10-27 所示。此时单击亮显的端面，可进行端部填充，若单击已经填充的焊缝端面，会将原来的端面填充删除。完成后单击右键，在弹出的快捷菜单中选择"完毕"选项，完成端部填充，如图 10-28 所示。

6. 焊接报告

为了帮助用户确定正确的焊接用法、加工时间和焊道重量，可以将焊道物理特性导出到电子表格，生成焊接报告。导出焊接报告的方法如下：

在激活"焊接"特征组的情况下，单击"焊接"工具面板上的 ![焊道报告] 命令按钮，弹出"焊道报告"对话框，如图 10-29 所示。

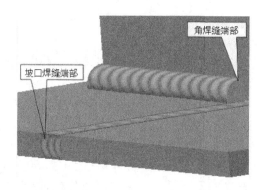

图 10-26   端部填充比较

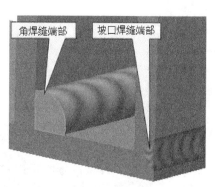

图 10-27   自动选择需要填充的端面

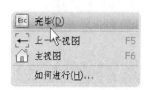

图 10-28   完成端部填充

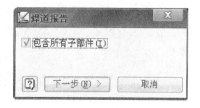

图 10-29   "焊道报告"对话框

单击"下一步"按钮，弹出"报告位置"对话框，报告文件类型为 xls 文件，选择报告要存放的位置，然后单击"保存"按钮，即可完成焊接报告的创建。打开焊接报告文件，如图 10-30 所示。在报告中发现，坡口焊的长度值是不被报告的。

A	B	C	D	E	F	G	H	I	J	K
文档	标识符号	类型	长度	Uo▋	质量	Uo▋	面积	Uo▋	体积	Uo▋
部件1										
	角焊缝 4	圆角	100	mm	0.033	kg	4.49E+03	mm^2	1.21E+04	mm^3
	坡口焊 3	槽	不适用		0.007	kg	2.46E+03	mm^2	2.50E+03	mm^3

图 10-30   焊接报告文件

四、"加工"特征组

完成准备、焊接后，就要对焊接件执行焊后加工操作，即对焊缝等结构进行处理，孔和拉伸切割是典型的焊后加工特征。激活"加工"特征组的方法和前面一样，这里不再赘述。

激活"加工"特征组后，"焊接"工具面板上只有"端部填充"和"焊道报告"按钮可用，如图10-31所示。

图 10-31　激活"加工"特征组后的"焊接"工具面板

焊接后加工的特征可以控制其影响的范围，即可以添加参与件，也可以删除参与件。现在以图10-32中的孔特征为例，来说明参与件的添加与删除。

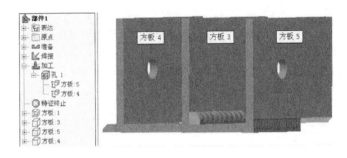

图 10-32　加工孔特征

（1）删除参与件　在浏览器中展开"加工"特征组，在孔特征下需要删除的参与件上单击右键，然后在弹出的快捷菜单中选择"删除参与件"选项，如图10-33a所示。

（2）添加参与件　在浏览器的孔特征名称上单击右键，然后在弹出的快捷菜单中选择"添加参与件"选项，如图10-33b所示，然后单击需要添加的零件即可，如选择方板3后结果如图10-33c所示。

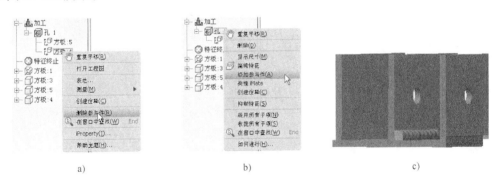

a)　　　　　　　　　　b)　　　　　　　　　　c)

图 10-33　删除、添加参与件

a）删除参与件　b）添加参与件　c）删除、添加参与件后的效果

注意：在焊接装配环境中，焊接后的加工特征只在装配环境下显示，零件上是不存在该特征的；加工后的特征不能设置特性颜色；加工特征时创建的二维草图上不自动投影零件的轮廓边。

五、焊接计算器

焊接计算器主要用于设计并校核焊缝。在焊接装配环境的根目录下，单击"焊接"工具面板上的 命令按钮，弹出焊接计算器的下拉菜单，如图 10-34 所示。选择"角焊计算器（空间）"选项后，弹出"角焊（空间载荷）计算器"对话框，如图 10-35 所示。单击"计算"按钮，即可在对话框右侧的"结果"栏显示计算的结果。

单击"确定"按钮，弹出"文件命名"对话框，系统会在当前目录下自动创建"角焊 \ 设计加速器"目录，并将计算的空间载荷文件保存在创建的目录下，如图 10-36所示。单击"确定"按钮，关闭"文件命名"对话框的同时也关闭"角焊（空间载荷）计算器"对话框。当保存文件时，弹出"保存"对话框，提示用户是否将现有文件及创建的空间载荷文件一并保存，如图 10-37 所示。单击"确定"按钮，将文件一并保存。此时焊接装配文件的浏览器中新增了"角焊（空间载荷）"选项，如图 10-38所示。

六、焊接工程图

在基础篇的模块四中已经学习了工程制图的相关知识，这里结合前面练习过的图 10-13 所示的焊接装配，来简单介绍焊接工程图的创建步骤。

首先打开光盘中的"模块十 \ 角焊缝 . iam"文件，然后新建工程图文件，在弹出的"工程视图"对话框中进入"模型状态"选项卡，焊接件

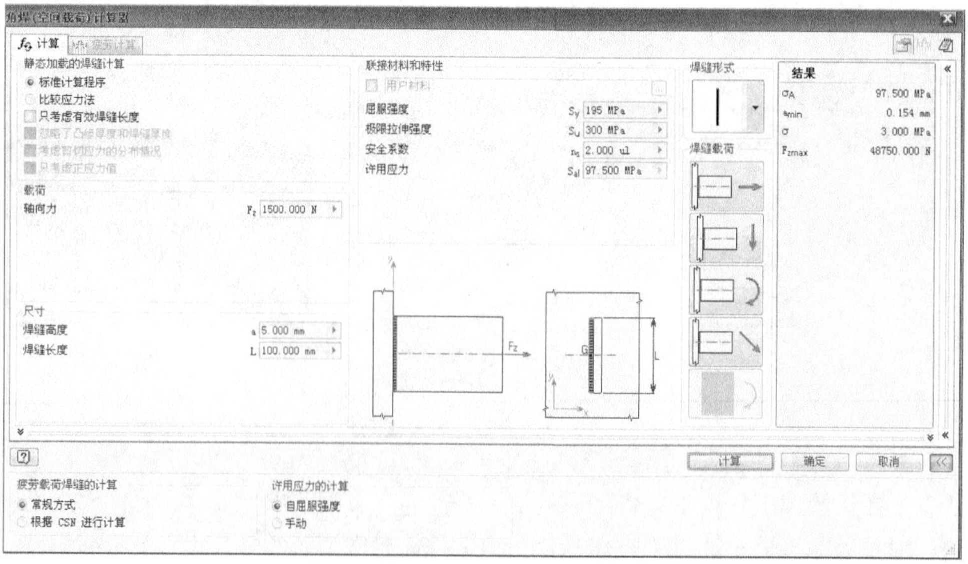

图 10-34　焊接计算器
的下拉菜单

图 10-35　"角焊（空间载荷）计算器"对话框

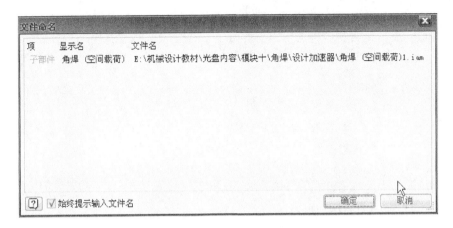

图 10-36　"文件命名"对话框

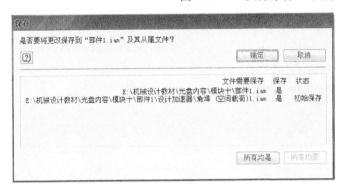

图 10-37　"保存"对话框

图 10-38　浏览器变化

有"部件""加工""焊接"和"准备"4种状态，在创建视图时，用户可以根据需要为任何一种焊接状态创建基础视图。这里选择"加工"状态，如图 10-39 所示。

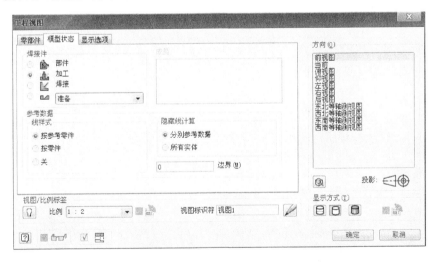

图 10-39　"模型状态"选项卡

进入"显示选项"选项卡，勾选"模型焊接符号"、"焊接标注"两个复选框，如图 10-40 所示。Inventor 在创建视图时将自动获取模型中的焊接符号和焊接标注，并标注在工程图中。

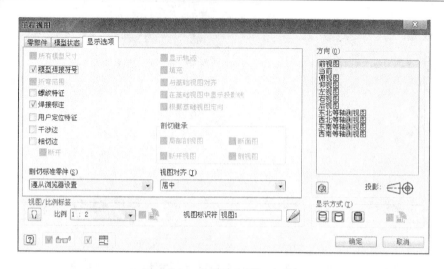

图 10-40　"显示选项"选项卡

说明：焊接件只有在焊接装配的根目录下才能创建工程图。如果在某一激活的特征组下，创建工程图，会弹出提示对话框，如图 10-41 所示。

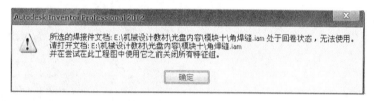

图 10-41　提示对话框

单击"确定"按钮后，创建焊接件的基础视图，然后利用"投影视图"命令再创建基础视图的左投影视图，如图 10-42a 所示。此时左视图的模型焊接符号默认是没有的，需要编辑左视图，打开"工程视图"对话框，将"显示选项"选项卡下的"模型焊接符号"、"焊接标注"复选框重新勾选即可，完成后如图 10-42b 所示。

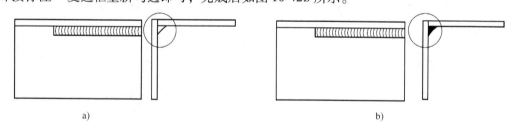

a)　　　　　　　　　　　　　　　　b)

图 10-42　焊接件的工程视图

a）编辑视图前　b）编辑视图后

【任务实施】

1. 建立项目文件

首先在光盘中的"模块十 \ "下建立项目文件。

2. 新建并保存焊接文件

利用模板新建焊接文件，并保存为"焊接装配 . iam"。

3. 置入并约束零部件

在焊接装配文件中，单击"装配"功能选项卡中的"零部件"工具面板上的"放置"按钮，先后置入"基板.ipt""轴.ipt""方筒.ipt"和"竖板.ipt"，如图10-43a所示。为零部件添加约束，完成后如图10-43b所示。

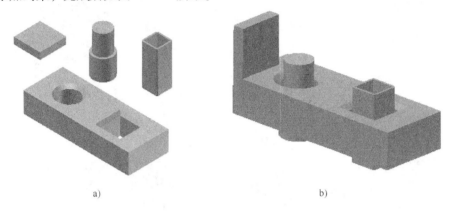

a)　　　　　　　　　　　　　　　　　b)

图10-43　置入并约束零部件

a) 置入零部件　b) 约束零部件

4. 创建坡口

首先激活"准备"特征组，利用倒角特征在如图10-44a所示的焊缝处创建坡口。完成后效果如图10-44b所示，退出"准备"特征组。

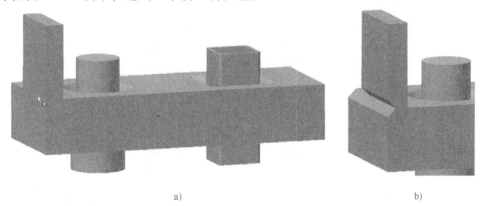

a)　　　　　　　　　　　　　　　　　b)

图10-44　创建坡口

a) 示意创建坡口的位置　b) 坡口效果

5. 焊接

（1）创建角焊缝　首先激活"焊接"特征组，打开"角焊"对话框，在上一步创建的坡口处创建角焊缝，"角焊"对话框设置如图10-45a所示。完成后效果如图10-45b所示。

重复操作，完成另一角焊缝的创建，设置和前面一致，如图10-46a所示。

说明：创建方筒和基板之间的角焊缝时，测量方式只能选择焊道高度方式，如果选择了焊道边长方式，会出现如图10-46b所示的结果。

（2）创建坡口焊缝　打开"坡口焊"对话框，面集选择如图10-47a所示，并勾选"径向填充"复选框。完成后效果如图10-47b所示。

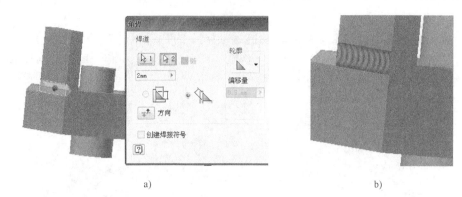

图 10-45　创建角焊缝 1

a) 角焊设置　b) 角焊效果

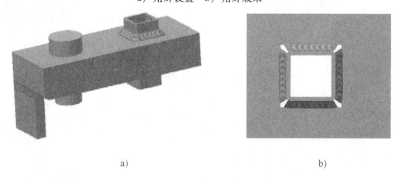

图 10-46　创建角焊缝 2

a) 焊道高度方式测量　b) 焊道边长方式测量

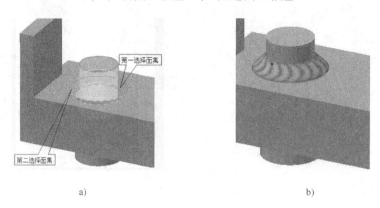

图 10-47　创建坡口焊缝 1

a) 坡口焊面集选择　b) 坡口焊效果

　　重复操作，完成其他坡口焊缝的创建，如图 10-48 所示。

　　（3）创建示意焊缝　打开"示意焊缝"对话框，在图 10-49 所示位置创建示意焊缝，并添加焊接符号。

　　6. 添加端部填充

　　对角焊缝进行端部填充，首先单击"端部填充"按钮，然后选择需要填充的角焊缝端面即可，如图 10-50 所示。退出"焊接"特征组。

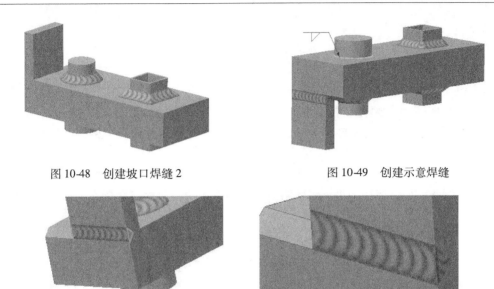

图 10-48　创建坡口焊缝 2　　　　　　　图 10-49　创建示意焊缝

a)　　　　　　　　　　　　　　　　　b)

图 10-50　角焊缝端部填充

a) 端部填充　b) 端部填充效果

7. 对焊接件加工处理

首先激活"加工"特征组，然后对焊接件进行圆角、倒角处理，效果如图 10-2 所示，完成后保存文件。

说明：限于篇幅，在这里焊接报告、焊接计算、焊接工程图不再设计，感兴趣的读者可以自行创建。

【拓展练习】

打开光盘中的"模块十 \ 架子 . iam"文件，如图 10-51 所示，对其进行焊接设计。

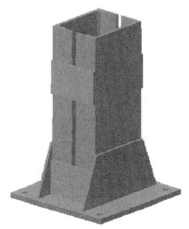

图 10-51　拓展练习

模 块 小 结

　　本模块详细介绍了 Inventor 2012 中焊接装配设计的相关功能，内容主要包括焊接装配环境的进入、"准备"特征组、"焊接"特征组和"加工"特征组。重点是"焊接"特征组的相关功能。"焊接"特征组包含了：角焊缝、坡口焊缝、示意焊缝、焊接符号、端部填充和焊接报告 6 个方面。

　　相信通过本模块的学习，读者已经能够较好地运用 Inventor 中焊接设计的相关功能，顺利地设计出焊接模型，成功地创建焊缝实体，并能按照国家机械制图标准完成焊接工程图的设计。

模块十一 应 力 分 析

任务 支架的应力分析

【学习目标】

◆ 熟悉应力分析环境。

◆ 掌握零件的应力分析流程。

◆ 能够对支架进行应力分析。

【任务导入】

在产品设计完成后，需要对零部件的载荷工况进行模拟，以验证设计的正确性，这个过程称为应力分析。

应力分析可以使设计者在设计的开始阶段就知道所设计零件的材料和形状是否能够满足应力的要求，变形是否在允许范围内等。图 11-1 所示为对一个零件进行应力分析后的结果。

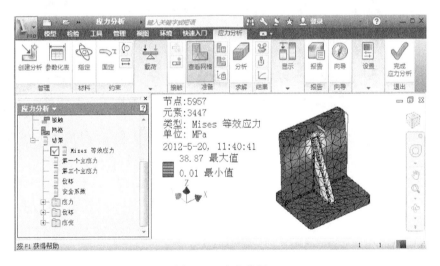

图 11-1 应力分析

Inventor 应力分析包括对零件的分析、对部件的分析、对结构件的分析，本模块主要介绍对零件的应力分析，对部件的分析将在下一模块结合运动仿真进行介绍。

【知识准备】

一、应力分析环境

在普通零件环境或装配环境中，在"环境"选项卡下的"开始"工具面板中单击"应力分析"命令按钮 <img>，如图 11-2 所示，即可进入应力分析环境。初次进入应力分析环境时，各项功能除了"创建分析""应力分析设置""完成应力分析"以外，其他工具图标均灰显，如图 11-3 所示。只有在创建分析后，各工具面板才可用。

图 11-2　进入应力分析环境的方法

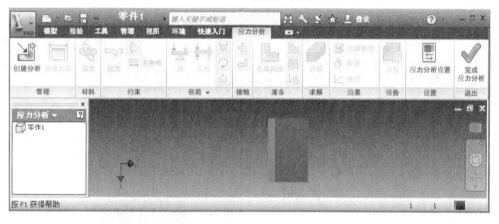

图 11-3　应力分析初始环境

二、应力分析流程

1. 创建受力分析

打开几何模型并进入应力分析初始环境后，单击"管理"工具面板上的"创建分析"命令按钮 <img>，弹出"新建分析"对话框，如图 11-4 所示。该对话框中各项的含义如下：

（1）"设计目标"　　"设计目标"有"单点"和"驱动尺寸"两种方式。"单点"是指分析过程中模型尺寸是固定不变的；而"驱动尺寸"是指在分析过程中某个尺寸可以在一定范围内变动，可以进行多次计算，从中进行优化设计。本章只介绍"单点"模式。

（2）"分析类型"　　"分析类型"有"静态分析"和"模态分析"两种。

1）"静态分析"研究零件在静止状态下受力后的变形情况。

图 11-4　"新建分析"对话框

2）"模态分析"是振动学的概念，模态分析的目的是求出零件的固有频率和振动类型。

（3）"接触"　用于装配件中各零部件之间关系的设置，一般按默认设置，这里不再介绍。

（4）"模型状态"　使用装配模型中的设计视图、详细等级等相关设置，进行不同的分析。设置完成后单击"确定"按钮，就真正进入了应力分析的状态，如图 11-5 所示。

图 11-5　创建应力分析后的窗口

2. 指定材料

对零件进行应力分析，需要指定零件的材料，因为计算时需要用到弹性模量等材料参数。单击"材料"工具面板上的"指定"命令按钮，弹出"指定材料"对话框，如图11-6所示，可以在"替代材料"下拉列表中选择合适的材料。如果几何模型已经指定了材料，那么在应力分析环境下可以继承原有材料，也可以选择其他材料。

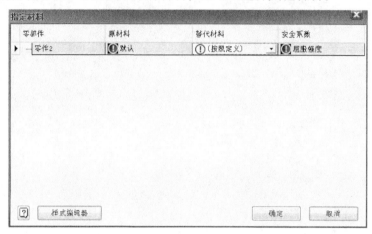

图 11-6　"指定材料"对话框

3. 指定边界条件（添加约束）

在应力分析环境中，包括固定约束、孔销连接约束和无摩擦约束3 种约束类型。它们的界面基本相同，这里只介绍常用的"固定约束"。

固定约束是将约束应用到选定的面、边或顶点上。也就是说，固定约束可以防止所选的面、边或顶点发生移动或变形，保持其固定。单击"约束"工具面板上的"固定"命令按钮，弹出"固定约束"对话框，如图 11-7 所示，直接选择需要固定的面、边或点即可，不过一般是选择面。

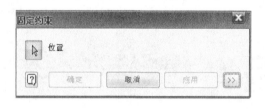 

图 11-7　"固定约束"对话框

4. 增加载荷

载荷就是零件所受的作用力，要进行应力分析必须添加载荷。Inventor 中有 7 种载荷，分别是"力""压力""轴承载荷""力矩""重力""远处受力"和"体载荷"。其中：

"轴承载荷"指定零件在轴向或径向上所受的力，而并不是轴承本身。

"远处受力"是指力的作用点一般不在零件本身上，需要指定一个作用点。

"体载荷"是指向整个模型应用线性加速度或角速度以及角加速度。

这几种载荷的界面基本相同，以常用的"力"载荷为例来介绍如何添加载荷。单击"载荷"工具面板上的"力"命令按钮，弹出"力"对话框，如图11-8所示。该对话框中各项的含义如下：

图 11-8 "力"对话框

（1）面 指定零件受外力作用的面（边、点）。

（2）方向 指定力的方向，使用 ⸢ 按钮可以通过选择零件上的边来确定力的方向，尤其是当指定的力作用于零件的某一条边或点上的时候有用，使用 ⸜ 按钮可以使力反向。

（3）大小 指定力的数值，单位是牛顿。

5. 网格划分

网格划分的作用是把零件几何模型划分为有限个节点的模型，相邻的若干节点组成一个单元，所以有限个单元组成的模型就是有限元模型，这是一种对问题进行简化处理的方法。但是在 Autodesk Inventor 没有强调必须有"网格划分"的过程，不做的话就是按默认方式划分。

6. 求解并查看结果

求解就是在有限元模型下分析零件受力后的结果。单击"求解"工具面板上的"分析"命令按钮 ，弹出"分析"对话框，如图 11-9 所示。直接单击"运行"按钮开始分析，分析完成后结果如图 11-10 所示。结果默认显示是 Mises 等效应力，从图 11-10 中可以看到结果还包括位移、应力以及安全系数等多种信息。

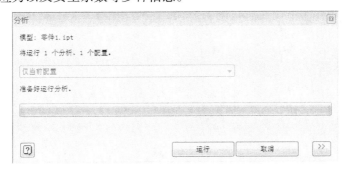

图 11-9 "分析"对话框

7. 制作分析报告，完成应力分析

应力分析完成后可以制作分析报告来共享分析结果，可以为一个模型创建报告，并以 HTML、MHTML 或 RTF 文件格式输出这些报告。报告中包括文本和表示分析结果的静态快照等。单击"报告"工具面板上的"报告"命令按钮 ，弹出"报告"对话框，如图 11-11 所示。

1）在"常规"选项卡中，可以根据需要指定标题、作者、徽标路径、概要和图像大小。在"报告位置"区域，输入文件名并指定路径，默认路径与正在分析的零件或部件文

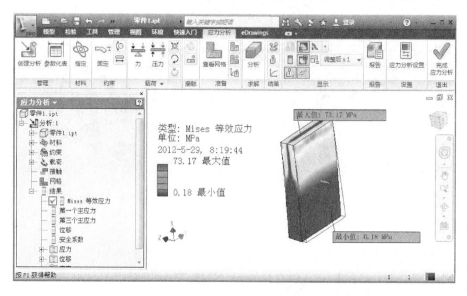

图 11-10   应力分析结果窗口

图 11-11   "报告"对话框

件的位置相同。

2）在"特性"选项卡中，可以确定要包含的 iProperty 信息等内容。

3）在"分析"选项卡中，可以选择要在报告中包含的内容。

4）在"格式"选项卡中，可以定义报告的输出格式。

如无特殊要求，基本上这些内容按默认设置即可，单击"确定"按钮，完成报告的创建。最后单击"退出"工具面板上的"完成应力分析"命令按钮✔，退出应力分析环境回到零件环境。

这个流程只是我们推荐给读者的一个流程，读者也可以略作修改。

【任务实施】

（1）打开几何模型并进入分析环境 打开光盘中的"模块十一 \ 应力分析 . ipt"文件，并进入应力分析环境。

（2）创建分析 打开"新建分析"对话框，并采用默认设置创建分析，完成后如图11-12所示。在浏览器中，从上到下的内容，分别是"几何模型（零件模型）→模型→材料→约束→载荷→接触→网格→结果"，基本上和前面所讲的分析流程一样。"接触"是装配分析中才会用到的，零件分析中不需要"接触"这个环节。

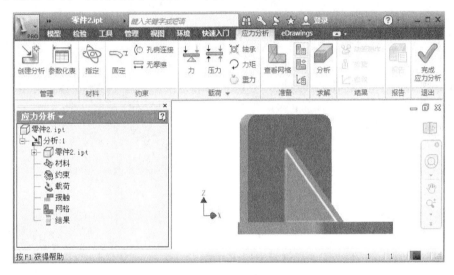

图 11-12　创建分析

（3）指定材料 在"指定材料"对话框中选择材料为"钢"。

（4）添加约束 选择图 11-13 中所示的面，添加固定约束，此时该面各个方向的位移都

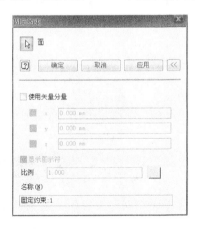
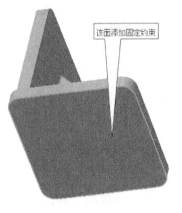

图 11-13　添加约束

被固定。

（5）添加载荷　如图 11-14 所示，添加载荷。

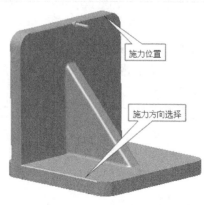

图 11-14　添加载荷

（6）网格划分　按默认方式划分。单击"准备"工具面板上的"查看网格"按钮，可以看到网格划分的结果，如图 11-15 所示。

（7）求解运算并查看结果　设置完成后进行分析计算，计算完毕后自动显示结果，如图 11-16 所示。

（8）制作分析报告，完成应力分析
按默认方式创建应力分析报告。最后退出应力分析环境。

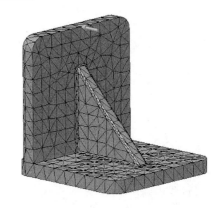

图 11-15　网格划分

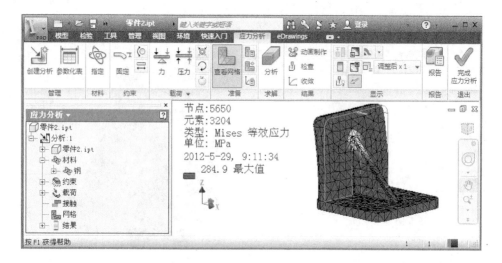

图 11-16　查看结果

【拓展练习】

对图 11-17 所示的零件进行应力分析，零件材料选择铸钢，固定约束以及受力载荷图中均有标示。

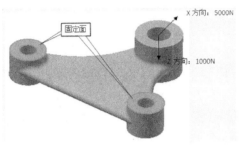

图 11-17 拓展练习

模 块 小 结

本模块主要介绍了应力分析的基本知识和对零件进行应力分析的流程，并通过一个零件应力分析的实例来加深读者理解分析流程以及流程中的各项设置的作用。

下面再来回顾一下零件应力分析的流程：

➢ 创建应力分析
➢ 指定零件材料
➢ 添加约束
➢ 添加载荷
➢ 网格化分
➢ 求解并查看结果
➢ 制作分析报告

从 Inventor 软件介绍的角度出发，本书所涉及的知识对于整个应力分析来说，只是最基本的一点。因此读者要想全面地了解应力分析的相关知识，可以参考专门的应力分析的书籍。

模块十二　运 动 仿 真

任务　连杆机构的运动仿真

【学习目标】

◆ 熟悉运动仿真环境。

◆ 掌握部件的运动仿真流程。

◆ 能够对连杆机构进行运动仿真。

【任务导入】

在产品设计完成后，往往需要对其进行仿真以验证设计的正确性，Inventor 中提供的运动仿真模块即可实现这方面的功能。

运动仿真可以仿真和分析装配部件在各种载荷条件下运动的情况，利用计算机对工程和产品性能与安全可靠性进行分析，以模拟其工作状态和运动行为，以便及时发现设计中的缺陷。运动仿真还可以将任何运动状态下的载荷条件输出到应力分析。下面以图 12-1 所示的连杆机构运动仿真为例，来学习 Inventor 中运动仿真方面的相关知识。

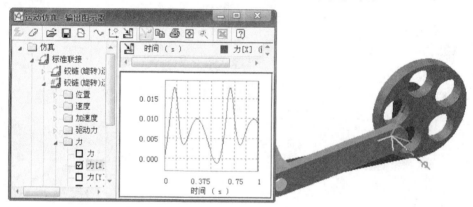

图 12-1　连杆的运动仿真

【知识准备】

一、仿真环境

打开一个需要进行运动仿真的装配文件，在"环境"选项卡中单击"开始"工具面板上的"运动仿真"命令按钮，即可进入 Inventor 运动仿真界面（如果是初次进入，会提示是否打开运动仿真教程），如图 12-2 所示。进入运动仿真环境后，用户界面如图 12-3 所示。

图 12-2　进入运动仿真环境

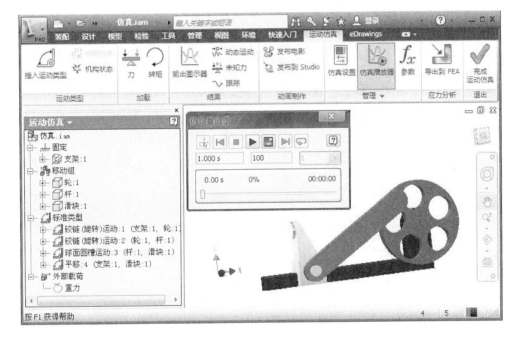

图 12-3　运动仿真用户界面

二、仿真设置

在切换到运动仿真环境中之后，一般要设置一些基础参数。单击"管理"工具面板上的"仿真设置"命令按钮<img>，弹出"运动仿真设置"对话框，如图 12-4 所示。

在"运动仿真设置"对话框中，一般有两个内容需要更改，其余按默认设置即可。

（1）"自动将约束转换为标准连接"复选框　该复选框默认勾选，Inventor 会在进入运动仿真模块后，自动把现有装配约束转换为运动连接。同时用户也就不能再添加标准连接了，即不能添加"基本运动约束"。如果取消勾选该复制框，则会显示一条消息警告用户将删除所有现存的已转换的连接约束，此后用户可以添加标准连接。一般默认勾选该复选框。

（2）"以每分钟转数（rpm）为单位输入角速度"复选框　单击"更多"按钮<img>展开对话框，勾选"以每分钟转数（rpm）为单位输入角速度"复选框，这是机械设计中常用的单位。完成设置后，单击"确定"按钮关闭对话框。

三、运动约束

在运动仿真中，Inventor 默认在进入运动仿真模块后，自动把现有装配约束转换为运动

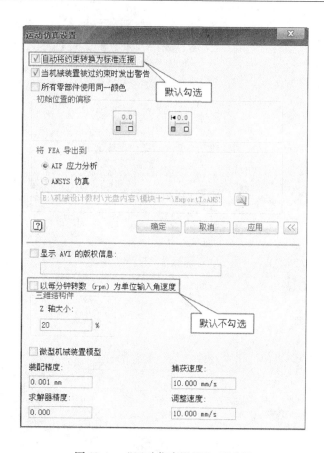

图 12-4   "运动仿真设置"对话框

连接。如果把"运动仿真设置"对话框中的"自动将约束转换为标准连接"复选框的勾选取消，就可以手动添加基本运动约束了。添加约束有以下两种情况：

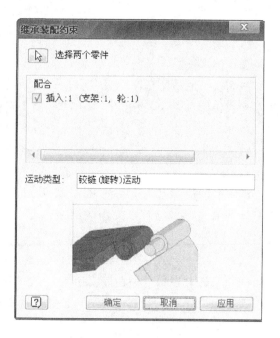

1）当装配环境中没有添加约束，或者说装配环境下的约束没有被运动仿真所认可的情况下，可以通过单击"运动类型"工具面板上的命令按钮来添加运动约束，该方法在这里不作介绍。

2）当装配环境下已经添加了约束，并且该约束也被运动仿真环境所认可，可以通过单击"运动类型"工具面板上的 转换约束命令按钮，打开"继承装配约束"对话框，进行手动添加，如图 12-5 所示。该对话框让用户选择需要添加约束的两个零件，因为对于装配约束来说都是在两个零件之间添加的。添加完后，单击"确定"按钮关闭对话

图 12-5   "继承装配约束"对话框

框即可。

四、添加外部载荷

添加外部载荷的功能是在进行运动仿真时为零部件添加运动的外部条件，例如为零部件添加力或者力矩。单击"加载"工具面板上的"力"命令按钮，弹出"力"对话框，如图 12-6 所示。该对话框的设置与应力分析中"力"的设置类似，可以指定力的位置、方向和大小。

图 12-6 添加力载荷

五、约束的驱动设置

1. 驱动的原动力问题

机构要想运动，必须有一个机构的"原动力"，即它不靠外力而自己运动或转动。任何复杂的机构都有一个"原动力"，例如常见的定速直线移动（例如油缸、齿轮齿条）或者定速转动（例如电机）。在运动仿真中，会有某个被驱动的运动约束在充当实际上的原动力角色，而其他部分遵从现有的约束，做出必要的跟随动作。在运动约束中，被限制的自由度当然是不能驱动的；而剩余自由度是可驱动的，这一个自由度就可以充当原动力。

2. 设置原动力

在浏览器中需要驱动的约束上单击右键，然后在弹出的快捷菜单中选择"特性"选项，如图 12-7 所示，弹出"铰链运动"对话框，如图 12-8 所示。该对话框有"常规"和"自由度"两个选项卡，介绍如下：

图 12-7 选择"特性"选项

图 12-8 "铰链运动"对话框

（1）"常规"选项卡　主要用于设置是否抑制约束及是否锁定自由度。如果勾选"抑制连接"复选框，该约束将被抑制，并不可用；如果勾选"锁定自由度"复选框，该运动未被约束的自由度将被锁定。所以这些内容都不能勾选，按默认设置即可。

（2）"自由度"选项卡　在这里可以设置原动力，先选择"编辑驱动条件"选项，然后勾选"启用驱动条件"复选框，在"驱动"栏右侧的下拉列表中选择"常量"选项，然后在下拉列表中输入驱动条件即可，单位是 deg/s，即每秒转动多少度，如图 12-9 所示。单击"确定"按钮完成驱动设置。

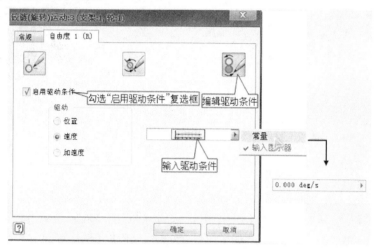

图 12-9　设置驱动条件

提示：由于"铰链运动"只剩下"旋转"一个自由度，所以只有一个"自由度"选项卡。

六、仿真播放器

在进入运动仿真环境后，仿真播放器自动运行，也可以单击"管理"工具面板上的"仿真播放器"按钮，打开"仿真播放器"对话框，如图 12-10 所示，单击"播放仿真"按钮就可以播放整个机构的仿真运动。下面重点介绍"仿真播放器"对话框中几个按钮的含义。

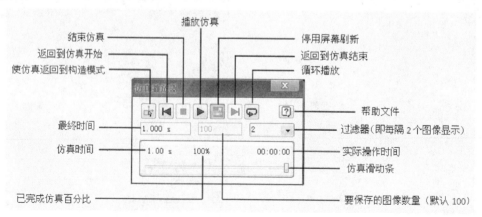

图 12-10　"仿真播放器"对话框

（1） 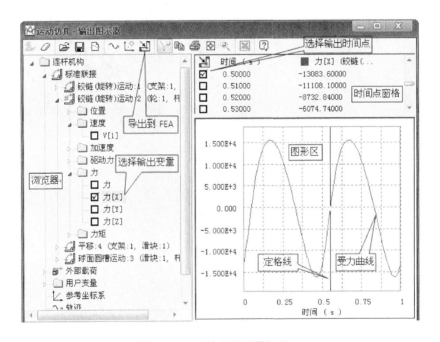 单击该按钮，使程序从仿真模式返回到构造模式，此时可以重新修改模型，进行各项设置等；而仿真模式下不能修改模型及设置的参数。

（2） 单击该按钮，在图形窗口中看不到仿真操作过程，可在较短的时间内完成仿真计算。

（3）过滤器　在文本框中输入的值表示要显示的图像编号，例如要每隔 2 个图像显示，则输入 2；要每隔 5 个图像显示，则输入 5。此文本框仅当用户处于仿真模式且仿真已停止时可用。

七、输出图示器

在仿真过程中和仿真完成后，可以利用输出图示器显示仿真中所有输出变量的图形和数值。在"运动仿真"功能选项卡的"结果"工具面板中单击"输出图示器"命令按钮，进入"输出图示器"窗口，如图 12-11 所示。输出图示器包含工具栏、浏览器、时间点窗格和图形区。介绍如下：

图 12-11　"输出图示器"窗口

1. 工具栏

工具栏中包含"输出图示器"对话框中常用的命令，这里只介绍常用的"导出到 FEA"命令。

"导出到 FEA"即导出到有限元分析，单击该按钮将打开"导出到 FEA"对话框并且可以选择要进行受力分析的零部件。

2. 浏览器

浏览器用于显示所有可用的仿真变量，创建运动类型后可以随时在输出图示器中查看连接变量。如要显示与某一变量关联的曲线和数值，可单击该变量左侧的选择框。可以在仿真过程中的任何时间选择任意数量的变量。

3. 时间点窗格

时间点窗格用于显示具有选定变量值的所有时间点和该时间点的变量的值。可以在图形区双击找到临近某一时间点的值（此时有竖线显示），然后在时间点窗格中勾选该时间点复选框，即可将这些值复制到相应的用于应力分析的零件文件中，进行应力分析。

4. 图形区

图形区用于显示变量关联的曲线和数值。

提示：在这一步中主要是选择好需要研究的变量，找出它的最大值和最小值的时间点，然后将其导入到应力分析环境中。

八、应力分析

在选择需要应力分析的时间点进行应力分析时，首先需要选择受力分析的零件，如图 12-12 所示。选择"杆"零件，选择后弹出受力分析所需的"FEA 承载面选择"对话框，如图 12-13 所示，根据提示选择杆与其他零件作用时的接触面，这里选择连杆两个孔的圆柱面。

图 12-12 选择受力分析的零件

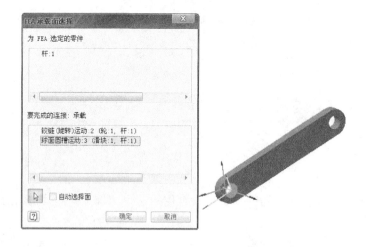

图 12-13 FEA 承载面选择

以上设置完成后，退出运动仿真环境，进入应力分析环境。新建应力分析，在"新建分析"对话框中勾选"运动载荷分析"复选框，如图 12-14 所示。在仿真环境中选好的时间点处的受力情况，将自动导入到应力分析环境，设置好材料后即可直接进行应力分析，分析结果如图 12-15 所示。

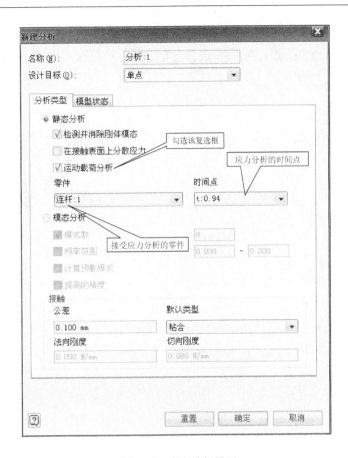

图 12-14　应力分析设置

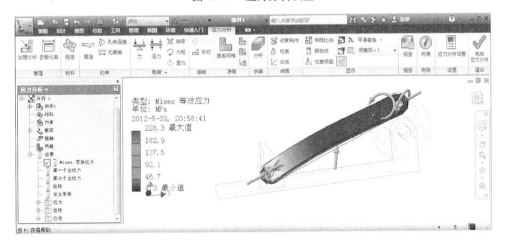

图 12-15　应力分析结果

【任务实施】

（1）打开文件并进入运动仿真环境　从光盘中打开"模块十二\连杆机构.iam"文件，并进入运动仿真环境，如图 12-16 所示。

图 12-16　连杆机构的运动仿真环境

（2）继承装配约束　单击"运动类型"工具面板上的"转换约束"按钮，弹出"继承装配约束"对话框，选择零件"支架"和"轮"，如图 12-17 所示。单击"应用"按钮后，再先后选择"轮"和"连杆"、"连杆"和"滑块"、"滑块"和"支架"。最后单击"确定"按钮，完成装配约束的转换。打开浏览器，发现在继承的装配约束中有一个是多余的，即"连杆"和"滑块"之间的柱面运动是多余的，如图 12-18 所示。下面删除该继承约束，回到装配环境重新添加约束。

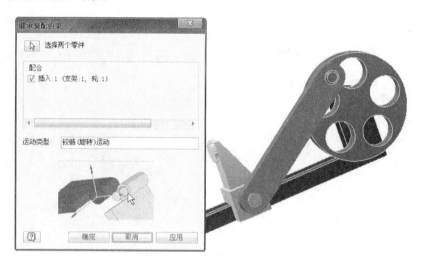

图 12-17　继承装配约束

在装配环境下的浏览器中，展开"连杆"零件，找到"连杆"和"滑块"之间的轴线配合约束，如图 12-19 所示。将该约束删除，重新添加一个点、线重合约束，即"滑块"的轴线和"连杆"上孔的一个圆心重合，如图 12-20 所示。完成后再次进入运动仿真环境，重新继承"连杆"和"滑块"之间的装配约束，完成后发现"连杆"和"滑块"之间转换的装配约束由原来的柱面运动变成了球面圆槽运动，并且名称前面的①命令按钮也没有了，如

图 12-21 所示,说明新添加的约束是被认可的。

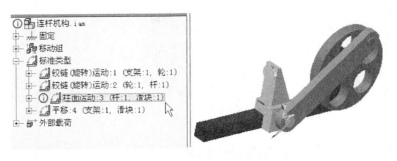

图 12-18 继承装配约束浏览器

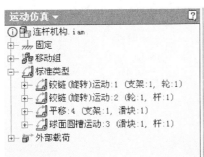

图 12-19 返回到装配环境

图 12-20 重新添加重合约束

图 12-21 重新继承装配约束

说明:在该连杆机构运动仿真过程中,如果采用的是自动转换装配约束,那么"滑块"和"连杆"之间的轴线配合约束就能够被承认;如果采用手动转换装配约束,该约束就不能被承认,只有将轴线配合约束改成点、线配合约束方可。

(3)添加力载荷 单击"加载"工具面板上的命令按钮,弹出"力"对话框,力的位置选择滑块上的柱面圆,如图 12-22a 所示;方向选择滑块上的一条棱边,如图 12-22b 所示;完成后力的方向如图 12-22c 所示;单击"方向"按钮,将力反向,并将其大小设置为15000N,如图 12-22d 所示。完成后单击"确定"按钮,关闭"力"对话框。

(4)设置原动力 在该连杆机构模型中,原动力来自于"轮"。在浏览器的"轮"和"连杆"之间的继承约束上单击右键,然后在弹出的快捷菜单中选择"特性"选项,如图12-23 所示。打开"铰链运动"对话框,进入"自由度"选项卡,单击"编辑驱动条件"命令按钮,勾选"启用驱动条件"复选框,驱动类型选择"速度",值选择"常量",并输入120r/min，如图 12-24 所示。单击"确定"按钮，完成原动力的设置。

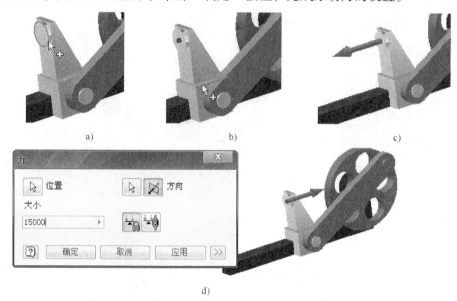

a)   b)   c)

d)

图 12-22   添加力载荷

a) 选择力的位置   b) 选择力的方向   c) 添加力后的效果

d) 更改力的方向并设置力的大小

图 12-23   添加原动力

图 12-24   原动力设置

（5）仿真播放   单击"管理"工具面板上的"仿真播放器"按钮，弹出"仿真播放器"对话框，单击"播放"按钮，进行运动仿真。

（6）输出仿真结果   在这里查看连杆机构运动到如图 12-25 所示位置时，连杆上 Y 方向受力情况以及连杆的运动速度。单击"结果"工具面板上的"输出图示器"按钮，弹出"输出图示器"窗口，在窗口的浏览器中选择如图 12-26 所示。在图形区看到连杆的速度是不变的，是一条水平细线，Y 方向受力情况类似于

图 12-25   连杆机构运动位置

正弦曲线，在时间点窗格选择靠近于图 12-25 所示运动位置的时间点。

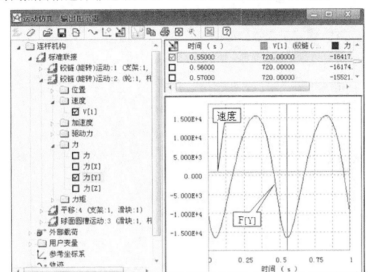

图 12-26　输出图示器

（7）导出到应力分析　单击"输出图示器"窗口的工具栏上的"导出到 FEA"命令按钮，弹出"导出到 FEA"对话框，选择"连杆"零件，如图 12-12 所示。单击"确定"按钮，关闭"导出到 FEA"对话框的同时打开"FEA 承载面选择"对话框，根据提示选择杆与其他零件作用时的接触面，这里选择连杆两个孔的圆柱面，如图 12-13 所示。单击"确定"按钮，关闭"FEA 承载面选择"对话框。

（8）应力分析

1）退出运动仿真环境，进入应力分析环境创建分析。在"新建分析"对话框中发现，零件选择的"杆"、时间点"t：0.5"正好是从运动仿真环境中选择的时间点。勾选"运动载荷分析"复选框后，单击"确定"按钮关闭对话框。

2）进行网格划分。单击"准备"工具面板上的"查看网格"按钮，对零件进行网格划分，发现除连杆以外的其他零部件的显示方式都变成了浅色线框形式，这是因为连杆是在装配环境下的应力分析，如图 12-27 所示。

图 12-27　网格划分

3）应力分析。单击"求解"工具面板上的"分析"按钮，弹出"分析"对话框，单击"分析"按钮进行应力分析，分析结果和图 12-15 所示基本相似。完成后退出应力分析环境，将文件保存后关闭。

【拓展练习】

打开光盘中的"模块十二 \ 拓展练习 \ 连杆机构 . iam"文件，如图 12-28 所示。对该凸轮连杆机构进行运动仿真，所有零件材料均选择铸钢，完成仿真后对连杆进行应力分析

（载荷、分析时间点由读者自定义）。

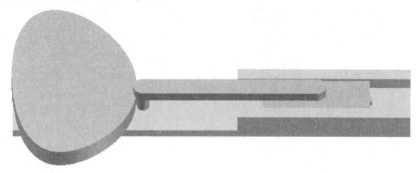

图 12-28   拓展练习

模 块 小 结

本模块主要介绍了 Inventor 中运动仿真模块的相关知识。其主要功能包括：能够完成装配下的零部件运动和载荷条件下的动态仿真；可以在任何运动状态下将载荷条件输出到应力分析中；能展示运动过程，以及某瞬间的动态载荷、运动仿真。

下面再来回顾一下运动仿真的流程：

➢ 仿真环境设置

➢ 继承与转换装配约束

➢ 添加外部载荷

➢ 添加原动力

➢ 仿真播放

➢ 输出仿真图示

➢ 将仿真结果导入到应力分析

限于篇幅，本书中涉及的知识点比较简单，如果读者想深入了解运动仿真相关知识，除了参考 Inventor 自身携带的帮助文件外，还可以参考关于 Inventor 的运动仿真方面的书籍。

参 考 文 献

［1］ 陈伯雄，等．Autodesk Inventor Professional 2008 机械设计实战教程［M］．北京：化学工业出版社，
2008．

［2］ Autodesk，等．Autodesk Inventor 2011 基础培训教程［M］．北京：电子工业出版社，2011．

［3］ Autodesk，等．Autodesk Inventor 2011 进阶培训教程［M］．北京：电子工业出版社，2011．

［4］ Autodesk，等．Autodesk Inventor 2011 高级培训教程［M］．北京：电子工业出版社，2011．

［5］ 赵卫东．Inventor 2011 基础教程与项目指导［M］．上海：同济大学出版社，2010．